안토니오 다마지오 *Antonio Damasio*

안토니오 다마지오는 오늘날 가장 탁월한 신경과학자 중 한 명으로 꼽히는 학자다. 현재 서던캘리포니아 대학 돈사이프 인문·예술·사회과학대 신경과학·심리학·철학 교수 겸 뇌과학연구소 소장이다.

신경과 전문의이자 신경과학자인 다마지오는 느낌·감정·의식의 기저를 이루는 뇌 과정을 이해하는 데에 지대한 공헌을 해 왔다. 특히 감정이 의사 결정 과정에서 차지하는 역할에 대한 그의 연구는 신경과학·심리학·철학에 중대한 영향을 미쳤다. 수많은 과학 논문을 발표했으며 미국 과학정보연구소가 발표한 '가장 많이 인용된 연구자'로 선정되기도 했다.

미국 의학한림원, 미국 예술과학아카데미, 바바리안 인문과학아카데미, 유럽 과학기술아카데미 회원이며, 그라베마이어 상(2014), 혼다 상(2010), 아스투리아 과학기술상(2005), 노니노 상(2003), 시뇨레 상(2004), 페소아 상(1992) 등 수많은 상을 받았다. 로잔 연방 공과대학, 소르본 파리 데카르트 대학 등 유수의 대학들로부터 명예박사 학위를 받았으며, 일부 학위는 아내인 해나 다마지오와 공동으로 받았다.

대표작 중 번역된 것으로는 『데카르트의 오류』, 『느낌의 발견』, 『스피노자의 뇌』, 『느끼고 아는 존재』가 있다.

감수·해제 박한선

경희대학교 의과대학을 졸업하고 분자생물학 전공으로 석사 학위를 받았다. 호주 국립대학ANU 인문사회대에서 석사 학위를, 서울대학교 인류학과에서 박사 학위를 받았다. 서울대학교병원 신경정신과 강사, 서울대학교 의생명연구원 연구원, 성안드레아병원 과장 및 사회정신연구소 소장, 동화약품 연구개발본부 이사 등을 지냈다. 지금은 서울대학교 인류학과 교수로 재직하며 연구, 강의, 집필 활동을 병행하고 있다. 지은 책으로는 『재난과 정신 건강』, 『정신과 사용설명서』, 『내가 우울한 건 다오스트랄로피테쿠스 때문이야』, 『마음으로부터 일곱 발자국』, 『감염병 인류』, 『단 하나의 이론』 등이 있고, 옮긴 책으로는 『행복의 역습』, 『여성의 진화』, 『진화와 인간 행동』 등이 있다.

느낌의 진화

느낌의 진화

생명과 문화를 만든 놀라운 순서

The Strange Order of Things

안토니오 다마지오 지음

임지원·고현석 옮김 박한선 감수·해제

arte

한국어판 일러두기

- 원서 본문과 각주에 등장하는 feeling, emotion, affect는 각각 느낌, 정서, 감정으로 번역했다. 일상적 맥락에서는 feeling과 emotion을 혼용하는 경우가 많지만 저자의 이전 저작들에서 두 용어의 의미를 부각하고 있기 때문에 그 연속선상에서 두 용어를 '느낌'과 '정서'로 구분하고 이를 아우르는 개념인 affect는 감정이라고 옮겼다.
- 인명, 작품명, 저서명, 전문 용어, 개념어 등은 한글과 함께 원어를 병기했다.
- 외래어 표기는 현행 어문규범의 외래어표기법을 따랐다.
- 단행본과 학술지, 그리고 희곡은 『』, 논문이나 장 제목은 「」, 영화는 〈〉로 묶었다.
- 본문 안의 대괄호는 옮긴이가 국내 독자들의 이해를 돕기 위해 추가한 것이다.
- 옮긴이·감수자 주는 괄호 안에 별도 표기했다.
- 강조(진한 글씨)는 원문을 따랐다.

“그건 느낌으로 알지요.”

글로스터 백작이 리어왕에게
셰익스피어, 『리어왕』 4막 6장

“열매에는 눈이 없다. 나무만이 볼 수 있다.”

르네 샤르René Char

차례

2부 문화적 마음의 형성

들어가며

○

이 책은 한 가지 관심사, 한 가지 개념에 관한 책이다. 나는 오래전부터 인간의 느낌, 즉 정서와 감정의 세계에 흥미를 느껴 왔고 내 삶의 많은 기간을 그것을 연구하는 데 바쳤다. 나는 정서와 느낌이 왜 그리고 어떻게 생겨나는지, 감정이 어떻게 우리의 자아를 구성하는지, 감정이 어떻게 우리가 품은 최선의 의도를 돕거나 망치는지, 뇌가 어떻게 우리 몸과 상호작용해서 그와 같은 기능이 잘 작용하도록 돕는지를 연구해 왔다. 이 과정에서 내가 발견한 새로운 사실과 그에 대한 해석을 이 책에서 여러분과 함께 나누고자 한다.

전반적인 개념은 매우 단순하다. 인간의 문화적 노력 면에서 동기 부여자, 감시자, 협상가로서 감정이 그동안 수행해 온 역할을 우리가 제대로 평가하지 못했다는 것이다. 인간은 이른바 문화라는 어마어마한 수준의 사물, 관행, 생각의 집합체를 창조했다. 그것이 인간과 다른 생물의 차이점이다. 그 집합체에는 예술, 철학적 탐구, 도덕 체계, 종교적 신념, 사법 체계, 정부, 경제제도, 기술과 과학이 포함된다. 이런 과정은 어떻게 그리고 왜 시작되었을까? 많은 경우에 사람들은 그 대답으로 인간 마음의 중요한 기능인 언어와 그 밖에 강한 사회성과 탁월한 지능과 같은 두드러진 특성을 거론한다. 생물학에 관심이 많은 사람들은 그 대답에 유전자 수준에 작용하는 자연선택을 포함시킨다. 나 역시 지능·사회성·언어가 문화의 생성 과정에 핵심 역할을 했을 것임을 전혀 의심하지 않는다. 또한 자연선택과 유전자를 통해 인간이 문화를 발명하고, 그 문화를 발명하는 데 필요한 다양한 능력을 갖게 되었다는 것은 두말할 필요도 없는 사실이다. 그런데 내가 주장하고 싶은 바는, 인간이 문화라는 대장정을 시작하도록 자극하는 데에는 그것 말고도 뭔가 다른 요인이 작용했으리라는 것이다. 그 다른 무언가는 바로 동기이다. 나는 특히 느낌, 아픔과 고통에서 행복과 즐거움에 이르는 느낌에 관해 말하고자 한다.

인간의 문화에 속하는 가장 중요한 활동 중 하나인 의학에 대해 생각해 보자. 의학은 신체적 외상이나 감염에서 암에 이르기까지 다양한 질병으로 촉발되는 고통과 아픔에 대한 반응으로 시작되었다. 즉 건강하고 행복한 상태와 풍요에 대한 전망의 정반대 상태에서 의학이 탄생한 것이지, 질병의 진단이라는 수수께끼나 생리학의 신비로운 비밀에 대하여 지적 능력을 발휘하는 경연장으로서 의학이 시작되지 않았다는 말이다. 의학은 환자와 의사가 느끼는 특정한 느낌의 결과로 시작되었다. 그것은 단순한 열정만이 아니라 공감의 결과였다. 그리고 이런 경향은 지금도 마찬가지이다. 지난 수십 년간 치과 진료나 수술은 환자의 고통을 점점 더 줄여 주는 쪽으로 발전하고 있다. 환자의 불편감을 줄여 주려는 마음은 보다 효과적인 마취나 의료 기술의 향상을 가져온 가장 중요한 동기였다. 이러한 성취를 이루어 낸 과학자와 기술자의 노력은 가히 칭찬받아 마땅하다. 하지만 제약 회사나 의료 기기 회사의 이윤 추구 동기도 역시 의료 기술 향상에 중요한 역할을 담당했다. 대중들은 고통을 감소시키고 싶어 하고 산업은 그 요구에 부응한다. 이윤 추구 동기는 앞서 나가려는 욕망, 명예욕, 심지어 탐욕과 같은 다양한 갈망에 의해 지탱되는데, 이런 욕구 역시 일종의 느낌이다. 의료 산업계에서는 그동안 암이나 알츠하이머병과 같은 질병의 치료법을 개발하고자 치열한 노력을 기울여 왔다. 그 과정에서 동기 유발자, 감시자, 협상가로 느낌이 어떤 작용을 하는지를 파악하지 않는다면 왜 그렇게까지 그들이 치열한 노력을 기울이는지 제대로 이해하기 어렵다. 예를 들어 서구 문화권에서 아프리카의 말라리아나 약물중독의 치료법과 같은, 조금 덜 치열한 노력이 요구되는 분야만 해도, 동기를 유발하는 느낌과 억제하는 느낌의 복잡한 그물망을 반드시 이해해야 한다. 언어, 사회성, 지식, 이성과 같은 것들은 이런 복잡한 과정을 만들어 가고 실행하는 데 가장 중요한 역할을 담당한다. 그러나 느낌은 그와 같은 기능이 실행되도록 동기를 유발하고, 계속해서 결과를 점검하고, 필요한 경우 절차를 수정하도록 협상을 담당한다.

이 책에서 궁극적으로 밝히려는 것은 인간의 문화적 활동이 바로 느낌에서 비롯되었고, 지금도 여전히 느낌에 그 뿌리를 두고 있다는 것이다. 인간 본성의 여러 갈등과 모순을 이해하려면 느낌과 이성 간의 호의적인 관계 그리고 동시에 적대적인 상호관계를 이해해야만 한다.

○

어떻게 인간은 동시에 박해하는 자이자 박해받는 자, 자선을 베푸는 자이자 구걸하는 자, 기쁨에 날뛰는 자이자 고통에 몸부림치는 자, 예술가이자 과학자, 성인이자 범죄자, 지구의 자비로운 관리자이자 지구를 파괴하는 괴물이 되었을까? 이런 질문에 답하기 위해서는 역사가와 사회학자는 물론이고 뛰어난 감수성으로 인간 드라마 이면에 감춰진 패턴을 감지해 내는 예술가의 노력이 필요하다. 그러나 한편으로 각기 다른 분과의 생물학 역시 답을 구하는 데 기여할 수 있다.

느낌은 어떻게 최초의 문화에 대한 물결을 일으키고 문화의 진화에 필수 불가결한 요소로 남아 있게 되었을까? 그것을 알아보기 위해서 나는 마음, 느낌, 의식, 기억, 언어, 복잡한 사회성, 창조적 지능 등을 갖춘, 오늘날 우리가 알고 있는 인간의 삶을 초기 생명체의 삶, 즉 38억 년 전으로 거슬러 올라가는 생명체의 삶과 연결시킬 방법을 찾으려고 했다. 이것을 제대로 연결하기 위해서는 길고 긴 진화의 역사에서 위에 언급한 핵심적인 기능들이 발달하고 나타난 순서와 시기를 찾아내야 했다.

그런데 여러 생물학적 구조와 기능이 나타난 순서는 일반적인 상식과는 달랐다. 책의 제목처럼 기묘했다strange. 생명의 역사를 통해 일어난 여러 사건의 순서는, 즉 이른바 문화적 마음이라는 멋진 도구를 우리가 형성해 온 방식은 기존의 관념들과 일치하지 않았다.

인간이 느끼는 감정의 본질과 영향을 이야기하는 과정에서 마음과 문화에 관한 우리의 사고방식이 생물학적 진실과 맞지 않는다는 사실을 발견했다. 사회적 환경에서 자신의 이익을 위해 똑똑하고 영리하게 행동하는 동물을 보면, 그러한 행동은 복잡한 상황에 대해 신경계가 숙고하고 예측한 결과인 것처럼 생각된다. 하지만 이런 행동은 생명의 역사 초기에 나타난 단세포생물의 빈약한 능력으로도 가능하다. '기묘하다'라는 표현은 이런 현실을 묘사하기에 부족할 정도이다.

지금부터 우리의 직관과는 어긋나는 관찰 결과를 담아내는 것부터 설명해 보자. 그것은 바로 생명 기전 자체, 그리고 생명현상을 조절하는 본성에 관한 설명이다. 다시 말해, **항상성**homeostasis이라는 한 단어로 표현하는 일련의 현상이다. 느낌은 마음에 표상된 항상성이다. 느낌에 가려진 채 작용하는 항상성이라는 기능은 초기의 생명 형태와 오늘날 몸과 신경계의 놀라운 협업을 이어 주는 연결 고리이다. 그리고 몸과 신경계의 협업은 의식과 느낌을 가진 마음minds을 출현시켰고, 그 마음은 다시 인류의 가장 독특한 특성인 문화와 문명을 탄생시켰다. 이 책의 중심에는 느낌이라는 개념이 있지만 느낌의 힘은 항상성에 있다.

문화를 느낌과 항상성에 연결하면 자연과 더 강력하게 연결되고 문화 과정에서 더욱더 인간다운 표현humanization이 가능해진다. 느낌과 창조의 문화적 마음은 기나긴 과정을 거쳐 형성되었는데, 항상성에 이끌린 자연선택이 그 과정에서 중요한 역할을 해 왔다. 문화를 느낌, 항상성, 유전자에 연결하는 것은 문화의 개념과 관습과 요소들을 생명 작용에서 점점 분리시키는 관행과는 반하는 것이다.

내가 확립하고자 하는 연결 고리가, 문화 현상이 역사적으로 획득한 자율성을 감소시키지 않음을 분명히 하고 싶다. 나는 문화 현상을 그 생물학적 뿌리로 환원시키거나 문화의 모든 측면을 과학으로 설명하려는 것이 아니다. 예술이나 인문학의 빛 없이 과학만으로 인간의 모든 경험을 설명할 수는 없다.

문화의 형성에 대한 논쟁은 두 가지 배타적인 설명 사이에서 주로 불거진다. 하나는 인간의 행동이 자율적인 문화 현상의 결과물이라는 것이고, 또 다른 하나는 인간의 행동이 유전자에 의해 전달되는 자연선택의 결과물이라는 것이다. 그러나 꼭 둘 중 하나를 선호하거나 양자택일할 필요는 없다. 인간의 행동은 대개, 그때그때 그 비율과 순서는 다르겠지만, **두 가지** 영향을 모두 받는다.

재미있게도 비인간 생물학에서 인간 문화의 뿌리를 찾아냈다고 해서 인간만이 가진 특별한 지위를 격하시키는 것은 아니다. 인간 개개인이 가지는 특별한 지위는, 과거의 기억 그리고 끊임없이 예측해야 하는 미래에 관한 기억이라는 맥락 속에서 겪는 고통과 기쁨의 유일무이한 의미에서 비롯하기 때문이다.

○

우리 인간은 타고난 이야기꾼이다. 그리고 무엇이든 그 기원을 설명하는 이야기를 만들어 내기를 매우 좋아한다. 우리는 어떤 도구나 관계, 사랑과 우정에 관한 이야기에서 그 기원을 설명하는 데에는 상당한 성공을 거두어 왔다. 그러나 자연 세계에 이르러서는 기원을 찾는 데 그리 능숙하지 못하고, 많은 경우 실패하게 된다. 생명은 어떻게 시작되었을까? 마음, 감정, 의식의 시작은? 사회적 행동이나 문화는 언제 처음 나타났을까? 그와 같은 답을 찾는 일은 결코 쉽지 않다. 노벨상을 받은 물리학자 에르빈 슈뢰딩거Erwin Schrödinger가 생물학으로 관심을 돌려서 고전이 된 저작 『생명이란 무엇인가*What Is Life?*』를 썼을 때 그가 책 제목을 생명의 '**기원**Origins'이라고 짓지 않았다는 점을 주목할 만하다. 생명의 세계를 들여다본 그는 생명의 기원에 관해 논하는 것이 헛고생이 될 것이라는 사실을 깨달았던 것이다.

그러나 헛고생이라고는 해도 여전히 참을 수 없이 유혹적인 주제다. 나는 이 책을 통해 생각하고, 이야기를 지어내고, 의미를 부여하고, 과거를 기억하고, 미래를 상상하는 마음을 생성하는 절차의 이면에 있는 몇 가지 사실들을 제시하고자 한다. 또한 마음, 외부 세계, 마음을 담은 생명체 사이의 호혜적인 연결 고리를 형성하는 감정과 의식의 조직 기저에 있는 사실들도 소개하고자 한다. 갈등에 빠진 마음에 대처해야 할 필요성과 행복감을 추구하면서 동시에 고통, 두려움, 분노에 빠지는 모순을 해결하고자 하는 욕망 때문에 인간은 경이와 경외감을 찾게 되었고, 결국 음악과 춤, 그림과 문학을 만들어 냈다. 인간은 거기에서 더 나아가 아름답지만 어떤 경우에는 신경에 거슬리는 대서사시, 즉 종교적 신념, 철학적 질문, 정치적 통치 제도와 같은 것들을 만들어 냈다. 이와 같은 것들은 요람에서 무덤까지 인간 드라마가 펼쳐지는 문화의 장이다.

1부

생명 활동과 항상성

The Strange Order of Things

I

인간 본성에 관하여

간단한 아이디어

상처를 입거나 통증을 느낄 때면 상처의 원인이 무엇이든, 또는 통증의 양상이 어떠하든, 우리는 뭔가 조치를 취할 수 있다. 우리를 고통스럽게 만드는 상황의 범위에는 육체적 상해뿐만 아니라 사랑하는 사람을 잃거나 창피를 당하는 것과 같은 경우도 포함된다. 꼬리를 물고 떠오르는 관련 기억들이 고통을 계속 만들어 내고 증폭시킨다. 기억은 상황을 상상 속의 미래로 투영하고 그 결과를 머릿속에 그려 보게 한다.

고통을 겪는 인간은 이를 보상하고 고치고, 심지어는 획기적인 해결책을 찾는 식으로 대처할 수 있다. 고통뿐만이 아니다. 정반대로 다양한 상황에서 행복과 황홀감을 경험할 수도 있다. 그 느낌은 맛, 냄새, 음식, 와인, 섹스와 같은 경험에 대한 반응인 단순하고 사소한 즐거움에서 예술 공연을 보고 느끼는 경이로움, 아름다운 경치를 관조하는 느낌, 또는 다른 사람에게 깊은 애정이나 존경을 느끼는 것과 같은 숭고한 즐거움까지 매우 다양하다. 또한 인간은 힘을 휘두르고 다른 사람들을 지배하거나 심지어 파괴하고 폭력과 약탈을 저지르는 일이 전략적으로 중요할 뿐만 아니라 쾌락을 주기도 한다는 점도 깨달았다. 이 경우에도 인간은 그런 느낌이 존재한다는 사실을 실용적으로 이용할 수 있다. 다시 말해서 그런 상황은 애초에 왜 고통이 존재하는가 하는 질문을 던질 동기를 준다. 또한 어떤 상황에서는 타인의 고통이 자신에게 이익을 줄 수 있다는 기묘한 사실을 어떻게 이해해야 하는지 고민하게 할 수도 있다. 어쩌면 사람들은 그런 상황에서 느끼는 감정(이를테면 고통·놀라움·분노·슬픔·공감)을 고통과 그 원인에 대처하는 방법을 상상해 내는 안내자로 이용했을 것이다. 우리가 다양한 사회적 행동을 할 때 우정·유대감·관심·애정 같은 감정은 폭력과 공격성과는 정반대로, 명백히 타인뿐만 아니라 자기 자신의 안녕과 행복과 관련이 있다는 점을 깨달았을 것이다.

느낌은 어떻게 우리 마음을 유리한 쪽으로 몰고 갈 수 있는 것일까? 느낌이 우리 마음**속**에서 그리고 마음**에 대해** 한 일에서 그 질문에 대한 답의 일부를 찾을 수 있다. 일반적인 상황에서 느낌은 어떤 언어의 도움도 없이, 우리 몸의 생명 작용이 좋은 방향으로 향하는지 나쁜 방향으로 향하는지를 마음에 알려 준다. 그렇게 함으로써 느낌은 자연스럽게 생명 작용이 우리의 안녕과 풍요에 이로운지 그렇지 않은지를 판단한다.[1]

이성이 제대로 기능하지 못하는 경우에도 느낌이 성공할 수 있는 이유는 그 독특한 특성 때문이다. 느낌은 뇌 혼자서 만드는 것이 아니라 수많은 화학 분자와 신경 회로의 상호작용으로 뇌와 신체가 같이 만들어 내는 현상이다. 그동안 간과되었던 느낌의 이 독특한 특성은 평상시 무심히 진행되는 마음의 흐름에 제동을 걸고 방향을 바꾼다. 느낌의 근원은 삶과 죽음 사이에서 균형을 잡으며 외줄타기를 한다. 그렇기 때문에 느낌은 우리 마음속에서 고통스럽거나 찬란하고, 부드럽거나 강렬한 음을 내는 현악기의 줄과 같다. 느낌은 알아차리기 힘들 만큼 미묘하게 우리 마음을 휘젓기도 하고 때로는 너무도 강렬하고 분명하게 우리의 마음을 사로잡기도 한다. 때로는 가장 좋은 상태에서도 우리 마음의 평정심을 흔들어 놓고 고요함을 무너뜨린다.[2]

그러니까 간단하게 말해서 편안하고 행복한 상태에서 괴롭고 아픈 상태에 이르기까지, 고통과 즐거움에 대한 느낌은, 질문을 던지고 대상을 이해하고 문제를 해결해 나가는 과정의 촉매제가 되었다. 그리고 그것은 다른 동물의 마음과 구별되는 인간만이 가진 마음의 특성이다. 인간은 질문을 던지고 대상을 이해하고 문제를 해결해 나감으로써, 자신이 처한 곤경을 해결할 기발한 방법을 개발해 나갔고 만족과 풍요를 이루어 왔다. 인간은 의식주를 해결하는 방법을 점차로 발전시켰고 상처와 질병을 치료하는 과정에서 의학을 발명했다. 한편 타인에 의해 아픔과 고통을 겪을 때가 있다. 타인에 공감하기도 하고, 다른 이들이 자신을 어떻게 느끼는지에 대한 각성으로 고통스러워하기도 한다. 뿐만 아니라 궁극적으로는 죽음을 맞을 수밖에 없는 인간의 조건을 자각하면서 고통을 겪기도 한다. 이를 통해서 인간은 개인이나 집단의 자원을 확장하여 도덕 규칙과 정의의 원칙을 만들고 사회조직과 통치 체계, 예술적 창조물, 종교적 믿음을 만들어 냈다.

그와 같은 발전이 언제 이루어졌는지를 정확히 말할 수는 없다. 특정 인구 집단과 지리적 위치에 따라 발전 속도에 엄청난 차이가 있었다. 그러나 약 5만 년 전에 이미 지중해 주변, 중부·남부 유럽과 아시아에서 그와 같은 과정이 진행되고 있었다는 것은 확실하다. 당시 이 지역에는 호모 사피엔스가 살았다. 그러나 네안데르탈인 역시 함께 존재했다. 호모 사피엔스는 그보다 훨씬 앞선 20만 년 전 혹은 그보다 훨씬 이전에 처음으로 나타났다.[3] 이처럼 인간의 문화는 약 1만 2000년 전에 시작된 농경시대나 문자와 돈이 발명되기 훨씬 이전의 수렵 채집의 시기에 이미 시작되었다. 다양한 지역에서 문자가 출현한 시기를 살펴보면 인간 문화의 진화가 단 한 지역이 아닌 여러 지역에서 이루어졌음을 알 수 있다. 문자는 기원전 3500년에서 3200년 사이에 수메르(메소포타미아 지방)와 이집트에서 처음 발명되었다. 그러나 그 후에 페니키아인들도 독자적으로 문자 체계를 만들어 냈고 나중에는 그리스인과 로마인들이 그것을 사용했다. 기원전 600년경에 오늘날 멕시코 영토에 해당하는 메조아메리카 지역의 마야문명 역시 독자적으로 문자를 발명했다.

키케로와 고대 로마인들은 인간의 모든 사고 활동에 'culture(문화)'라는 이름을 붙였다. 키케로는 **영혼을 가꾸기**cultura animi라는 의미로 이 용어를 사용했다. 그는 분명히 밭을 갈고 작물을 키우는 활동을 염두에 두었을 것이다. 땅에 적용되는 것은 사람의 마음에도 적용될 수 있다.

오늘날 'culture'라는 단어의 일차적 의미에는 의심의 여지가 없다. 이 단어의 사전적 의미는 집단적으로 간주되는 지적 성취의 구현물로, 별다른 조건이 없을 경우 **인간의** 문화를 가리킨다. '문화'라는 용어가 함축하는 노력과 성취의 주된 범주에는 예술, 철학적 탐구, 종교적 신념, 도덕적 능력, 정의, 정치제도와 시장, 은행과 같은 경제제도, 기술, 과학 등이 포함된다. 한 사회집단을 다른 사회집단과 구분짓는 생각·태도·관습·방식·제도 역시 전반적인 문화의 범위에 들어간다. 문화는 언어를 통해 그리고 애초에 문화가 만들어 낸 사물과 의식을 통해 전달된다. 이것이 이 책에서 문화 또는 문화적 마음이라고 말할 때 포함할 수 있는 현상의 범위이다.

한편 'culture'라는 단어는 또 다른 쓰임새를 갖고 있다. 재미있게도 그것은 실험실에서 박테리아와 같은 미생물을 배양하는cultivate 것을 가리킨다. 배양균이라는 의미의 '박테리아 컬처culture'는 내가 곧 이야기하고자 하는 박테리아의 '문화적culture-like' 행동과는 관계가 없다. 어쨌든 박테리아는 여러모로 'culture'라는 위대한 이야기의 일부가 될 수밖에 없는 운명이었다.

❖ 느낌과 문화의 형성

감정은 세 가지 방식으로 문화 형성에 기여한다.

1. 지적 창조의 **동기 유발자** 역할

a. 항상성의 결핍을 감지하고 진단하기

b. 창조적 노력을 기울일 만한 가치가 있는 바람직한 상태를 식별하기

2. 문화적 도구와 실행의 성공과 실패 여부를 살피는 **감시자** 역할
3. 긴 시간에 걸친 문화 형성 과정에서 요구되는 조정을 위한 **협상자** 역할

느낌 대 이성

일반적으로 인간의 문화적 활동은 어마어마하게 긴 진화의 역사 속에서 무심한 유전적 프로그램으로 만들어진 유기체에, 화룡점정畵龍點睛처럼 특별한 인간의 지능이 더해진 결과물이라고 설명해 왔다. 문화에 관한 논의에서 감정은 거의 논외로 친다. 인간의 지능과 언어의 확장, 특별한 인간의 사회성이 문화 발전의 주역으로 조명을 받아 왔다. 얼핏 보면 그와 같은 주장이 합리적인 것처럼 보인다. 문화라고 하는 새로운 도구와 관행의 이면에 있는 지능의 역할을 고려하지 않고서 인간의 문화를 설명하는 것은 상상할 수 없는 일이다. 또한 문화의 발전과 전달에서 언어가 결정적인 기여를 했다는 사실은 말할 필요도 없다. 사회성은 종종 간과되기도 했지만 오늘날에는 인간의 문화 활동에서 필수 불가결한 요소로 받아들여진다. 문화적 관행은 성인인 인간이 얼마나 탁월한 사회적 능력을 발휘하는지에 달려 있다. 예를 들면 서로 다른 두 사람이 같은 대상을 보고 그 대상에 대하여 같은 의도를 공유하는 것과 같

은 사회적 현상이 문화적 관행을 만든다.[4] 그러나 그것을 이성만으로는 설명할 수 없다. 그 이야기는 마치 창조적 지능이 강력한 추진력 없이 저절로 생겨나고 순수한 이성 이외의 다른 이면의 동기 없이 홀로 발전해 나간 듯한 인상을 준다. [한편] 생존을 동기로서 제시하는 것만으로는 충분하지 않다. 왜냐하면 왜 애초에 생존이 관심의 대상이 되었는지를 설명하지 못하기 때문이다. 그와 같은 설명들은 마치 창조성이 감정affect이라는 복잡한 구조물에 뿌리내리고 있지 않은 것처럼 말한다. 또한 문화 발명 과정을 계속해서 이어 나가고 감시하는 일이 오직 인지적 수단만으로 가능한 것처럼, 생명체가 실제로 **느끼는** 것의 가치가 그 과정에 아무런 역할을 하지 않는 것처럼 이야기한다. 만일 우리가 느끼는 통증에 A와 B라는 치료법 중 하나를 선택해야 한다고 할 때 어떤 치료법이 통증을 약화시키거나 완전히 없애 주거나 혹은 아무런 변화를 일으키지 않는지 판단하는 것은 느낌이다. 느낌은 우리가 문제에 반응하도록 **동기를 유발하고** 또한 그 반응이 성공적인지 그렇지 못한지 **감시한다**.

느낌, 좀 더 일반적인 차원에서 전반적인 감정은 문화에 관한 논의에서 투명인간처럼 여겨져 왔다. 모든 사람들이 그 존재를 감지하지만 아무도 언급하지 않는다. 아무도 말을 걸지 않고 이름도 부르지 않는다.

이 책에서 나는 기존의 관점에 몇 가지를 보충하고자 한다. 인간의 탁월한 개인적·집단적 지능은 강력한 원인 없이 스스로 움직여 지적인 문화적 관행과 도구를 만들어 내지 못한다는 것이다. 실제 사건이나 상상 속의 사건에 의해 촉발된 온갖 종류, 온갖 정도의 느낌은 지적 능력을 발휘할 동기를 제공한다. 인간은 자기 삶의 조건을 좀 더 나은 쪽으로, 고통과 손실이 적고 좀 더 편안하고 좀 더 즐거운 쪽으로 변화시키려는 의도로 문화적 반응을 해 왔다. 단순히 좀 더 생존 가능성이 높은 미래가 아니라 좀 더 살기 좋은 미래를 위해 그런 노력을 기울여 왔다.

타인에게 대접받고 싶은 대로 남에게 해 주라는 도덕적 황금률이 있다. 타인에게 험한 대우를 받거나 그런 대우를 받는 타인을 보고 느낀 공감을 통해 만들어진 황금률이다. 이 법칙이 작동하려면 논리적인 이성이 있어야 하지만, 감정이 없었다면 법칙이 생기지도 못했을 것이다.

스펙트럼의 양 끝에 있는 고통과 행복은 문화를 만들어 낸 창조적 이성의 주된 동기이다. 그러나 배고픔, 육욕, 사회적 유대감 같은 근본적 욕망과 두려움, 분노, 권력욕, 명예욕, 증오, 적과 적이 가진 모든 것을 파괴하고자 하는 갈망과 같은 모든 느낌들 역시 그 동기가 될 수 있다. 사실 사회성의 여러 이면에는 느낌이 자리 잡고 있다. 느낌은 크고 작은 집단을 구성하도록 하고, 개인들이 자신의 욕망, 유희의 즐거움, 자원과 짝을 두고 벌이는 경쟁과 그로 인한 공격성과 폭력성과 같은 이유들 때문에라도 타인과 유대를 형성하도록 이끈다.

또 다른 강력한 동기 유발자에는 자연적인 것이든 인공적인 것이든 아름다움을 마주했을 때, 또는 우리 자신과 타인을 행복하게 만드는 수단을 발견했을 때, 형이상학적이거나 과학적인 수수께끼의 답을 찾았을 때, 또는 단순히 풀리지 않은 신비를 마주했을 때 생기는 들뜨고 고양된 느낌, 경외심, 현실을 초월하는 느낌

등이 있다.

인간의 문화적 마음은 어떻게 나타났을까

이 시점에서 몇 가지 흥미로운 질문들이 떠오른다. 지금 위에서 언급한 내용에 따르면 문화는 인간의 활동으로 시작되었다. 그러나 문제의 해결책으로서 문화는 전적으로 인간에게만 존재하는 것일까? 아니면 다른 생물 역시 그와 같은 속성을 갖고 있을까? 또한 인간의 문화적 마음이 내놓은 해결책은 전적으로 인간이 발명한 것일까? 아니면 적어도 부분적으로는 우리보다 진화적으로 앞선 생물 역시 사용했던 것일까? 행복과 풍요로움의 가능성과 대조되는 고통, 아픔, 죽음의 불가피성을 직면해야 하는 인간의 조건은 오늘날 놀라울 정도로 복잡한 문화라는 도구를 탄생시킨 힘의 이면에 자리 잡고 있다. 그러나 그와 같은 인간의 문화 창조 과정에서 더욱 오래된 생물학적 전략이나 도구의 도움을 전혀 받지 않았을까? 거대한 유인원을 살펴보면 인간 특유의 문화의 전조라고 할 만한 것을 발견할 수 있다. 1838년 다윈은 런던 동물원에 새로 들어온 제니라는 이름의 오랑우탄의 행동을 처음 보고 매우 놀랐다. 빅토리아 여왕 역시 마찬가지였다. 여왕은 제니를 보고 나서 "불쾌할 정도로 사람 같다"고 소감을 말했다.[5] 침팬지들은 단순한 도구를 만들 수 있고 영리하게 그 도구를 사용해서 먹이를 먹는다. 또한 도구를 만드는 방법을 시각적으로 다른 침팬지에게 보여 주어 발명한 것을 전파시킨다. 유인원들의 사회적 행동, 특히 보노보

(bonobos, 유인원과의 포유류. 침팬지와는 다른 종으로 몸의 길이는 70~83센티미터이다-옮긴이)의 경우도 논란의 여지가 있지만 문화적 행동이라고 할 수 있다. 심지어 코끼리나 해양 포유류처럼 우리와 매우 다른 동물들에게서도 문화적 행동을 찾아볼 수 있다. 같은 조상으로부터 물려받은 유전자 덕분에 포유류 동물들은 많은 면에서 인간과 비슷하게 정교한 감정적 도구들을 갖추었다. 포유류는 정서나 감정이 없다는 식의 주장은 이제 더 이상 지지를 받지 못한다. 감정은 인간이 아닌 동물들에게서 나타나는 '문화적' 징후를 설명해 주는 동기 부여자 역할을 할 수 있다. 다만 다른 동물들의 문화적 성취가 보잘것없는 수준에 머무르는 이유는 서로 다른 개체들끼리 의도를 공유할 수 있는 특성, 언어 그리고 좀 더 일반적인 측면을 살펴보자면 지능이 덜 발달했기 때문일 것이라고 추측할 수 있다.

하지만 그렇게 간단하게 볼 일은 아니다. 문화적 행동의 복잡성과 그것이 미치는 광범위한 긍정적 영향과 부정적 영향을 생각해 볼 때, 문화적 행동은 처음부터 의도를 가지고 시작되었으며 오직 높은 지적 능력을 가진 동물만 이룰 수 있었다고 추측하는 것이 합리적이다. 비인간 영장류 수준이 되어야 감정과 이성의 결합을 통해서 집단생활에서 발생하는 문제를 문화적으로 해결할 수 있다는 것이다. 즉 문화가 나타나기 이전에 일단 마음, 즉 느낌이 나타났고, 의식이 발생하면서 그러한 느낌을 주관적으로 경험했다는 것이다. 그리고 창조적 이성이 어느 수준 이상 발전한 후에야 문화가 가능해졌다는 것이다. 이것이 그동안 문화에 대해 가진 오랜 믿음이다. 하지만 이것은 사실이 아니다. 이에 대해 좀 더 살펴보자.

미친한 시작

사회적 행동의 뿌리는 매우 보잘것없는 수준으로 거슬러 올라간다. 자연에서 처음으로 사회적 행동이 출현했을 때 호모 사피엔스의 마음이나 다른 동물의 마음과 같은 것은 존재하지 않았다. 매우 단순한 단세포생물들은 화학 분자 상태로 주위 환경에서 다른 개체의 존재 여부와 같은 특정 조건을 감지하고 반응했다. 달리 말해, 그들이 처한 환경에서 생명을 조직하고 유지하는 데 필요한 행동을 결정했다. 박테리아는 필요한 영양소가 풍부한 비옥한 환경에서는 대체로 독립적인 삶을 영위하고, 영양소가 부족한 환경에서는 한데 모여 덩어리를 형성하는 것으로 알려져 있다. 박테리아는 자신이 형성하는 집단의 개체 수를 감지할 수 있고, 부지불식간에 자신이 속한 집단의 힘을 가늠하고 그 힘에 따라 영역을 방어하기 위한 전투를 벌인다. 박테리아들은 물리적으로 연합해서 방어벽을 형성한다. 또한 자신들의 덩어리를 둘러싸서 보호하는 얇은 막이나 필름과 같은 층을 형성하는 화학 분자를 분비한다. 이런 식으로 항생물질의 공격에 대응하는 것이다. 이것이 바로 우리가 감기나 인두염 혹은 후두염에 걸렸을 때 우리의 목구멍에서 일어나는 일이다. 박테리아가 목의 점막에서 충분히 넓은 영토를 확보하면 우리는 목이 쉬고 잠기게 된다. 이런 박테리아의 모험을 돕는 '쿼룸 센싱'(Quorum sensing, 각 미생물이 분비하는 신호 물질을 인지해서 자기와 동종인 미생물의 밀도를 감지하는 현상. 신호 물질의 농도가 어떤 한계치에 이르면 특정 유전자가 발현되는 식으로 일어난다-옮긴이)이라는 절차가 있다. 이 현상의 효과는 마치 박테리아가 느낌·의식·의도를 갖고 있는 것처럼 보일 정도로 놀랍다. 그러나 박테리아는 그런 것을 갖고 있지 않다. 단지 훗날 그와 같은 능력으로 발전할 희미한 전조에 해당되는 능력을 갖고 있을 뿐이다. 박테리아가 정신적 표상을 가진다고 하기는 어렵다. 박테리아의 세계에는 현상학이 없다.[6]

박테리아는 가장 오래된 형태의 생명체로 그 출현 시기는 거의 40억 년 전으로 거슬러 올라간다. 박테리아의 몸은 하나의 세포로 이루어졌으며 그 세포는 심지어 핵도 갖고 있지 않다. 당연히 뇌 같은 것이 있을 리 없다. 물론 여러분과 내가 생각하는 의미의 마음 역시 갖고 있지 않다. 박테리아들은 항상성 법칙에 따라 매우 단순한 삶을 영위하는 것처럼 보인다. 그러나 박테리아가 작동하는 유연한 화학적 방식과 그로 인해 숨 쉴 수 없는 환경에서 숨을 쉬고 먹을 수 없는 것들을 먹어 치우는 능력을 들여다보면 그들의 삶은 그리 단순하지만은 않다.

마음은 없지만 복잡한 그들 나름의 사회적 역학 속에서 박테리아는 다른 박테리아와 협력할 수 있다. 같은 유전체genome를 가진 개체뿐만 아니라 그렇지 않은 개체와도 협력이 가능하다. 마음이 없는 이 존재들은 심지어 우리가 일종의 '도덕적 태도'라고 부를 만한 태도를 취하기도 한다. 그들의 사회적 집단의 가장 가까운 구성원들, 소위 가족이라고 할 만한 개체들끼리는 표면의 분자나 그들이 분비하는 화학물질로 서로를 식별한다. 그런 표면 분자나 화학물질은 각각의 유전체와 관련이 있다. 그런데 박테리아의 집단은 곤경에 처하거나 다른 박테리아 집단과 영토나 자원을 놓고 경쟁을 벌여야 한다. 박테리아의 집단이 성공을 거두기 위해서는 그 구성원들이 서로 협력할 필요가 있다. 이 집단적 노력에서 일어날 수 있는 현상들을 보면 가히 놀라움을 금할 수 없다. 박테리아들이 집단 안에서 '배신자', 즉 집단 노력에 협력하지 않는 개체를 감지해 내면, 그 개체가 유전적으로 친족 관계에 있다고 하더라도 그 개체를 멀리한다. 박테리아들은 제 몫의 짐을 짊어지지 않거나 집단의 노력에 힘을 보태지 않는 개체들과는 협력하지 않는다. 다시 말해서 집단에 협력하지 않는 배신자 박테리아를 다른 개체들이 따돌린다는 의미이다. 그러나 이런 배신자들은 동료들이 큰 희생을 치르며 얻은 에너지 자원에 적어도 한동안은 접근할 수 있다. 이와 같은 상황에서 박테리아가 취할 가능성이 있는 '행위'의 다양성은 아주 놀랍다.[7]

미생물학자인 스티븐 핀켈Steven Finkel은 매우 흥미로운 실험을 설계했다. 다양한 비율로 필요한 영양소를 갖춘 플라스크 여러 개 안에 박테리아 개체군 몇 개를 집어넣고 경쟁을 벌이도록 했다. 어떤 특정 조건에서 여러 세대를 지나고 세 개체의 박테리아 집단이 성공을 거두었다. 그중 두 집단은 죽을 때까지 싸움을 벌이는 특성을 지녔으며, 그 과정에서 그 집단들은 큰 손실을 입었다. 나머지 한 집단은 긴 시간 동안 어떤 집단과도 전면적인 싸움을 벌이지 않고 적당히 거리를 유지하며 지냈다. 이 세 집단 모두 먼 미래까지 살아남았다. 얼마나 먼 미래냐 하면 자그마치 1만 2000세대를 거쳤다. 박테리아보다 훨씬 커다란 생물들의 사회에서도 그와 비슷한 패턴을 아주 쉽게 상상해 볼 수 있다. 박테리아 집단을 보면서 배신자와 무임승차자들의 사회와 평화롭고 준법정신이 투철한 시민들의 사회를 떠올릴 수 있다. 그리고 또한 그 안에 사는 가

지각색의 성격을 지닌 인물들, 이를테면 다른 이를 학대하거나 괴롭히는 자들, 불한당, 도둑들, 조용히 눈에 띄지 않게 정체를 감추고 살아가는 이들, 그리고 마지막으로 위대한 이타주의자들을 떠올릴 수 있다.[8]

물론 인간 사회의 도덕법칙과 정의에 관련된 제도들을 박테리아의 자연 발생적 행동으로 환원시키는 것은 매우 어리석은 일이다. 또한 인간 사회에서 법과 규칙을 만들고 사려 깊게 적용하는 일과 박테리아들이 평소에 친구였거나 가까운 친족이 아닌, 평소에 적이었던 개체들과 힘을 합쳐 협력하는 행동을 혼동해서는 안 될 것이다. 박테리아들은 마음의 도움을 받지 않고서 생존을 추구하는 단순한 방향성에 의해 같은 목표를 가진 다른 박테리아들과 협력한다. 동일한 비종속적 법칙을 따르는 박테리아 집단은, 전반적인 공격에 대하여 최소 작용의 법칙에 따라 자동적으로 수적 우위를 차지하려는 반응을 보인다.[9] 항상성의 요구를 따르고자 하는 경향 역시 매우 엄격하다. 그런데 흥미롭게도 인간의 도덕원리와 법칙 역시 동일한 핵심 규칙을 따른다. 물론 그것이 전부는 아니다. 도덕원리와 법칙은 인간이 처한 조건과 법을 만들고 공표하는 집단이 권력을 관리하는 방식에 대한 지적 분석의 결과물이다. 도덕원리와 법칙은 언어라는 도구로 우리의 정신적 공간 안에서 생겨나는 느낌·지식·이성에 뿌리를 내리고 있다.

그러나 한편으로, 단순한 박테리아가 수십억 년 동안 생명의 끈을 이어 오도록 해 준 자동적 반응 체계가 오늘날 인간이 문화를 형성하는 데 사용한 몇 가지 행동과 개념의 전조였음을 인정하지 않는 것 역시 어리석은 일일 것이다. 이와 같은 전략들이 길고 긴 진화의 역사에서 그토록 오래 존재해 왔는지 인간은 의식하지 도 못하고, 그런 전략들이 언제 처음 나타났는지도 알지 못한다. 다만 어떤 행동을 할지 고민할 때 자신의 마음을 들여다보면, 그 안에 어떤 '직감과 성향'이 있다는 것을 알 수 있을 것이다. 이러한 직감 혹은 성향은 느낌에서 비롯된 것이거나 혹은 느낌 그 자체다. 그 느낌들은 부드럽게 혹은 강렬하게 우리의 생각과 행동을 어떤 방향으로 안내한다. 지적으로 정교한 행동 계획의 발판 역할을 하기도 하고 심지어 우리의 행동에 대한 정당성을 부여하기도 한다. 예를 들어서 우리가 어려움에 처했을 때 무관심한 태도를 보이는 사람들을 멀리하고, 우리를 버리거나 배신한 사람들에게 벌을 준다든지 하도록 만든다. 그러나 오늘날의 과학적 발견이 없었다면 우리는 박테리아 역시 그와 같은 방향으로 작동하는 영리한 행동을 한다는 사실을 결코 알 수 없었을 것이다.

우리는 아주 자연스럽게 다양한 형태의 생물에 존재해 온 기본적이고 무의식적인 협동과 갈등의 원리를 의식적으로 정교하게 다듬어 왔다. 이 원리들은 또한 길고 긴 시간 속에서, 많은 종의 생물에게서 감정과 그것을 구성하는 핵심적 요소들, 즉 목마름, 배고픔, 관능적 욕구, 유대감, 호감과 같은 욕구 충동과 관련된 다양한 내부와 외부의 자극을 감지하고 즐거움, 두려움, 분노, 공감과 같은 정서적 반응을 요구하는 상황을 인지함으로써 일어나는 정서적 반응들을 진화시켜 왔다. 앞서 언급한 것과 같이 그와 같은 원리들은 포유류에서 쉽게 찾아볼 수 있으며 생명의 역사 도처에 존재해 왔다. 자연선택과 유전적 계승은 그와 같은 사회적 환경 속에서의 반응을 정교하게 다듬어서 인간이 지닌 문화적 마음의 발판으로 만들었다. 그리고 그 발판 위에서 주관적 느낌과 창조적 지능이 힘을 합쳐서 인간의 삶의 요구에 부응하는 문화적 도구들을 만들어 왔다. 이런 식의 발전이 사실이라면, 인간의 무의식은 그야말로 가장 초기의 생명의 형태까지 거슬러 올라갈 수 있다. 프로이트 Sigmund Freud나 융Carl Gustav Jung이 생각지도 못했을 만큼 깊고 먼 과거의 생명까지.

사회적 곤충의 삶

이제 곤충의 세계로 눈을 돌리자. 소수의 무척추동물 종, 모든 곤충의 단 2퍼센트를 차지하는 곤충들은 많은 인간 사회의 복잡성에 필적할 만한 사회적 행동 양상을 보인다. 개미, 꿀벌, 말벌, 흰개미 등이 두드러진 예이다.[10] 유전자에 프로그램되어 있는 이들의 엄격한 행동 양식 덕분에 이 곤충 집단은 생존할 수 있다. 곤충은 집단 내에서 지혜롭게 노동 분업을 이루고, 자원이 있는 곳을 탐색하고, 자원을 보다 효율적인 형태로 바꾸며, 이러한 일련 과정을 일정하게 관리할 수 있다. 이들은 수요에 따라 특정 과업에 할당되는 일꾼의 수를 유연하게 조정하고 관리한다. 또한 필요한 경우에는 자기를 희생하는 이타적인 행동도 보인다. 그들 집단이 모여 기거할 보금자리를 만드는 데, 적의 공격으로부터 여왕을 보호하는 것은 물론 온갖 위험과 재해로부터 대피할 수 있는 공간이자 효율적 교통로 역할을 하고 심지어 환기와 폐기물 처리 시설까지 갖춘 기가 막힌 도시 건축계획을 선보인다. 곧 불을 길들이고 바퀴를 발명하지 않을까 하는 기대감까지 생길 정도이다. 그들의 열성과 규율은 오늘날 앞서가는 민주주의국가의 정부를 부끄럽게 만들 정도이다. 사회적 곤충은 그 복잡한 사회적 행동을 몬테소리 유치원이나 아이비리그 대학에서 배운 것이 아니다. 그들의 행동은 생물학에서 비롯한다. 꿀벌이나 개미 들은 이 놀라운 능력을 거의 1억 년 전부터 갖추고 있었다. 그러나 이 곤충들은 개체 수준으로든 집단 수준으로든 짝이나 동료가 사라져도 슬퍼하지 않고, 우주 안에서 자신이 차지한 위치에 질문을 던지지도 않는다. 그들은 자신의 운명은 차치하고 자신의 기원에 대해서도 의문을 품어 본 적이 없다. 그들의 사회적인 행동은 겉보기에 책임감 있고 성공적으로 보인다. 하지만 그것은 자신이나 동료에 대한 책임감 때문이거나, 곤충 조건에 대해 철학적으로 숙고한 결과로 나타나지도 않는다. 그것은 마치 중력과 같이 작용하는 그 곤충들의 생명 작용에 대한 필요성에 따른 것이다. 그 필요성 때문에 미세하게 조정된 유전체가 곤충 개체의 신경계에 작용하여 무수히 많은 세대를 거치며 선택되어 온 특정 행동 양식을 만들어 낸다. 군집을 이룬 개체들은 행동하는 만큼 생각하지는 않는다. 즉 개체 자신이나 집단, 여왕의 요구와 같은 특정한 요구를 마주했을 때 그들은 인간처럼 요구를 충족하기 위해 어떤 행동을 해야 할지 여러 대안을 고려하지 않는다는 말이다. 그들은 단순히 필요성이 생기면 반응한다. 그들의 행동의 선택지는 제한되어 있다. 많은 경우에 단 한 가지 선택지밖에 없다. 그들의 정교한 사회성의 일반적인 체계는 인간의 문화와 닮았지만 그것은 고정된 체계이다. 에드워드 O. 윌슨Edward Osborne Wilson은 사회적 곤충을 좋은 의미에서 '로봇'과 같다고 말했다.

이제 인간으로 돌아가 보자. 우리 인간은 우리 행동의 여러 대안들을 심사숙고한다. 또한 다른 사람의 죽음을 보면 애도한다. 손실을 입으면 대처하고 이익은 극대화하기 위해 노력한다. 그리고 우리 인간의 기원과 운명에 관해 의문을 품고 가능한 대답을 찾고자 한다. 그리고 우리는 넘쳐 나고 서로 충돌하는 무질서한 창조성 때문에 종종 혼란 상태에 빠진다. 우리는 인간이 언제부터 다른 이의 죽음을 애도했는지, 손실과 이익에 특유의 반응을 보였는지, 인간 조건에 관해 숙고하고 우리 삶이 어디에서 비롯해 어디로 가고 있는가 하는 불편한 질문을 던지기 시작했는지 정확히 알지 못한다. 다만 지금까지 찾아낸 우리 조상들의 매장터와 동굴 등의 유적을 통해서 약 5만 년 전만 해도 이런 과정 중 일부가 이미 충분히 존재했음을 확실하게 알고 있다. 그러나 진화의 역사에서 1억 년 된 사회적 곤충의 삶이나 수십억 년 된 박테리아의 역사에 비하면 인간의 5만 년은 찰나에 불과하다.

비록 우리 인간이 박테리아나 사회적 곤충의 직접적 후손은 아니지만, 나는 이 세 생물의 계통 증거들을 숙고해 보는 것이 유익하리라고 믿는다. 즉 뇌나 마음 없이도 자신의 영토를 방어하고, 전쟁을 벌이고, 일종의 행동 규칙에 따라 행동하는 박테리아, 그들만의 도시를 건설하고 통치 체계를 수립하고 기능적 경제활동을 수행하는 사회적 곤충, 플루트를 발명하고, 시를 쓰고, 신을 믿고 지구와 그 주변의 우주를 정복하고, 인간의 고통을 줄이기 위해 질병을 치료하는 한편 자신의 이익을 위해 다른 인간을 파괴하고, 인터넷을 발명하고 그것을 진보의 도구이자 파국의 도구로 변모시키고 그것을 통해 박테리아, 개미, 꿀벌 그리고 자기 자신에 대한 질문을 던지는 인간이라는 세 가지 계통을 함께 숙고해 보는 것이 도움이 될 것이다.

항상성

합리적으로 보이는 두 개념, 즉 감정이 인간이 처한 문제에 대한 지적이고 문화적인 해결 방책을 찾아내도록 동기를 유발했다는 생각과, 마음이 없는 박테리아가 인간의 문화적 반응 중 일부의 전조로 해석할 수 있는, 사회적으로 효과적인 행동을 보인다는 생각을 서로 조화시킬 수 있을까? 진화의 역사에서 그 출현 시기가 수십억 년의 간극으로 갈라져 있는 이 두 종류의 생물학적 특성을 어떤 연결 고리로 이어 붙일 수 있을까? 나는 두 생물체 특성의 공통 기반이자 연결 고리를 **항상성**의 역학에서 찾을 수 있다고 믿는다.

항상성은 이미 그 자취를 찾을 수 없는 최초의 생명으로부터 오늘날에 이르기까지 모든 생명의 핵심에 있는 근본적인 작용 절차set of operations이다. 항상성은 생각 없이 이루어지고 말로도 표현되지 않는 강력한 추진력이다. 또한 항상성이 작용한다는 것은 크고 작은 모든 생명체에서 생명이 지속성enduring과 탁월함prevailing을 나타낸다는 것이다. 생명의 '지속성'에 항상성이 관여하는 부분은 명확하다. 항상성은 생물의 생존을 담당한다. 그러나 어떤 생물이나 종의 진화를 고려할 때 항상성에 주목하거나 주의를 기울이는 경우는 드물다. '탁월함'에 관해서, 항상성은 좀 더 미묘하게 작용해 제대로 인식할 수도 없다. 분명한 것은 **항상성은 단**

순히 생존에 필요한 정도가 아니라 개체 수준으로나 종 수준으로나 생명이 후대로 이어지고 번성하도록 해 준다는 것이다.

느낌은 각 생물 개체의 마음에 그 생물의 생명 상태를 드러낸 것이다. 그 상태는 긍정적인 상태에서 부정적인 상태까지 넓게 펼쳐져 있다. 항상성이 부족한 경우 대개 부정적인 느낌이 표출된다. 반대로 항상성이 적절한 수준으로 유지되고 있으며 개체에게 유리한 기회가 열려 있을 때 긍정적인 느낌을 받는다. 느낌과 항상성은 매우 긴밀하고 지속적으로 연결되어 있다. 느낌은 마음과 의식적 관점을 가진 생물이 생명 상태, 즉 항상성의 상태를 주관적으로 경험하는 것이다. 느낌은 어떤 의미에서 항상성의 대리인이라고 볼 수 있다.[11]

우리 문화의 자연사 연구는 그동안 느낌을 무시해 왔는데 이는 안타까운 일이다. 그러나 항상성과 생명 그 자체로 들어가 보면 상황은 더욱 나쁘다. 항상성과 생명은 완전히 논의에서 배제되어 왔다. 20세기의 가장 저명한 사회학자 중 한 사람인 탤컷 파슨스Talcott Parsons는 사회시스템과 관련해서 항상성 개념을 도입했다. 그러나 그의 항상성 개념은 생명이나 느낌과 연결되지 않았다. 파슨스는 사실상 문화에 관한 개념에서 느낌을 간과해 버린 대표적인 전문가이다. 파슨스의 관점에서 보면 문화의 생물학적 기반은 오직 뇌밖에 없다. 왜냐하면 뇌는 "손을 사용한다든지 시각과 청각 정보를 조율하는 것과 같은 복잡한 절차를 관리할 수 있기" 때문이다. 무엇보다 뇌는 "상징을 배우고 조작할 수 있는 생물학적 기반"이 아닌가![12]

항상성은 생명체의 생물학적 구조와 체제를 선택해 왔다. 그 덕분에 생명체는 미리 설계된 계획 없이, 무의식적으로 그리고 의도하지 않고 생명을 유지할 수 있었을 뿐만 아니라 진화 계보의 다양한 가지에서 발견되는 생물 종의 진화가 일어날 수 있었다. 이와 같은 항상성 개념은 물리학적·화학적·생물학적 증거들에 가장 잘 부합하는 것으로, 단지 생명 활동에 대한 '균형을 잡도록' 조절하는 역할에 국한된 기존의 빈약한 항상성 개념과는 매우 다르다.

나는 항상성의 완고하고 확고한 요구가 온갖 형태로 생명을 지배해 왔다고 생각한다. 항상성은 자연선택 이면에 있는 가치로, 가장 혁신적이고 효율적으로 항상성을 관리하는 유전자(그리고 결과적으로 그 유전자를 가진 생물)를 선호해 왔다. 항상성 없이는 생명을 최적의 상태로 조절하고 후세에 물려주는 유전자의 발달을 생각하기 어렵다.

앞에서 살펴본 내용을 고려할 때 우리는 느낌과 문화 사이의 관계에 대한 작업가설을 세워 볼 수 있다. **항상성의 대리인 역할을 하는 느낌은 인간의 문화를 탄생시킨 반응의 촉매로 작용했다**. 이것은 과연 타당한 주장일까? 감정이 (1)예술, (2)철학적 탐구, (3)종교적 신념, (4)도덕적 규칙, (5)정의, (6)정치적 통치 체계와 경제 제도, (7)기술, (8)과학으로 이어진 지적 발명을 촉발했다고 볼 수 있을까? 나는 강한 확신을 가지고 그렇다고 대답할 수 있다. 위의 여덟 가지 영역에서 사용되는 문화적 관행이나 도구들은 실제로 일어나거나 예상되는 항상성의 결핍(예를 들어 통증, 고통, 간절한 욕구, 갈증, 손실 등)과 잠재적인 항상성 측면의 이익(예를 들어 보상이 될 만한 결과물)에 대한 감정을 느낀다. 이때 느낌은 지식과 이성이라는 도구를 사용해서 욕구를 충족하거나 보상의 기회를 이용할 가능성을 탐험해 나간다.

그러나 이것은 이야기의 시작일 뿐이다. 성공적인 문화적 반응의 결과물은 동기가 되는 느낌을 감소시키거나 없애 주는데, 그와 같은 항상성 상태에 일어난 변화를 **감지하는** 작용이 필요하다. 그리고 그에 따라 일어나는 지적인 반응을 최종적으로 채택하게 된다. 그것을 방대한 문화적 유산에 포함시키거나 버리는 일은 다양한 사회적 집단이 긴 시간 동안 복잡한 과정을 거쳐 상호작용하면서 일어난다. 이 과정은 집단의 다양한 특성, 즉 집단의 크기, 과거 역사, 지리적 위치, 내부와 외부의 권력관계 등에 따라 달라진다. 또한 이 과정은 이후의 지능과 느낌이 관여하는 단계에 영향을 준다. 예를 들어 문화적 충돌이 일어났을 때 일어나는 긍정적인 느낌과 부정적인 느낌은 갈등을 해소하거나 증폭시키는 쪽으로 작용한다.

마음과 느낌의 전조적 진화 이후

항상성이 부여하는 특성 없이는 생명이 존재할 수 없다. 그리고 우리는 생명이 존재한 이래로 언제나 항상성이 존재해 왔다는 것을 알고 있다. 그러나 느낌(살아 있는 생물의 몸 안에서 항상성의 순간적 상태를 주관적으로 경험하는 것)은 생명이 처음 나타났을 때부터 존재했던 것은 아니다. 느낌은 동물이 신경계를 갖추었을 때 비로소 출현했다고 생각한다. 그것은 생명의 역사에서 비교적 최근에 해당하는 6억 년 전이었다.

신경계는 점점 자신 주변의 세계를 다차원적으로 지도화하기 시작했다. 그 세계는 생물의 내부에서 시작되었고, 그렇기 때문에 마음 그리고 그 안의 느낌이 생겨나게 되었다. 신경계가 그리는 지도는 다양한 감각적 능력에 기초하고 있으며, 결국 후각·미각·촉각·청각·시각을 포함하게 되었다. 4장에서 9장까지에 걸쳐 이야기하겠지만 마음(그중에서도 특히 느낌)의 생성은 신경계와 그 신경계의 주인에 해당되는 생물의 **상호작용**에 기초한다. **신경계 혼자서 마음을 만들어 내는 것이 아니라 생물의 몸에서 다른 모든 부분과 협업하여 마음을 생성한다**. 이런 생각은 뇌가 마음의 유일한 원천이라는 기존의 통념과 거리가 있다.

비록 느낌은 항상성이 나타났던 시기에 비해 훨씬 최근에 출현했지만 그것 역시 인간이 진화의 무대에 등장하기 훨씬 오래전부터 존재했다. 모든 동물들이 느낌을 갖고 있지는 않다. 그러나 모든 살아 있는 생물은 느낌의 전조라고 할 만한 생명의 조절 장치를 가지고 있다(그중 일부는 7장과 8장에서 논의할 것이다).

박테리아와 사회적 곤충의 행동에 관해 숙고해 보면 갑자기 초기의 생명체라는 표현이 무색하게 느껴진다. 궁극적으로 인간의 생명, 인간의 인지능력, 문화를 만들어 내는 인간의 마음이 등장한 시작점을 찾고자 한다면 멀고 먼 지구의 역사 초기까지 한없이 거슬러 올라가게 된다. 우리의 마음과 문화적 성공이 뇌에 기초하고 있으며 그 뇌의 많은 특징은 다른 포유류의 뇌와 유사하다고 말하는 것만으로는 충분하지 않다. 거기에 더해서 우리의 마음과 문화는 여러 가지 측면과 방식에서 멀고 먼 태고의 단세포생물과 그 중간 단계의 생물들로 이어진다. 은유적으로 말하자면 우리의 마음과 문화의 상당 부분은 과거의 유산으로부터 빌려 온 것이다.

초기 생명체와 인간의 문화

생물학적 진화 과정과 정신적·사회적·문화적 현상 사이의 연결고리를 찾아낸다고 해서 사회의 모습과 문화의 구성을 우리가 앞으로 논의할 생물학적 메커니즘으로 전적으로 설명할 수 있다는 의미는 아니다. 단 인간이 행동의 규칙을 만들어 낸 것은, 그것이 언제 어디에서 만들어졌든, 항상성의 필요성에서 영감을 받은 것이라고 생각한다. 그와 같은 규칙은 일반적으로 개인과 사회집단의 위험을 줄여 주는 것을 목표로 하고, 실제로 고통을 줄이고 개인의 안녕과 사회의 복지를 촉진해 왔다. 그와 같은 규칙들은 사회적 결속을 강화시켰고, 항상성에 유리한 결과를 가져왔다. 그러나 함무라비법전, 십계명, 미국 헌법, 유엔헌장 등은 인간이 만든 행동 규칙이라는 공통점을 넘어서서 특정 시대와 장소의 상황에 맞추어 특정 인물들이 제각기 만들어 낸 규칙이다. 그와 같은 규칙이 출현한 이면에는 단 하나의 포괄적인 원리 대신 여러 가지의 원리가 존재한다. 그러나 그 원리 중 일부는 보편적이다.

생물학적 현상은 문화적 현상이 될 사건들을 촉진하거나 발생시킬 수 있다. 문화의 탄생 초기에 생물학적 영향이 두드러졌을 것이다. 감정과 이성이 힘을 합쳐서 개인과 집단, 그들이 처한 장소, 과거 등 특정 상황에 맞는 문화를 만들어 냈다. 또한 감정의 개입은 문화 발전 초기에만 국한되지 않는다. 감정은 계속해서 문화의 발전 양상을 관찰하고 끊임없이 계속되는 감정과 이성 사이의 줄다리기를 통해 문화가 미래로 나아가는 경로에 개입한다. 그러나 이토록 중요한 생물학적 현상(문화적 마음의 느낌과 지능)은 이야기의 일부일 뿐이다. 문화 발전을 이해하기 위해서는 문화 선택 과정을 고려해야 하고 역사학, 지리학, 사회학 등 다른 학문 분과의 지식도 필요하다. 동시에 우리는 문화적 마음의 적응과 능력은 자연선택과 유전자 전달에 의해 일어났음을 기억해야 한다.

유전자는 초기의 생명체에서 오늘날 인간까지 긴 시간을 가로질러 존재해 왔다. 그것은 당연한 사실이지만 어떻게 유전자가 그와 같은 특성을 갖고 있는지 의문을 불러일으킨다. 헤아릴 수 없이 오래된 과거의 가장 초기 생명체의 물리적·화학적 조건이 광범위한 의미의 항상성을 수립했고, 그것으로부터 다른 모든 것들이 흘러나왔다는 것이 아마도 이에 대한 좀 더 완전한 대답일 것이다. 유전자 역시 그중 하나이다. 이것은 핵이 없는 세포(원핵생물)에서 시작되었다. 나중에 핵을 가진 세포(진핵생물)가 자연선택되는 이면에도 항상성이 자리 잡고 있다. 그 이후 세포 여러 개로 이루어진 훨씬 복잡한 생물이 출현할 때도 마찬가지였다. 결국 그 다세포 생물은 기존의 '전신 시스템whole-body systems'을 내분비계, 면역계, 순환계, 신경계로 정교하게 발전시켰다. 그리고 이렇게 발전한 각 계들이 마음, 느낌, 의식, 감정 기구, 복잡한 작용을 만들어 냈다. 이와 같은 전신 시스템이 없었다면 다세포동물은 몸 전체의 '보편적global' 항상성을 운영할 수 없었을 것이다.

인간이 문화적 개념, 관행, 도구를 발명하는 데 도움을 준 뇌는 수십억 년의 세월에 걸쳐 선택된 유전적 유산에 의해 만들어졌다. 반면 인간의 문화적 마음의 산물과 인간의 역사는 대부분 문화 선택에 의해 형성되고 문화적 수단을 통해 계승된다.

인간이 문화를 형성할 능력을 가진 마음을 갖추는 데까지 진화하는 과정에서, 느낌의 존재는 항상성의 역할에 커다란 도약을 가져왔다. 감정의 도움으로 동물의 내면적 생명의 상태를 정신적으로 표상할 수 있게 되었기 때문이다. 일단 감정이 생기자 생명 상태와 필요성에 대한 직접적인 지식이 더해지면서 항상성 유지 과정은 점점 풍부해졌다. 물론 여기서 지식이란 의식을 가진 지식이다. 결국 감정에 이끌린 의식적 마음은 다음 두 가지 사실과 사건들을 정신적으로 표상한다. (1) 동물의 내면세계의 상태와 (2) 동물의 환경 조건이다. 후자에는 특히 다양하고 복잡한 상황 속에서 나타나는, 사회적 상호작용으로 일어나는 반응이나 공통의 목적을 가진 다른 동물들의 행동이 포함된다. 그리고 그 행동들은 각 개체의 충동, 동기, 정서 등에 영향을 받는다.

학습과 기억 능력이 발달함에 따라 인간은 사실과 사건에 대한 기억을 저장하고, 인출하고, 조작할 수 있게 되었다. 지식과 감정에 기초한 새로운 수준의 지능 단계에 진입한 것이다. 이와 같은 지적 능력의 확장 과정에 말로 소통하는 언어가 나타남에 따라 생각과 말과 문장을 쉽게 조작하고 전달할 수 있게 되었다. 이제 막을 수 없는 창조의 물길로 들어선 것이다. 자연선택은 새로운 무대를 찾았으니 특정 행동, 관행, 인공물 이면에 있는 인간의 생각을 그 대상으로 삼기 시작했다. 이제 문화적 진화가 유전적 진화에 동참한 것이다.

인간 마음의 비범함과 인간 뇌의 복잡성은 그런 것들이 어떻게 생겨났는지 설명해 주는 길고도 오랜 생물학적 전조로부터 우리의 주의를 돌려놓았다. 인간의 마음과 뇌가 이룩한 놀라운 성취 때문에 우리는 인간이라는 동물과 인간의 마음이 처음부터 완성된 상태로, 마치 스스로 거듭 태어나는 불사조와 같이 하늘에서 뚝 떨어진 것으로 생각하기 쉽다. 그러나 비범성의 이면에는 조상으로부터 이어받은 기나긴 유전적 사슬과 엄청난 수준의 경쟁과 협동의 과정이 자리하고 있었다. 우리가 마음에 관해 이야기할 때 정교한 수준의 동물들이 진화의 역사 속에서 지속성과 탁월함을 발휘하여 선택되었고 그 과정에서 뇌가 선호되었다는 사실을 간과하기 쉽다. 뇌가 선택된 것은 그것이 자연의 선택 과정에 많은 도움을 주었기 때문이다. 특히 뇌가 풍부한 느낌과 사고를 가진 마음을 만들어 내는 데 도움을 주었고, 그 이후로 그와 같은 경향이 한층 두드러졌다. 결국 인간의 창조성은 생명과 너무나 매혹적인 사실에 뿌리를 내리고 있는데, 그 생명에는 매우 명확한 지시가 깃들어 있다. 바로 투쟁하고 미래로 뻗어 나가라는 것이다! 이것이 생명의 지상명령이다. 우리가 현재의 불안정성과 불확실성을 마주할 때 이 단순하지만 강력한 우리의 기원을 기억하는 것이 아마도 도움이 될 것이다.

생명의 지시와 마법과 같은 항상성의 작용 안에는 즉각적인 생존을 위한 지침이 담겨 있다. 대사를 조절하고, 세포 구성 물질의 손상을 복구하며, 집단 내의 행동 규칙을 마련하고, 항상성 상태로부터 긍정적이거나 부정적인 방향으로 벗어나는 것을 측정할 기준을 마련해서, 그에 따라 적절한 반응을 보이는 것들이 그 지침에 포함된다. 그러나 한편으로 생명의 지시는 좀 더 복잡하고 견고한 구조 안에서 미래의 안정을 추구하고자 하는 경향에서도 그 모습을 드러낸다. 이 경향은 자연선택을 가능하게 하는 무수히 많은 구성원들 사이의 협력, 돌연변이, 격렬한 경쟁 등을 통하여 실현되어 왔다. 초기 생명체의 특성은 미래에 수많은 발전된 요소들의 전조가 되었다. 오늘날 우리는 느낌과 의식이 스며든 인간의 마음과 바로 그 마음이 만들어 낸 문화에 의해 점점 더 풍부해진 마음에서 바로 그 특징을 확인할 수 있다. 의식과 느낌을 갖게 된 복잡한 마음은 지능과 언어를 발전시키고 확장시켰다. 그리고 외부 세계의 항상성을 유지하기 위해 역동적으로 상황을 조절하는 새로운 기구들을 만들어 냈다. 그와 같은 새로운 기구는 여전히 초기 생명체의 유전자가 지시한 내용을 품고, 단순히 생명을 유지하는 것이 아닌, 우월함을 드러내려는 목표를 수행하고자 한다.

그렇다면 이 놀라운 발전의 결과물이 왜 종종 변덕을 부리고 탈선을 하는 것일까? 왜 그토록 항상성에서 벗어나는 경우가 발생하고 인간의 역사는 고통으로 가득한 것일까? 그에 대한 일차적인 답변은, 이 책의 뒷부분에서 다루겠지만, 문화적 도구가 처음에는 각 개인이나 핵가족과 부족과 같은 소규모 집단의 항상성 요구에 맞추어 만들어지고 발전했기 때문이라는 것이다. 그때는 인간 집단이 더 넓은 범위로 확장될 것을 고려하지도 못했고 고려할 수도 없었다. 더 큰 규모의 집단 안에서 그 집단 전체의 항상성 조절의 영향을 받는 구성원들, 즉 동일 문화 집단, 국가, 심지어 지정학적 블록 등은 커다란 생물의 일부가 아니라 마치 각각의 생물처럼 행동한다. 각 집단은 그 집단만의 항상성 조절 기능을 이용해서 그 집단만의 이익을 수호하려고 한다. 문화적 항상성은 아직 미완성의 기구로, 종종 고난의 시기를 겪는다. 문화적 항상성의 궁극적 성공은 각기 다른 조절 목표를 화해시키고자 하는 깨지기 쉬운 문명 차원의 노력에 달려 있다고 말할 수 있다. "우리는 물결을 거스르는 배처럼, 끊임없이 과거로 떠밀려 가면서 힘겹게 나아간다." F. 스콧 피츠제럴드F. Scott Fitzerald의 차분하면서도 절망적인 이 표현은 인간의 본성을 묘사하기에 더없이 적절한 선견지명이다.[13]

2

비교 불가능한 영역

생명

생명, 적어도 우리 인간으로 이어진 생명의 계통은 약 38억 년 전에 시작되었다. 생명은 우주의 기원인 빅뱅의 대폭발이 일어난 지 한참 후에 우리 은하의 한구석에서 우리 태양의 보호를 받으며 지구라는 행성 위에서 팡파르도, 탄생을 축하하는 사절단도 없이 조용히, 신중하게 모습을 드러냈다.

당시 존재하던 것은 지구의 표면인 지각, 그것을 덮고 있던 대양과 대기, 특정 온도와 특정 원소(탄소, 수소, 질소, 산소, 인, 황 등)로 이루어진 특정 환경이었다.

외부로부터 내부를 보호할 막으로 둘러싸인 세포라고 하는 매우 특이한 영역 안에서 무수히 많은 과정들이 생겨났다.[1] 생명은 독특한 친화력과 스스로 지속되는 화학반응을 통해 계속해서

꼼지락거리며 주기를 반복하는 최초의 세포 안에서 시작되었다. 아니 바로 그 세포가 최초의 **생명이었다**. 세포는 시간이 흐르면서 자연스럽게 낡고 닳는 자신의 도구들을 스스로 수리했다. 한 부분이 고장 나면 그 부분을 교체했다. 교체된 부분은 원래 있었던 부분과 거의 정확하게 같았다. 그러므로 세포의 기능적 장치가 유지될 수 있었고 생명은 줄어들거나 약해지지 않고 유지되었다. 이 놀라운 세포의 위업을 달성한 화학적 경로를 우리는 '대사metabolism'라는 하나의 명칭으로 부른다. 대사는 세포가 주위 환경으로부터 가능한 한 효율적으로 생명 유지에 필요한 에너지를 뽑아내고 그 에너지를 이용해서, 역시 가능한 한 효율적으로, 망가진 기구를 다시 만들고 노폐물을 밖으로 던져 버리는 일 따위를 하는 것을 말한다. '대사'라는 단어는 비교적 최근에(19세기 말) 만들어진 용어로 '변화'라는 의미를 가진 그리스어에서 따왔다. 대사라는 용어는 분자를 분해해서 에너지를 얻는 이화(異化, catabolism) 과정과 반대로 에너지를 소비해서 분자를 합성하는 동화(同化, anabolism) 과정을 모두 포함한다. 영어와 로망스어 계통 언어에서 사용하는 'metabolism'이라는 단어는 약간 모호하지만 그에 해당되는 독일어 'stoffwechsel'은 '물질의 교환'이라는 명확한 의미를 지닌다. 프리먼 다이슨Freeman Dyson의 말처럼 대사에 해당되는 독일어 단어는 대사에 관한 모든 의미를 잘 담고 있다.[2]

그러나 생명 작용에는 단순히 균형을 유지하는 것 이상의 뭔가가 있다. 가능한 한 '정상 상태steady state'를 이루는 수많은 세포들은 그 힘이 절정에 이를 때에는 양의 에너지 균형을 이루려는 경향이 있다. 즉 에너지의 흑자 상태를 이루는 데 도움이 되는 정상

상태를 유지하고자 한다. 이 잉여의 에너지를 가지고 생명은 최적의 상태를 이루고 미래를 향해 뻗어 나갈 수 있고 그 결과 세포는 번성할 수 있다. 여기에서 번성이라는 의미는 생명의 상태가 효율적이고 번식의 가능성이 높은 것을 말한다.

환경이 좋을 때나 안 좋을 때나 생명이 그 상태를 유지하고 미래로 뻗어 나가고자 하는, 비의도적이고 부지불식간에 일어나는 욕망을 실현하는 데 필요한 일련의 잘 조율된 절차가 바로 항상성이다. '비의도적'이라거나 '부지불식간'과 같은 표현이 '욕망'과 어울리지는 않지만 그러한 모순에도 불구하고 그 과정을 표현하기에 아주 어울리는 단어이다. 생명이 나타나기 전에는 그에 비견할 만한 어떤 다른 생물학적 과정도 존재하지 않았다. 물론 혹자는 분자나 원자의 행동에 생명의 전조가 보인다고 할 것이다. 하지만 생명은 특정 물질과 화학적 작용에 긴밀하게 의존하면서 출현한 것으로 보인다. 따라서 항상성의 기원은 세포에 있다고 말하는 것이 합리적이다. 그 모습이나 크기를 따져 볼 때 가장 단순한 수준의 생명체인 세포의 가장 두드러진 예가 바로 박테리아이다. 항상성은 무질서한 상태로 흘러가려는 물질의 경향에 반하여 질서를 유지하되, 새로운 수준, 즉 가장 효율적인 정상 상태라는 조건에 맞는 질서를 찾아가는 과정을 말한다. 이처럼 흐름을 거스르는 노력은 프랑스의 수학자 피에르 모페르튀이Pierre Maupertuis의 최소 작용의 법칙을 따른다. 즉 자유로운 에너지는 가능한 한 빠르게 가장 효율적으로 소비된다는 것이다. 공중으로 던져 올린 공 여러 개를 바닥에 떨어뜨리지 않고 계속 잡아 던지는 곡예사의 모습을 상상해 보자. 그것은 깨지기 쉽고 아슬아슬한 생명의 상태를 무대 위에 상징적으로 구현한 모습이라고 할 수 있다. 그렇다면 그 곡예사가 더 멋지고 더 빠르고 더 눈부신 묘기로 관객들을 감탄시키고 싶어 한다고 상상해 보자. 그는 아마도 계속해서 공을 받아 내면서 마음속으로는 한층 더 놀라운 곡예를 그리고 있을 것이다.[3]

간단히 말해서 각각의 세포, 그리고 모든 세포들은 살아 있는 상태를 유지하고 앞으로 계속해서 나가고자 하는 강력한 불굴의 '의도'를 갖고 있는 것처럼 보인다. 그 불굴의 의도는 오직 세포가 병들거나 나이를 먹어서 세포 소멸apoptosis이라고 하는 작용에 따라 글자 그대로 내파될 때까지 계속된다. 그런데 내가 지금 세포가 진짜로 마음과 의식을 가진 존재들이 갖고 있는 것과 같은 의미의 의도·욕망·의지를 갖고 있다고 생각하는 것은 아니라는 점을 분명히 하고 싶다. 그러나 그들은 마치 그런 의도를 갖고 있고 가졌던 것처럼 행동할 수 있다. 독자 여러분이나 내가 어떤 의도나 욕망이나 의지를 갖고 있을 때 우리는 그 과정의 몇몇 측면들을 **정신적** 형태로 명확하게 표현한다. 그러나 각각의 세포들은 그렇게 할 수 없다. 적어도 우리와 같은 방식으로는 할 수 없다. 그럼에도 무의식적으로 그들의 행동은 자신의 생명을 유지하고 미래로 나아가고자 하는 목표를 향하고 있고, 그것은 특정 화학물질과 그들의 상호작용의 결과물이다.

이 불굴의 의도는 철학자 스피노자Baruch de Spinoza가 직관적으로 깨닫고 '코나투스conatus'라고 이름 붙인 개념에 해당된다. 우리는 이제 이 힘이 미시적으로는 살아 있는 각각의 세포, 거시적으로는 우리가 자연에서 볼 수 있는 모든 것에 깃들어 있음을 알고 있다. 세포 수조 개로 이루어진 우리의 몸 전체, 수십억 개 뇌 뉴런들, 우리 뇌에서 생겨나는 마음, 인간의 집단이 수천 년에 걸쳐 만들고 고쳐 온 문화 현상들에서 이 힘을 찾아볼 수 있다.

긍정적으로 조절되는 생명 상태에 도달하고자 하는 지속적인 시도는 우리 존재에 대한 본질적인 의미를 규정하는 부분이다. 즉 모든 존재는 자신의 존재를 보존하기 위해 가차 없는 노력을 기울인다는 스피노자의 말에 나타난 존재에 대한 첫 번째 현실이다. 이와 같은 투쟁, 노력, 경향이 합쳐진 것이 스피노자가 『에티카*Ethics*』의 6, 7, 8장에서 제시한 명제에서 사용한 라틴어 '코나투스'라는 단어의 의미에 가깝다. 스피노자의 말을 그대로 옮기자면 "각각의 존재는, 스스로의 힘으로 존재할 수 있는 한, 존재하는 상태로 버텨 내고자 각고의 노력을 기울인다." 그리고 "각 존재들이 존재하는 상태로 버텨 내기 위한 노력이 바로 존재의 정수이다." 오늘날 적용할 수 있는 지혜의 도움을 받아 그의 말을 해석해 보자면, 살아 있는 생물은 온갖 위협과 어려움에 맞서서 가능한 한 그 구조와 기능을 일관되게 유지하도록 설계되었다는 의미이다. 스피노자가 피에르 모페르튀이의 최소 작용의 법칙이 나오기 전에(스피노자는 이미 거의 반세기 전에 죽었다) 이와 같은 결론에 도달했다는 것이 흥미롭다. 스피노자가 살아 있었더라면 모페르튀이의 주장을 기쁘게 받아들였을 것이다.[4]

우리의 몸은 발달 과정을 거치고, 각 구성 성분을 재생하고, 노화하는 과정에서 변화를 겪지만 코나투스는 애초의 구조적 설계를 고수하면서 동일한 개체로 남아 있으려고 고집하고 그 과정에서 애초의 계획과 관련된 일종의 생동성을 유지한다. 이 생동성은 단순히 생존하기에 충분한 정도의 생명 작용에서 최적의 생명 작용에 이르기까지 그 범위가 다양하다.

시인 폴 엘뤼아르Paul Éluard는 『끈질긴 욕망*dur désir de durer*』이라는 책을 썼다. 이것은 기억에 남을 만한 두운체의 미학을 곁들여 프랑스어로 표현한, 또 다른 코나투스에 대한 묘사이다. 그다지 멋없게 번역해 보자면 '견뎌 내려고 결의한 욕망determined desire to endure' 정도가 되지 않을까 싶다. 또한 윌리엄 포크너William Faulkner는 '견뎌 내고 끝내 이겨 내고자 하는endure and prevail' 인간의 욕망에 관해 썼다. 그 역시 놀라운 직관력으로 인간 마음속의 코나투스가 삶에 투영되는 양상을 그려 냈다.[5]

생명의 전진

오늘날 우리 주위에는 수많은 박테리아가 존재한다. 우리 살갗 위에도, 우리 몸속에도. 그러나 38억 년 전 초기의 박테리아가 오늘날까지 남아 있는 것은 아니다. 그들이 어떤 모습이었는지, 초기의 생물이 정확히 무엇이었는지에 대한 답을 얻기 위해서는 각기 다른 계통의 증거들로부터 조각조각 끼워 맞추어 봐야 한다. 맨 처음의 시작과 지금 사이에는 엄청난 빈틈이 있으며 그 기간에 대한 증거는 드문드문 존재할 뿐이다. 생명이 정확히 어떻게 시작되었는가 하는 문제는 지식에 기반을 둔 추측의 영역이다.

DNA 구조와 RNA의 역할이 밝혀지고 유전암호를 해독한 이후로 생명은 유전물질에서 비롯된 것이 분명해 보였다. 그러나 이 개념은 중대한 걸림돌을 마주할 수밖에 없었다. 맨 처음 단계에서 그와 같이 복잡한 분자들이 스스로, 저절로 조합될 가능성은 너무 낮아서 거의 무無에 가까워 보였다.[6]

그 당혹감과 모호함은 완전히 이해할 만하다. 1953년 프랜시스 크릭Francis Crick, 제임스 왓슨James Watson, 로잘린드 프랭클린Rosalind Franklin이 DNA의 이중나선 구조를 발견한 일은 과학사의 가장 우뚝 선 정점 중 하나였고, 당연히 그 이후 생명에 관한 논의에 막대한 영향을 주었다. DNA는 분명 생명의 분자로 보였고 따라서 생명의 시초로 여겨졌다. 그런데 DNA처럼 복잡한 분자가 원생액primordial soup 안에서 어떻게 저절로 스스로를 조합해 낼 수 있었을까? 이런 관점에서 볼 때 생명이 스스로 출현했을 가능성은 너무나 낮아 보여서 지구상에서 생명이 자발적으로 생겨났을 가능성에 회의를 보인 프랜시스 크릭의 주장이 더 설득력 있게 들릴 정도이다. 소크 연구소Salk Institute의 동료인 레슬리 오르겔Leslie Orgel은 생명이 우주에서 무인 우주선을 타고 지구로 왔다고 생각했다. 이것은 다른 행성의 외계인이 지구를 방문하면서 생명의 씨앗을 가져왔다는 엔리코 페르미Enrico Fermi의 생각과 비슷하다. 그런데 이런 주장들은 흥미롭기는 하지만 단순히 문제를 다른 행성으로 미루어 버리는 것에 불과하다. 지구에서 생명이 진화하는 동안 외계인들은 사라져 버렸거나 어쩌면 우리가 알아채지 못하는 채로 우리들 사이에서 살고 있을지도 모른다. 헝가리 출신의 물리학자 레오 실라르드(Leo Szilard, 애초에 미국의 원자폭탄 개발 계획을 발상했던 유대계 미국 핵물리학자. 그러나 나중에 원자폭탄 투하에는 반대했다–옮긴이)는 외계인들이 당연히 우리 중에 남아 있으며 오늘날

"자신들을 헝가리인이라고 부른다"고 말했다.[7] 아주 재미있게도 헝가리 출신의 생물학자이자 화학공학자인 티보르 간티Tibor Gánti는 생명이 우주 어딘가에서 우주선을 타고 날아왔다는 생명 외계 도래설을 강력히 비판한다. 프랜시스 크릭 역시 나중에는 이런 주장을 철회했다.[8] 아무튼 생명의 탄생에 관한 신비는 20세기 가장 위대한 생물학자들조차 혼란에 빠트렸다. 예를 들어 자크 모노Jacques Monod는 '생명 회의론자'로, 우주가 '생명을 잉태할 수 없다'고 믿었다. 그러나 크리스티앙 드 뒤브(Christian de Duve, 세포 내 소립자인 리소좀과 그것의 세포 내 소화 기능을 발견한 벨기에의 생물학자로 1974년 노벨 생리의학상을 받았다-옮긴이)는 정확히 그와 반대로 생각했다.

오늘날 우리는 여전히 두 가지 서로 경쟁하는 관점을 마주하고 있다. 하나는 이른바 '복제자 먼저replicator first' 이론이고 다른 하나는 '대사 먼저metabolism first' 이론이다. 복제자 먼저 이론은 일단 매력적으로 다가온다. 그 이유는 유전 기구들이 비교적 잘 알려져 있고 매우 강력한 설득력을 지니고 있기 때문이다. 놀라울 정도로 드문 일이지만, 사람들이 잠시 멈추어 생명의 기원에 관해 생각해 볼 때, 대개는 자동적으로 복제자 먼저 이론을 떠올린다. 유전자는 생명을 관리하고 생명을 전달한다. 그렇다면 이 생명의 눈덩이 굴리기의 시작 역시 유전자가 했다고 보는 것이 자연스럽지 않을까? 리처드 도킨스Richard Dawkins는 이 관점을 선호하는 대표적 인물이다.[9] 원생액이 복제자 분자를 만들고 복제자 분자가 생물의 몸을 만든다. 그리고 그 몸은 정해진 일생 동안 유전자가 손상되지 않도록 보호하면서 유전자가 진화의 길에서 선택받은 승리자로서 행진하도록 노예와 같이 봉사한다는 것이다. 스탠리 밀러Stanley Miller와 해럴드 유리(Harold Urey, 수소의 동위원소인 중수소를 발견해 1934년 노벨 화학상을 수상한 화학자로 시카고 대학에서 대학원생이었던 스탠리 밀러의 지도 교수였다. 스탠리 밀러가 아미노산 합성 실험 결과를 발표할 때 유리 교수는 논문에 이름을 싣지 않고 영예를 오롯이 밀러에게 돌렸다-옮긴이)는, 역시 [DNA 구조를 발견한 해인] 1953년에 시험관 안에 천둥 번개에 해당되는 자극을 주어 단백질의 구성단위인 아미노산이 합성되었음을 보여 주었다. 단순한 화학작용으로 생명의 기원이 가능하다는 생각에 힘을 실어 준 것이다.[10] 궁극적으로 뇌와 마음과 창조적 지능을 갖춘 우리 인간과 같은 복잡한 생물의 몸이 만들어지기 위해서는 유전자가 결정적 역할을 한다. 이 이야기가 그럴듯하게 들릴지 강력한 설득력을 가질지는 취향의 문제이다. 그러나 이 과정의 어려움을 가볍게 넘겨서는 안 된다. 왜냐하면 생명의 기원에 관한 문제에서는 무엇 하나 투명하고 확실하지 않기 때문이다. 이 관점을 선호하는 쪽에서 내놓은 가설에 따르면 38억 년 전 지구는 RNA 뉴클레오티드(nucleotide, 염기·당·인산의 세 가지 요소로 구성된 화학적 단량체로서, DNA나 RNA 사슬의 기본 구성단위-옮긴이)의 자발적인 합성을 가능하게 하는 지질학적 조건을 갖추고 있었다는 것이다. RNA 세계는 대사와 유전적 전달을 담당하는 자기 촉매적autocatalytic인 화학반응의 주기를 설명할 수 있다. 이 주제의 한 가지 갈래의 가설에 따르면 RNA가 복제와 화학반응이라는 이중 업무를 담당했다는 것이다.

그런데 내가 가장 설득력 있다고 생각하는 가설은 이른바 대사 먼저 가설이다. 맨 처음에는 티보르 간티가 주장한 것처럼, 그저 순수한 화학반응이었다. 원생액은 핵심적 성분들을 함유하고 있었고, 심해 열수구thermal vent든 천둥 번개를 동반한 폭풍우든, 특정 화학 분자와 특정한 화학적 경로가 만들어지고 원시 대사protometabolism 작용을 지속시키기에 충분히 우호적인 조건을 갖추고 있었다. 생명 물질은 처음에는 활발한 화학반응으로부터 시작되었을 것이다. 즉 우주의 화학과 필연이 만나 시작되었을 가능성이 있다. 그러나 생명 물질은 곧 항상성이라는 지상명령을 장착하게 되고, 이것은 얼마 지나지 않아 상황이 전개되는 향방의 지침이 된다. 안정적인 분자와 세포의 형태를 선택해서 생명을 지속시키고 양의 에너지 균형을 이루도록 하는 힘에 더하여 일련의 우연한 사건들에 의해 핵산(DNA, RNA 등의 분자들-옮긴이)과 같이 자기 자신을 복제하는 분자들이 나타난다. 이 과정은 두 가지 위업을 이루었다. 바로 중앙 집중적으로 조직된 내부 생명 조절 양식과 단순한 세포분열을 대체하는 생명의 유전적 전달 양식이다. 이 두 가지 임무를 지닌 유전 기구는 그 이후로 한 번도 멈추지 않고 작동해 왔다.

생명의 기원에 관한 이런 방식의 설명을 설득력 있게 제시한 사람은 프리먼 다이슨이었다. 그리고 J. B. S. 홀데인J. B. S. Haldane, 스튜어트 카우프만Stuart Kauffman, 키스 바버스톡Keith Baverstock, 크리스티앙 드 뒤브, 피에르 루이지P. L. Luisi와 같은 수많은 화학자·물리학자·생물학자들이 이 의견에 동의하고 있다. 칠레의 생물학자인 움베르토 마투라나Humberto Maturana와 프란시스코 바렐라Francisco Varela 역시 생명 발생 절차의 자율성, 즉 모든 측면에서 볼 때, 생명이 생물의 '내부에서' 스스로 시작되어 스스로 유지되

어 왔다는 사실을 포착하여 그 특성에 자기 창조autopoiesis라는 이름을 붙였다.[11]

흥미롭게도 대사 먼저를 강조하는 설명에서는 항상성이 세포에 최대한 제 할 일을 완벽하게 해서 **세포**의 생명이 지속될 수 있도록 하라고 '명령'을 내린다. 이것은 복제 먼저 이론에서 유전자가 세포에게 하는 것과 똑같은 역할이다. 단지 유전자의 목표는 세포가 아니라 유전자 자신의 생존과 지속이라는 점이 다르지만. 결국 생명이 정확히 어떻게 시작되었는지 여부와 관계없이 항상성의 요구는 세포의 대사 기구에서뿐만 아니라 생명의 조절과 복제 기구에서도 나타난다. DNA 세계에서는 서로 구분되는 두 종류의 생명(단독으로 살아가는 세포들과 여러 개의 세포가 합쳐진 생물들)이 모두 궁극적으로 스스로를 복제하여 자손을 생성하는 유전 기구를 갖추게 되었다. 그러나 생물의 번식을 돕는 유전 장치는 또한 대사의 근본적 조절 역시 돕는다.

간단히 말해서 생명이라고 하는 불가능해 보이는 영역은 단순한 세포 수준에서든(핵이 있든 없든) 아니면 우리 인간처럼 수많은 세포로 이루어진 거대한 다세포생물이든 다음 두 가지 특성으로 규정할 수 있다. 바로 생물 내부의 구조와 기능을 유지해서 생명을 조절하는 능력과, 자신을 복제해서 자손을 남겨 영원한 삶을 지속하고자 하는 특성이다. 매우 놀라운 관점에서 바라볼 때, 어쩌면 우리들 각각, 우리 안의 세포들과 우리 밖의 이 모든 세포들이 하나의 거대하고 어마어마하게 많은 촉수를 가진 생명체의 일부라고 생각할 수도 있다. 38억 년 전에 생겨나서 지금까지 계속 존재해 온 단 하나의 유일한 생명체인 것이다.

돌이켜 생각해 보면 이 모든 생각들은 에르빈 슈뢰딩거의 생명의 정의와 맞아떨어진다. 탁월한 물리학자였던 슈뢰딩거는 1944년 생물학의 영역으로 탐구 영역을 넓혀서 뛰어난 결과를 얻었다. 그가 남긴 짧은 역작 『생명이란 무엇인가』는 유전암호를 운반할 작은 분자의 존재를 예견했는데, 그의 생각은 프랜시스 크릭과 제임스 왓슨에게 매우 큰 영향을 주었다. 그의 책 제목이 던진 물음에 대한 답으로 그는 다음과 같은 핵심적인 문구를 제시했다.[12]

"생명은 물질의 질서 정연하고 규칙적인 행동으로 보인다. 그것은 질서 있는 상태에서 무질서한 상태로 넘어가는 경향에 전적으로 기초한 것이 아니라 현재 유지되고 있는 질서 상태에 기초한 것이다." 그가 말하는 "현재 유지되고 있는 질서 상태"는 바로 전적으로 스피노자의 철학이다. 그는 자신의 책 도입부에 스피노자를 인용했다. '코나투스'는 바로 슈뢰딩거의 '사물이 무질서한 상태가 되고자 하는 자연적 경향'에 맞서는 힘이다. 슈뢰딩거는 살아 있는 생물에게서 바로 그 힘이 표현되고 그가 마음에 그린 유전물질 안에 그 힘을 갖고 있다고 믿었다.

슈뢰딩거는 이렇게 물었다. "생명의 독특한 특성은 무엇일까? 어떤 때에 한 조각의 물질을 살아 있다고 말할 수 있을까?" 그리고 스스로 이렇게 대답했다.

> 그것이 '뭔가를 할 때'이다. 즉 움직이거나 외부 환경과 물질을 교환하는 것과 같은 일들을 하고, 비슷한 상황에 있는 생명이 없는 물질에서 기대할 수 있는 것보다 훨씬 더 긴 시간 동안 '활동을 지속해' 나갈 때이다. 생명이 없는 어떤 시스템이 격리되어 균일한

> 환경에 놓이게 되면, 곧 다양한 종류의 마찰에 의해 모든 움직임이 완전히 멈추어 버린다. 화학적 화합물을 형성하는 경향을 가진 물질들도 주변 환경과의 전기적·화학적 전위차가 사라져 버린다. 그리고 열의 전도로 온도는 균일해진다. 그 이후 시스템 전체가 무너져서 생명이 없는 비활성의 물질 덩어리가 되어 버린다. 관찰할 수 있는 어떤 사건도 일어나지 않는 영구적인 상태에 도달하는 것이다. 물리학자들은 이 상태를 열역학적 평형 또는 '최대 엔트로피' 상태라고 부른다.

정선된 대사, 즉 항상성의 안내를 받아 이루어지는 대사는 생명의 시작과 그 이후의 전개 과정을 규정하고 진화의 추진력이 되었다. 자연으로부터 가장 효율적으로 에너지와 영양분을 추출해 내는 능력을 기준으로 하는 자연선택이 그 이후 작업을 담당했다. 그로 인해 중앙 집중적인 대사조절과 번식과 같은 절차가 생겨났다.

지금으로부터 40억 년 전에 지구의 열기가 식으면서 액체 상태의 물이 생겼다. 그 이전에는 생명 비슷한 것이나 생명의 요구 따위가 존재하지 않은 것으로 보인다. 그것은 지구가 만들어지고 적절한 온도로 식은 후에 적절한 곳에서 적절한 화학반응이 나타나기까지 거의 100억 년이 걸렸다는 말이다. 그 후에 생명이라는 신기한 현상이 나타나고 복잡한 형태의 다양한 종으로 분화되는 거침없는 행보가 이루어졌다. 우주의 다른 곳에도 생명이 존재할지 여부는 가능성을 열어 놓고 적절한 탐구를 통해 답을 얻어야 할 것이다. 어쩌면 완전히 다른 화학적 기반을 가진 다른 종류의 생명이 있을지도 모른다. 단지 우리가 알지 못할 뿐이다.

우리는 아직 시험관 안에서 생명을 만들어 낼 수는 없다. 하지만 생명의 재료가 무엇인지 알고 있다. 어떻게 유전자가 새로운 생물로 생명을 실어 나르는지, 또한 생물 안에서 어떻게 생명 작용을 조절하는지 알고 있다. 실험실에서 유기화합물을 만들어 낼 수도 있다. 한 박테리아의 유전체를 제거한 후 새로운 유전체를 성공적으로 주입할 수도 있다. 새롭게 주입된 유전체는 박테리아의 항상성을 운영할 것이고 어느 정도 완벽하게 번식하도록 할 수 있다. 어쩌면 이 새롭게 이식된 유전체는 그 자체의 코나투스를 갖고 있어서 그 의도를 전개할 수 있다고도 말할 수 있다. 그러나 처음부터, 아무것도 없는, 유전자가 생겨나기 전의 멀고 먼 과거의 지구 모습과 같은 상태, 최초의 불가능해 보이는 영역에서 생명을 창조하는 것은 여전히 우리의 능력 밖의 일이다.[13]

화학을 통해 생명을 만들어 내는 일은 아무나 할 수 있는 일이 아니다.

생명에 관한 대부분의 과학적 논의는 생명을 전달하고 부분적으로 조절하는 유전자라는 놀라운 기구에 초점을 맞추고 있다. 그러나 우리가 생명 그 자체에 관해 이야기할 때 거기에는 유전자에 관한 이야기만 있는 것은 아니다. 사실 어쩌면 최초의 생명체가 마주했을 항상성의 요구가 유전물질보다 먼저 나타났을 수도 있다. 생물은 생명을 최적화하고자 하는 본질적인 노력으로 그 요구에 부응했을 것이고 그 노력 자체가 자연선택의 기초가 되었을 것이다. 그리고 그 과정에서 유전물질이 항상성의 요구를 가장 유리한 방식으로 이행하도록 도움을 주었을 것이다. 생명을 지속적으로 이어 나가기 위해 여러 세대의 자손을 만들어 냄으로써 항상성의 궁극적 결과를 실행한 것이다.

항상성을 유지하는 책임을 맡은 생물학적 구조와 기능은 자연선택의 작용 기준이 되는 생물학적 가치를 구현한다. 즉 생명의 기원에 관한 논의에 도움을 주고 생명 작용의 특정 조건과 근간의 화학에서 중요한 생리학적 절차를 찾도록 한다는 의미이다.

생명의 역사에서 유전자가 어느 시점에 등장했는지는 사소한 문제가 아니다. 생명 그리고 생명의 항상성의 요구와 자연선택은 유전적 절차가 나타났으며 그것으로부터 이익을 얻었다는 것을 보여 준다. 생명 그리고 생명의 항상성에 대한 요구와 자연선택은 지적인 행동이 어떻게 진화되었는지를 설명해 준다. 지적 행동은 단세포생물의 사회적 행동, 궁극적으로는 다세포동물의 신경계와 느낌, 의식, 창조성을 가진 마음을 포함한다. 다세포동물이 지적 행동을 할 수 있게 됨에 따라 좋든 나쁘든 인간은 모든 측면에서 자신이 처한 환경에 관해 의문을 품게 되었다. 그것이 항상성의 요구에 순응하거나 반발할 수 있는 질문을 던지게 된 가장 기본적인 설명이다. 다시 강조하지만 유전자의 중요성, 효율성, 상대적인 독자성에 의문을 품는 것이 아니다. 다만 사물의 순서에서 유전자가 차지하고 있는 위치가 의문의 대상이다.

❖ 지구의 생명

지구의 탄생	+/- 45억 년 전
화학과 원시세포	40~38억 년 전
최초의 세포	38~37억 년 전
진핵세포	20억 년 전
다세포생물	7~6억 년 전
신경계	+/- 5억 년 전

3

여러 가지 항상성

1년에 한 번 건강검진을 실시할 때마다 우리는 혈압을 측정한다. 현명한 독자 여러분도 정기적으로 혈압을 측정하고 의사가 알려주는 수치(확장기 혈압은 얼마이고 수축기 혈압은 얼마라는)에 익숙할 것이다. 여러분 중 일부는 혈압이 높거나 낮아서 식이 조절을 하거나 약을 복용해서 혈압이 바람직한 수준이 되도록 만들어야 한다는 얘기를 들었을지도 모른다. 왜 그토록 야단을 떠는 것일까? 그 이유는 우리의 혈압에는 허용 가능한 범위가 있고 그 안에서 제한적 변동만이 허락되기 때문이다. 생물의 몸은 최적의 상태를 벗어나 상한치나 하한치에 가까워지는 변동을 피하고자 자동적으로 이 절차를 조절하는 기능을 갖고 있다. 그러나 그 자연의 안전장치가 제대로 작동하지 않으면 문제가 발생할 수 있다. 작동 오류가 심각할 경우 즉각적으로 문제가 나타날 수 있다. 그 오류가 계속된다면 생물의 미래에 심각한 결과를 가져올 수도 있다. 의사는 환자 몸의 여러 시스템이 제대로 기능하고 있는지 그렇지 않은지를 알려 주는 증거를 찾는다.

항상성과 생명 조절은 대개 동의어처럼 사용된다. 그것은 항상성의 전통적 개념과 맞아떨어진다. 전통적으로 항상성은 모든 살아 있는 생물에 존재하는 능력으로, 생물의 화학작용과 생리작용, 기능의 작용이 생존에 적합한 일정 범위 안에서 일어나도록 지속적이고 자동적으로 조절하는 능력을 의미했다. 항상성에 관한 이 좁은 개념은 이 용어가 가리키는 광범위한 현상과 그 복잡성을 제대로 반영하지 못한다.

단세포생물이든 우리 인간과 같은 복잡한 생물이든 생물의 작용 중 이 항상성의 감시와 감독을 받지 않는 측면은 거의 없는 것이 사실이다. 따라서 항상성 유지 기전은 엄격한 자동적 절차이며, 오로지 생물 내부 환경에 적용되는 것이라는 개념이 도입되었다. 이에 따라 항상성 개념은 흔히 자동 온도 조절기에 비유된다. 미리 정해 놓은 온도에 도달하면 장치는 자동적으로 현재 진행되는 작동(냉각 또는 가열)을 멈추거나 개시하라는 지시를 내린다. 그러나 항상성에 대한 기존의 정의 그리고 자동 온도 조절기와 같은 설명 방식은 생물 시스템의 광범위한 상황을 아우르기에는 부족한 면이 있다. 그렇다면 지금부터 기존의 개념이 왜 항상성을 설명하기에 부족한지 살펴보겠다.

첫째, 항상성 과정은 단순히 일정한 상태에 도달하고자 노력하는 과정이 아니다. 돌이켜 생각해 보면 단세포생물이나 다세포

생물은 자신이 번성하기에 적합한 특정 종류의 일정한 상태를 향해 각고의 노력을 다했다고 볼 수 있다. 이것은 생명 조절을 **최적화하고** 자손을 생산함으로써 생물의 미래를 염두에 둔 자연적인 상향 조절upregulation이다. 생물은 단순히 건강하게 사는 것 그 이상을 원한다고 말할 수 있다.

둘째, 생리적 작용은 자동 온도 조절기와 같이 정해진 기준점을 정확히 맞추는 경우가 드물다. 그와 반대로 상당한 범위의 단계와 정도에 걸쳐서 조절이 이루어진다. 더욱 완벽하거나 덜 완벽한 생명 조절 절차에 해당되는 다양한 단계들이 존재한다는 의미이다. 그리고 그 절차들은 보통 느낌이라는 경험으로 이어진다. 이 두 과정은 서로 밀접하게 연결되어 있다. 전자, 즉 특정 생명 상태가 상대적으로 좋은 상태인지 나쁜 상태인지 여부는 후자, 즉 느낌의 기초가 된다. 우리가 일반적으로 자신이 기본적으로 건강한지 여부를 알아내기 위해서 일일이 의사를 찾아가거나 혈액검사를 받아 볼 필요가 없다는 점을 생각해 보면 이 사실은 명백하다. 느낌은 우리에게 매 순간 우리의 건강 상태에 관한 통찰을 제공해준다. 또한 느낌은 편안하고 안정적인 상태인지, 아니면 어딘가 몸이 불편하고 아픈지를 알려 주는 보초병이다. 물론 질병이 자리 잡은 것을 느낌이 알아채지 못할 수도 있다. 또한 지속적이고 자발적인 항상성 느낌이 정서적 느낌에 가려져서 명확한 신호를 전달하지 못할 때도 있다. 그러나 대개 느낌은 알 필요가 있는 상황을 우리에게 일러 준다. 물론 오로지 느낌에 의존해서 건강을 관리하는 것은 현명한 일이 아니다. 그러나 느낌의 근본적인 역할과 실용적 가치 그리고 왜 느낌이 진화 과정에서 보존되었는지를 정확히 아는 것이 중요하다.

셋째, 광범위한 의미의 항상성은 개인과 개체 차원에서든 사회 집단 차원에서든 의식적이고 의도적인 마음이 자동적인 조절 기전에 개입하고 새로운 형태의 생명 조절 장치를 창조해 낸다는 사실 **역시** 포함해야 한다. 이 새로운 형태의 조절 장치는 생물이 번성하게 하는 상향 조절된 생명 상태에 도달하고자 한다는 점에서 기초적인 자동적 항상성과 같은 목표를 가지고 있다. **나는 문화를 건설하는 인간의 노력 역시 이런 종류의 항상성을 구현한 결과물이라고 생각한다**.

넷째, 단세포생물 수준에서든 다세포생물 수준에서든 항상성의 정수는 에너지를 관리하는 힘들고 어려운 작업이다. 에너지의 관리란 외부에서 에너지를 획득하고, 신체의 수리·방어·성장·번식·자손의 양육과 같은 중요한 업무에 에너지를 할당하는 일을 말한다. 이것은 어떤 종류의 생물에게든 어마어마한 과업이다. 인간의 경우 신체 구조, 조직, 환경의 다양성을 고려할 때 훨씬 더 큰 도전에 직면하고 있다.

인간의 에너지 관리의 규모가 너무나 크기 때문에 그 효과는 낮은 수준, 즉 생리적인 수준에서 시작해서 한층 더 높은 수준, 즉 인지 기능의 수준에서 모습을 드러낸다. 예를 들어서 주변 온도가 올라가면 우리 몸 내부의 생리적 환경이 물과 전해질의 손실에 맞추어 변화할 뿐만 아니라 인지적 기능도 떨어진다. 내부 생리 환경이 적절하게 조절되지 못할 경우 당연히 질병에 걸리고 죽을 수도 있다. 무더위가 계속되면 사망자의 수가 증가한다는 것은 잘 알려진 사실이다. 그뿐만 아니라 더운 날씨가 지속되면 살인과 폭력마저 증가한다.[1] 학생들의 시험 성적도 떨어지고 예절과 질서 역시 온도계 눈금과 함께 움직인다.[2] 항상성과 생리학 사이의 관계는 낮은 수준에서 높은 수준에 이르기까지 온갖 종류의 경제학에도 영향을 미친다. 혹서에 대한 현명한 문화적 대응이 부채부터 에어컨까지 만들어 냈다. 이것이야말로 항상성의 동력으로 추진된 기술 발달의 좋은 예이다.

다양한 종류의 항상성

전통적인 좁은 의미에서의 항상성 개념은 자연이 적어도 두 가지의 뚜렷이 구분되는 내부 환경의 조절 방식을 진화시켜 왔으며, 항상성이라는 하나의 용어가 그 둘 중 어느 쪽이든, 또는 둘 다를 가리킬 수 있다는 사실을 쉽게 포착하지 못한다. 그 결과 우리는 이 놀라울 정도로 중대한 진화적 발전을 종종 간과한다. 흔히 사용하는 '항상성'의 의미는 생물의 주관성subjectivity이나 의도 없이 자동으로 작동하는 무의식적인 생리 작용의 조절을 의미한다. 박테리아의 경우에서 보듯 이와 같은 항상성은 신경계가 없는 생물에서도 작동할 수 있다.

실제로 생물 대부분은 에너지 공급원이 고갈될 때, 그럴 의도가 없어도 저절로 양분과 수분을 찾는 행동을 개시한다. 그리고 먹을 것과 물이 주변에 없을 때는 역시 자동적으로 문제에 대처한다. 호르몬이 자동적으로 몸에 저장된 당을 [고분자에서 저분자로] 분해해서 혈액을 통해 몸의 각 부분으로 전달한다. 외부에서 에너지 공급원이 들어오지 않는 것을 보충하는 것이다. 동시에 자동적으로 에너지 공급원을 찾고자 하는 충동이 강해진다. 섭취할 음식이 없는 상태에서 그와 같은 조치를 취함으로써 생존을 유지할 수 있다. 그와 유사하게 체내 수분 비율이 떨어질 경우 신장은 자동적으로 작동을 늦추거나 멈춘다. 그렇게 함으로써 소변의 체외 배출을 줄이고 수분을 체내에 보유해 외부에서 물을 공급받을 때까지 견딜 수 있게 해 준다. 겨울잠을 자는 것은 온도가 떨어지고 에너지 공급원이 부족해질 때 동물들이 대처하는 자연적인 방식이다.[3]

그러나 인간을 포함한 수많은 동물들에게 이런 좁은 의미의 '항상성' 개념은 적합하지 않다. 인간 역시 자동적 조절을 충분히 이용하고 있고 이것으로부터 엄청난 혜택을 입고 있는 것은 사실이다. 예를 들어 혈액 내의 포도당 농도는 개인이 의식적으로 개입하지 않아도 일련의 복잡한 작용 기전에 의해 최적의 범위로 조절된다. 예를 들어 췌장 세포에서 인슐린이 분비되어 혈중 포도당을 세포로 들여보내 혈중 농도를 낮추는 식으로 작용한다. 그와 비슷하게 체내를 순환하는 물 분자는 이뇨 조절을 통해 자동적으로 적절한 상태로 유지된다. 그러나 인간과, 다른 여러 종의 동물들은 신경계를 가지고 있어서 자동적 생리 조절에 더하여 가치를 표현하는 정신적 경험과 관련된 메커니즘을 추가적으로 가지고 있다. 앞서 논의했듯이, 이 메커니즘의 핵심이 바로 느낌이다. 그러나 '정신적'이라든지 '경험'이라는 표현이 암시하듯 여기에서 말하는 완전한 의미의 느낌은 오직 마음과 그 마음에 속하는 정신적 현상이 존재하고, 마음이 의식과 경험을 갖고 있을 때만 나타날 수 있다.[4]

이 책에서 말하는 항상성

우리가 박테리아, 단순한 동물, 식물 등에서 볼 수 있는 종류의 자동화된 항상성은 마음이 나타나기 훨씬 전부터 존재했다. 훗날 출현한 마음은 느낌과 의식을 갖게 되었다. 이와 같은 마음의 발달은 기존의 항상성 기전에 의도적으로 개입할 가능성을 열었고 시간이 더 흐른 후에는 항상성을 사회 문화의 영역으로 확장하고자 하는 창조적이고 지적인 의도까지도 만들어 냈다. 그런데 흥미로운 사실은 박테리아에서 시작된 자동화된 항상성은 자극을 감지하고 그것에 반응하는 능력을 포함하고 있었고 또한 그와 같은 능력을 반드시 필요로 했다. 이것이 바로 마음과 의식의 멀고 먼 조상 내지는 전구체이다. 화학 분자 수준에서 작용하는 감지 장치는 박테리아의 세포막에 존재하며 식물에서도 찾아볼 수 있다. 식물은 토양에 존재하는 특정 분자를 감지할 수 있다. 식물의 뿌리는 사실 일종의 감각기관이다. 뿌리는 특정 분자를 감지하고 그에 따라 행동한다. 뿌리는 토양에서 항상성의 요구에 따라 필요한 분자를 감지하고 그것이 있을 법한 지점을 향해 성장해 나간다.[5]

항상성에 관한 인기 있는 개념은(독자들이 '인기 있는'과 '항상성'이라는 서로 어울리지 않는 단어들을 한 문장 안에 나란히 사용하는 것을 양해해 주신다면)'평형equilibrium'이나 '균형balance'과 같은 개념들을 상기시킨다. 그러나 생명에 관한 한 우리는 완벽한 평형상태를 바라지 않는다. 왜냐하면 열역학적 측면에서 평형상태란 어떤 계와 주위 사이에 열의 차이가 0인 상태, 즉 죽음의 상태이기 때문이다. (사회과학에서는 '평형'이라는 용어가 훨씬 듣기 좋은 말이다. 왜냐하면 이때 평형은 종종 서로 갈등하거나 대적하는 양쪽 편의 힘이 비슷비슷해서 안정을 이루는 상태를 말하기 때문이다.) '균형'이라는 말도 사용하고 싶지 않다. 왜냐하면 균형은 정체와 지루함을 상기시키기 때문이다! 수년 동안 나는 '항상성'이라는 개념을 중립적 상태가 아니라 좀 더 편안하고 좋은 상태를 향해 스스로를 상향 조절하는upregulate 생명의 작용이라고 정의해 왔다. 기본적으로 깔려 있는 안녕 상태를 기반으로 미래로 나아가고자 하는 강력한 충동이 나타난다.

나는 최근 존 토데이John Torday의 주장에서 나와 비슷한 관점을 발견했다. 그 역시 항상성이란 현재 상태를 유지하고자 하는 힘이라는 케케묵은 개념을 거부한다. 대신 그는 항상성이 진화의 추진력이라는 관점을 지지한다. 항상성에 의해 외부로부터 보호되는 세포라는 공간이 만들어졌고 그 안에서 촉매작용을 받는 주기적인 화학반응이 일어나 궁극적으로 생명이 생겨났다는 관점이다.[6]

항상성 개념의 기원

항상성 이면에 있는 개념을 제시한 사람은 프랑스의 생리학자 클로드 베르나르Claude Bernard이다. 19세기 말에 베르나르는 놀라운 주장을 펼쳤다. 살아 있는 생명 시스템은 그 내부 환경 속의 다양한 변수들을 줄여야만 생명을 지속할 수 있다는 것이 주장의 요지였다.[7] 이런 긴밀한 조절 없이는 생명의 마법은 사라져 버릴 것이라고 주장했다. 내부 환경(internal milieu, 원래 표현은 *milieu intérieur*)은 상호작용하는 많은 수의 화학적 작용들이다. 전형적인 화학작용과 그 핵심 분자들은 혈액과 내부 장기에서 대사metabolism를 수행하고 췌장이나 갑상샘과 같은 내분비샘과 신경계의 특정 회로와 영역(대표적으로 시상하부)에서 생명 상태를 조절하고 조율한다. 이런 화학작용들은 각 조직이 생명을 유지하기 위해 반드시 필요한 물, 영양분, 산소가 체내에 존재하도록 준비하고 에너지 공급원을 에너지로 변환시킨다. 이러한 활동은 모든 신체 조직과 기관을 구성하는 세포들이 각자의 삶을 유지하는 데 꼭 필요하다. 이러한 살아 있는 세포·조직·기관·계로 이루어진 총합인 살아 있는 생물은 항상성의 한계를 꼭 지켜야만 생존할 수 있다. 특정 변수가 적절한 범위에서 이탈하면 질병에 걸리고 이 상태가 비교적 신속하게 고쳐지지 않으면 극단적인 경우 죽음에 이른다. 살아 있는 모든 생물들은 태어날 때부터 생물의 유전자가 보장하는 자동 조절 메커니즘을 지니고 태어난다.

'항상성homeostasis'이라는 용어 자체는 클로드 베르나르의 시대로부터 수십 년 후에 미국의 생리학자 월터 캐넌Walter Cannon이 만들어 낸 것이다.[8] 캐넌은 역시 이것을 살아 있는 시스템의 특성으로 보았다. 그 절차를 지칭할 이름을 만들면서 캐넌은 그리스어에 뿌리를 둔 접두사 '**homo**-(똑같은)' 대신 '**homeo**-(비슷한)'를 골랐다. 왜냐하면 그는 자연이 만들어 낸 시스템에는 대개 체내의 수분, 혈당, 나트륨, 체온 등 어떤 변수에 대하여 수용할 수 있는 '범위'가 존재한다고 생각했기 때문이다. 그는 당연히 온도 조절 장치와 같은 인공물에서 볼 수 있는 고정된 지점을 생물 시스템에 그대로 적용할 수 없다고 생각했다. 한편 항상성과 동의어로 '알로스타시스allostasis'나 '헤테로스타시스heterostasis'와 같은 명칭도 제안되었다.

이러한 명칭들은 범위를 강조하기 위해 도입되었다. 즉 생명 조절이 하나의 정해진 지점이 아니라 일정 범위 안에서 이루어진다는 의미를 담고자 했다.[9] 그러나 오늘날 만들어진 새로운 명칭들도 베르나르가 제시하고 캐넌이 명명한 개념과 일맥상통한다. 이 새로운 용어들은 결국 흔히 사용되는 용어로 자리 잡지 못했다.[10]

나는 미구엘 아온Miguel Aon과 데이비드 로이드David Lloyd가 만든 또 다른 명칭 '항동성(homeodynamics, 평형역동으로 번역하기도 한다-옮긴이)'을 선호한다.[11] 살아 있는 항동성 시스템은 안정성을 잃으면 필요한 조치를 스스로 조직해 낸다. 이와 같은 분기점에서 생물은 쌍안정bistable 스위치, 문턱 값, 파동, 농도 차이gradients, 역동적 분자 재배열과 같은 새로운 특성을 가진 복잡한 행동을 보인다.

클로드 베르나르의 내부 환경 조절에 관한 제안은 시대를 매우 앞서간 것이었다. 그는 심지어 그 원리가 동물뿐만 아니라 식물에도 적용된다고 주장했다. 그가 1879년 내놓은 저서의 제목, 『동물과 식물에 공통된 생명현상에 관한 강의*Leçons sur les phénomènes de la vie communs aux animaux et aux végétaux*』는 오늘날 시각으로 보아도 놀라운 수준이다.

식물계와 동물계는 각각의 분야를 연구하는 과학자들에게 전통적으로 멀리 떨어진 영역으로 여겨졌다. 그러나 클로드 베르나르는 식물과 동물이 서로 비슷한 기본적 요구 사항을 갖고 있다는 사실을 알고 있었다. 식물은 물과 영양분을 필요로 하는 다세포생물이고 동물도 마찬가지이다. 식물 역시 동물처럼 복잡한 대사를 한다. 다만 식물은 뉴런, 근육이 없고 몇몇 예외적인 경우를 제외하고는 운동을 하지 않는다. 대신 식물은 하루 주기(circadian, 24시간 주기)의 리듬을 갖고 있다. 식물은 항상성 조절 기전에서 세로토닌, 도파민, 노르아드레날린처럼 우리의 신경계가 지닌 분자들 중 일부를 이용한다. 우리는 대개 식물이 움직이지 못한다고 생각한다. 그러나 식물은 우리 눈에 잘 띄지는 않지만 나름대로 운동을 한다. 단순히 겁 없이 접근해 오는 곤충을 냉큼 움켜잡는 파리지옥풀의 사례를 언급하는 것이 아니다. 또는 특정 꽃들이 해가 뜨면 꽃잎을 활짝 펼치고 해가 지면 움츠러드는 사례만을 말하는 것도 아니다. 식물의 뿌리와 줄기의 성장 자체가 실질적으로 순수한 물리적 요소가 가미된 운동이라고 할 수 있다. 식물의 성장을 참을성 있게 촬영한 필름을 빨리 돌려 보면 알 수 있다.

클로드 베르나르는 또한 식물과 동물의 경우 모두 공생의 관계에서 항상성 측면의 이익을 얻는다는 사실을 발견했다. 꽃향기로 벌을 끌어들이고 벌의 도움으로 꽃가루받이를 해서 씨앗을 만들고 세상에 내놓는 식물과 꽃에서 얻은 꿀로 살아가는 벌의 공생관계가 좋은 예이다.

우리는 오늘날 공생적 관계의 범위가 클로드 베르나르가 예상했던 것보다도 훨씬 더 넓다는 사실을 발견한다. 예를 들어 동물과 식물 모두 공생하는 관계이며, 또 다른 계의 생물, 즉 잡다한 구성원으로 이루어진 거대한 집합체인 원핵생물계의 주인공인 박테리아 역시 공생하는 삶에 참여하고 있다. 수조 개 박테리아들이 우리 몸 안에 잘 관리되는 주택 개발지를 건설하고서, 숙소와 식사를 제공받는 대신 어떤 물질을 내놓으면서 살아가고 있다.

4

단세포생물에서 신경계와 마음으로

박테리아의 출현 이후

인간의 마음과 뇌를 잠시 옆으로 치워 두고 오직 박테리아의 일생만을 머리에 그려 보자. 목표는 하나의 세포로 이루어진 생명이 인류로 이어진 길고 긴 역사의 어느 부분에, 어떻게 자리 잡고 있는지 상상해 보는 것이다. 이 상상은 처음에는 좀 추상적으로 느껴질지도 모른다. 왜냐하면 우리는 박테리아를 맨눈으로 볼 수 없기 때문이다. 그러나 이 미생물들을 현미경으로 바라보고 그들이 성취한 놀라운 일들에 관해 알게 되면 더는 추상적인 존재로 느껴지지 않을 것이다.

박테리아가 최초의 생명 형태였으며 오늘날에도 우리와 함께 존재하고 있다는 것은 의심의 여지없는 사실이다. 그러나 박테리아가 오랜 역경을 이기고 용감하게 지금까지 살아남았다고 말하는 것은 그들을 너무 과소평가하는 것이다. 박테리아는 현재 지구에 거주하는 생명체 중에서 가장 수가 많고 다양하다. 그뿐만 아니라 많은 종의 박테리아는 우리 인간의 일부로 살아간다. 많은 박테리아들이 길고 긴 진화의 역사 속에서 인간 몸의 세포 안에 편입되었다. 그리고 또한 많은 박테리아들이 우리 몸 안에서 대체로 조화로운 공생 관계를 이루며 살아가고 있다. 우리 인간의 몸 안에는 세포의 수보다 더 많은 박테리아가 있다. 그 차이는 놀랍게도 10배가 넘는다. 인간의 내장에만 대략 100조 개 박테리아가 살고 있는데, 우리 몸의 세포 수는 모든 종류의 세포들을 다 합쳐서 약 10조 개이다. "식물과 동물은 미생물 세계에 놓인 장식물에 지나지 않는다"고 했던 미생물학자 마거릿 맥폴나이Margaret McFall-Ngai의 말은 일리가 있다.[1]

이런 거대한 성공에는 이유가 있다. 박테리아는 매우 지적인 창조물이다. 비록 그 지능은 느낌이나 의도를 가진 마음에 영향을 받는 의식적인 지능은 아니지만 그들이 살아가는 방식은 지적이라고 표현할 수밖에 없다. 박테리아는 주위의 환경조건을 감지하고 자신의 생명을 지속시키기에 유리한 방향으로 반응한다. 그 반응에는 정교한 사회적 행동도 포함되어 있다. 박테리아들끼리 서로 의사소통을 할 수 있다. 물론 진짜로 말을 하는 것은 아니지만, 그들은 화학 분자들을 통해 많은 신호를 주고받으며 이야기를 나눌 수 있다. 박테리아는 계산을 수행해서 자신의 상황을 평가하고 그에 따라 독립적으로 살아갈 만한지 아니면 뭉쳐서 살아가야 할지를 판단한다. 단세포로 된 그들의 몸에는 당연히 신경계 같은 것이 존재하지 않는다. 우리가 생각하는 형태의 마음 역시 갖고 있지 않다. 그러나 박테리아는 다양한 종류의 지각, 기억, 의사소통, 사회적 관리 체계를 갖고 있다. 이처럼 기능적 작동 메커니즘은 신경계의 화학적·전기적 네트워크를 통해 '뇌나 마음이 없는 지능'이 발휘될 수 있게 도와준다. 그리고 진화 과정에서 나중에는 신경계 역시 이 네트워크를 갖게 되고, 기능을 개발해서 한층 더 발달시킨다. 다시 말해서 진화 과정의 훨씬 이후에 나타난 뉴런과 뉴런 회로들은 분자들의 화학반응과 이른바 세포골격cytoskeleton이라고 하는 세포 내의 요소들에 의존하는 태고의 발명품을 여전히 잘 활용하고 있다.

역사적으로 핵이 없는 원핵생물인 박테리아의 세계가 나타난 후 약 20억 년이 지나서 진핵생물이라고 하는 훨씬 더 복잡한 생물의 세계가 나타났다. 다세포생물 또는 후생동물metazoan은 지금으로부터 약 6~7억 년 전에 나타났다. 비록 우리는 생명의 역사에서 경쟁에 가장 큰 중요성을 부여하지만 이 길고 긴 진화와 성장 과정은 강력한 협동의 사례로 가득하다. 예를 들어 박테리아 세포는 다른 세포들과 협력해서 더욱 복잡한 세포의 소기관을 형성했다. 미토콘드리아가 그와 같은 세포 내 소기관의 한 예이다. 사실상 우리 몸의 일부 세포들은 박테리아를 흡수해서 자신의 구조에 편입시켰다. 그다음 핵을 가진 세포들끼리 서로 협력해서 조직을 형성했고 나중에 이런 조직들이 협력해서 기관과 계를 만들었다. 원리는 항상 동일했다. 생물은 다른 생물이 제공하는 뭔가를 얻기 위해 자신이 가졌던 뭔가를 포기했다. 장기적으로 볼 때 그와 같은 협력이 자신의 삶을 더 효율적으로 만들고 생존 가능성을 높였기 때문이다. 박테리아나 진핵세포, 조직이나 기관이 포기한 것은 일반적으로 독립성이다. 그리고 그 대가로 그들은 협력으로 얻은 자산에 대해 공통으로 접근할 수 있는 권리를 얻었다. 그 자산에는 필수 불가결한 영양소, 산소에 대한 접근성이나 이로운 기후와 같은 전반적으로 자신에게 유리한 조건들이 포함된다. 나중에 여러분이 국제무역협정이 멍청한 생각이라고 조롱하는 이야기를 듣는다면 박테리아의 지혜로운 전략을 떠올려 보라. 미생물들의 공생에 의해 복잡한 생명 형태가 나타났다는 그의 이론도 처음에 제시되었을 때는 터무니없는 주장으로 치부되었다.[2]

항상성에 대한 요구는 협력 절차의 이면에 자리 잡고 있을 뿐만 아니라 다세포생물 전반에 걸쳐 공통적으로 존재하는 '보편적인general' 신체 시스템의 출현에도 커다란 영향을 미쳤다. 그와 같은 '전신 시스템' 없이는 다세포생물의 복잡한 구조와 기능이 제 역할을 할 수 없을 것이다. 그와 같은 시스템의 주된 예에는 순환계, 내분비계(호르몬을 조직과 기관에 방출), 면역계, 신경계 등이 있다.[3] 순환계는 영양소와 산소를 체내 모든 세포에 공급한다. 위장관계에서 소화가 이루어지고 나면 생성된 분자를 신체 곳곳으로 실어 나르는 것이다. 세포는 이런 분자와 산소 없이 살아남을 수 없다. 순환계는 일종의 아마존 배송 서비스와 같은 역할을 한다. 그뿐만 아니라 순환계는 또 다른 중요한 업무를 처리한다. 세포 대사에 의해 생성된 폐기물을 모아서 제거해 버리는 일이다. 마지막으로 순환계는 항상성 유지를 돕는 두 가지 중요한 임무 역시 수행한다. 호르몬 조절과 면역이다. 그러나 신체 전체에서 항상성을 유지하는 데 가장 중요하고 궁극적인 책임을 지는 시스템은 바로 신경계이다. 다음 절에서 신경계에 관해 이야기할 것이다.

신경계

진화의 행진에서 신경계가 처음 등장한 것은 언제일까? 그럴듯한 추정치 중 하나는 지금으로부터 약 5억 4천만 년~6억 년 전에 끝났던 선캄브리아기이다. 매우 오래전인 것은 틀림없지만 생명이 처음 나타났던 시기와 비교해 보자면 그리 오래된 것만도 아니다. 생명, 심지어 다세포생물조차도 신경계 없이 약 30억 년을 살았다. 우리는 지각, 지능, 사회성, 정서 등이 언제 진화의 무대에 올라왔는지 추론하기 전에 이 연대표를 머리에 그려 보아야 한다.

이미 신경계가 등장한 이후인 오늘날의 관점에서 볼 때, 신경계는 복잡한 다세포동물이 몸 전체의 항상성 요구에 더욱 잘 대처하게 해 주었다. 그 결과 물리적·기능적으로 자신의 존재를 확장하는 데 도움을 주었다. 신경계는 동물의 다른 모든 부분을 위해, 좀 더 정확히 말하자면 몸의 우두머리가 아니라 하인 역할을 하기 위해 등장했다. 논쟁의 여지가 있을 수도 있지만 신경계는 어느 정도는 여전히 몸의 하인 역할을 수행하고 있다.

신경계는 몇 가지 뚜렷이 구분되는 특징을 갖고 있다. 가장 중요한 특징은 신경계의 독특한 성질을 규정하는 신경세포, 즉 뉴런이다. 뉴런은 **흥분할** 수 있다. 다시 말해서 뉴런이 '활성화active'되면 세포체cell body에서 축삭돌기(axon, 세포체에서 확장된 섬유와 같은 돌기)로 전기 자극을 흘려보낼 수 있고, 그 결과 말단에서 신경전달물질neurotransmitter이라고 하는 화학 분자들을 방출할 수 있다. 축삭의 말단에는 다른 뉴런이나 근육세포가 존재하는데 이 연결 부위를 시냅스라고 한다. 이 시냅스에서 방출된 신경전달물질이 다음에 있는 뉴런 또는 근육세포를 흥분시킨다. 우리 몸에 있는 다른 종류의 세포들 중에는 이런 식으로 전기화학적 절차를 통해 다른 세포를 활동하도록 자극할 수 있는 세포가 거의 없다. 오직 뉴런과 근육세포, 몇 종류의 감각세포만이 그와 같은 일을 할 수 있다.[4] 우리는 이 놀라운 위업이 맨 처음 박테리아와 같이 단순한 단세포생물에서 보잘것없는 형태로 달성되었던 생물 전기신호 체계의 발달된 형태라는 사실을 알고 있다.[5]

신경계의 또 다른 독특한 특성은 뉴런의 세포체에서 나온 신경섬유, 즉 축삭돌기가 각각의 신체 내부 기관, 혈관, 근육, 피부 등 몸의 구석구석 안 가는 곳 없이 뻗어 있다는 사실이다. 그렇게 몸 곳곳까지 미치기 위해서 신경섬유는 중앙에 위치한 세포체로부터 매우 긴 거리를 뻗어 나간 경우도 많다. 중앙에서 지방으로 그렇게 먼 거리까지 이어진 통신체계는 당연히 왕복, 쌍방향이다. 진화된 신경계에서 반대 방향, 즉 다양한 신체 부위로부터 신경계의 중심부(인간의 경우 뇌)를 향해 뻗어 있는 일련의 뉴런들도 존재한다. 중심부에서 말단을 향해 뻗어 있는 신경섬유들의 임무는 화학 분자를 분비하거나 근육을 수축시키는 것과 같은 활동을 촉발하는 것이다. 이런 활동이 의미하는 엄청난 중요성에 관해 생각해 보자. 분비된 화학 분자들을 말단으로 전달함으로써 신경계는 각 조직의 활동을 변경시킬 수 있다. 또한 근육을 수축시킴으로써 운동을 생성할 수 있다.

한편 반대 방향, 즉 생물의 내부에서 뇌로 뻗어 있는 신경섬유는 내부감각(interoception, 내장에서 일어나는 일에 관한 정보를 전달하는 것이 큰 비중을 담당하기 때문에 내장감각visceroception이라고 부르기도 한다)이라는 기능을 수행한다. 그와 같은 기능의 목적은 무엇일까? 간단히 말하자면 생명 상태를 감시하는 것이다. 대규모의 정찰 대원 내지는 정보 요원들이 몸 구석구석의 상태를 캐고 다니고, 그렇게 수집한 정보를 상부에 보고한다. 그럼으로써 뇌가 몸 다른 곳의 상태가 어떤지 알려 주고, 필요한 경우 적절한 조치를 취하도록 개입하게 하는 것이 그 목적이다.[6]

여기에서 몇 가지 짚고 넘어갈 것이 있다. 첫째, 내부감각에 관한 신경의 감시 활동은 혈액을 따라 돌아다니던 화학 분자들이 중추신경계와 말초신경계 모두에 **직접** 작용하는, 더 오래되고 원시적인 시스템의 상속자 내지는 후계자라는 사실이다. 이 오래된 화학적 내부감각 경로는 신경계에 몸에서 어떤 일이 일어나고 있는지 알려 준다. 이 오래된 경로에서도 통신은 쌍방향으로 이루어졌다. 즉 신경계에서 만들어진 화학 분자가 혈류로 들어가서 물질대사에 영향을 줄 수도 있었다.

둘째, 우리 인간과 같이 의식을 가진 동물의 경우, 내장감각 신호의 첫 번째 단계는 의식 수준 아래로 전달되고, 무의식적 감시에 기초해서 뇌가 생성하는, 상태를 수정하도록 하는 반응 역시 무의식적으로 전달된다. 곧 다루겠지만 결국에는 감시 활동이 의식적 느낌을 생성하고 주관적 마음에 들어간다. 기능적 능력이 이 수준 이상에 이를 때 비로소 반응이 의식적 사고의 영향을 받으면서 동시에 무의식적 작용의 이점을 함께 누릴 수 있다.

셋째, 복잡한 다세포생물의 항상성 유지에 적합한 방대한 감시 기능은 오늘날 인간이 스스로 발명했다고 주장하는 '빅데이터 Big Data' 감시 기술의 자연적 선례이다. 이 감시 기술은 두 가지 측면에서 유용하다. 먼저 몸의 상태에 관한 명확하고 직접적인 정보를 얻을 수 있고, 다음으로 그것을 기반으로 미래의 상태를 예측할 수 있다.[7] 여기에서 우리는 생명의 역사에서 출현한 생물학적 현상의 기묘한 순서의 또 다른 사례를 볼 수 있다.

간단히 말해서 뇌는 신체의 특정 영역에 직접적으로, 또는 몸의 곳곳을 순환하는 혈액을 따라서 특정 화학물질을 전달함으로써 몸에 작용한다. 또한 뇌는 몸의 근육을 활성화시킴으로써 글자 그대로 몸을 **움직일** 수 있다. 이 경우 우리가 움직이기를 **원하는** 근육을 직접 움직이기도 하고(걷거나 뛰거나 커피 잔을 들어 올리거나) 아니면 어떤 근육들은 우리 의지와 관계없이 필요한 상황에서 움직임에 돌입하도록 하기도 한다. 예를 들어서 우리 몸에 탈수가 일어나 혈압이 떨어진다면 뇌는 혈관 벽의 민무늬근(평활근)이 수축하도록 명령해서 혈압을 올린다. 마찬가지로 우리 위장관계의 민무늬근 역시 우리가 명령하거나 개입하지 않아도 스스로 제 할 일에 돌입해서 소화와 영양소 흡수를 하도록 힘쓴다. 뇌는 몸 전체를 위해 항상성 보상을 실시하고 '우리'는 아무 노력 없이 그 혜택을 누린다. 자연스럽게 미소 짓고, 웃고, 숨 쉬고, 하품한다. 딸꾹질을 할 때는 조금 더 복잡한 수준의 불수의적 운동이 일어나는데, 일반적으로 수의적 운동에 사용되는 횡문근이 사용된다. 영리하게도 심장은 불수의적으로 조절되는 횡문근으로 되어 있다.

신경계의 시작은 이처럼 복잡하지 않았다. 사실 매우 보잘것없는 수준이었다. 태초의 신경계는 신경의 그물망인 망상 조직(reticulum, 라틴어로 그물망을 뜻하는 '*rete*'에서 유래)으로 이루어졌다. 태고의 신경망은 실제로 오늘날에도 인간을 포함한 많은 종의 동물의 척수나 뇌간에서 볼 수 있는 망상체reticular formation와 비슷하다. 이와 같이 단순한 신경계에서는 '중추'신경계와 '말초'신경계를 뚜렷이 구분할 수 없다. 이 단계의 신경계는 단지 몸 전체에 종횡으로 뻗어 있으면서 서로 연결된 뉴런들의 그물망이라고 할 수 있다.[8]

신경망은 선캄브리아기의 자포동물(cnidarian, 히드라, 말미잘, 산호충 따위와 같은 자포를 가진 무척추동물-옮긴이)에서 처음으로 모습을 드러냈다. 이 동물들의 '신경'은 몸 외면의 세포층, 즉 외배엽(ectoderm, 다세포동물의 개체발생 도중에 나타나는 배엽의 하나로, 포배에서 함입에 의해 내부에 중배엽과 내배엽이 생길 때 밖에 위치하는 부분으로 신경계와 표피, 상피 등 피부 조직을 형성한다-옮긴이)에서 만들어진다. 이 동물들의 신경 분포는 훗날 복잡한 신경계가 담당하게 되는 주요 기능의 일부를 단순한 방식으로 수행한다. 좀 더 표면에 분포한 신경들은 외부의 자극을 감지하는 일차적인 지각 기능을 수행한다. 또 다른 뉴런들은 외부 자극에 대한 반응으로 생물을 움직이는 역할을 한다. 대개 단순한 형태의 운동으로 히드라의 경우 헤엄을 치는 형태로 나타난다. 또 다른 세포들은 생물의 내부 환경을 조절하는 일을 맡는다. 히드라의 경우 몸의 대부분을 위장관이 차지하고 있는데, 신경망이 소화기관의 작동 순서를 관리한다. 영양분이 들어 있는 물을 흡수하고, 영양분을 소화시키고, 노폐물을 분비하는 것이 그 순서이다. 이와 같은 작동의 비밀은 연동운동peristalsis에 있다. 신경망은 소화관을 따라 순차적으로 근육을 수축시키는 연동운동을 일으켜 물질을 이동시키는데, 이것은 오늘날 우리의 위장관의 연동운동과 다를 것이 없다. 흥미롭게도 한때 신경계가 아예 없다고 여겨졌던 해면동물 역시 이와 유사한, 좀 더 단순한 형태의 운영 방식을 보인다. 그들 역시 관 모양의 몸 내부 공간을 수축시켜서 영양분이 들어 있는 물을 몸 안으로 들여보내고 노폐물이 있는 물을 밖으로 내보낸다. 다시 말해서 해면동물은 몸을 팽창시켜 입구를 열거나 몸을 수축시켜 입구를 닫는 식으로 움직인다. 몸을 수축시킬 때 해면동물은 '기침'이나 '트림'을 하는 셈이다.

그런데 우리의 장 신경계enteric nervous system(우리 몸의 위장관에 분포하는 복잡한 신경망)가 오래된 동물들의 신경망과 얼마나 비슷한지 생각해 보면 매우 흥미롭다. 바로 이런 맥락에서 나는 장 신경계가 흔히 말하는 '제2의 뇌'가 아니라 '제1의 뇌'라고 말하고 싶다.

수많은 동물 종에서 좀 더 발달한 신경계가 나타나고 궁극적으로 영장류, 특히 인간의 어마어마하게 복잡한 신경계가 출현하기까지는 캄브리아기의 대폭발을 거치고 그 이후 수백만 년이 걸렸을 것이다. 히드라의 신경망이 수많은 기능을 수행하고 외부 환경 조건에 맞추어 항상성 요구를 충족해 왔지만 그 신경망의 능력은 제한되어 있다. 히드라의 신경망은 환경 속에 특정 자극이 존재하는지 감지해서 그에 따른 반응을 촉발할 수 있다. 히드라의 감지 능력은 후하게 보아도 매우 초보적인 수준의 인간의 촉각에 해당된다고 볼 수 있다. 아무리 좋게 보아도 히드라의 신경망이 도달할 수 있는 지각의 수준은 매우 초보적이다. 신경망은 또한 내장의 상태를 조절하는데 이것은 초보적인 수준의 자율신경계라고 할 수 있다. 또한 히드라의 신경망은 히드라의 운동을 조절하고 이 모든 기능들을 하나로 조율한다.

히드라의 신경망이 무엇을 할 수 있는지 아는 것만큼 그것이

하지 못하는 것이 무엇인지 아는 것도 중요하다. 이 동물의 감지 능력은 유용하고 거의 즉각적으로 반응을 일으킨다. 자극을 감지하고 행동하는 뉴런은 자신의 행동으로 수정되고, 따라서 자신이 관여한 사건으로부터 무언가를 배운다. 그러나 그들은 하루하루 존재하면서 얻은 기억을 거의 보유하지 못한다. 다시 말해서 이 동물들의 기억력은 매우 제한되어 있다. 지각 능력 역시 단순하다. 신경망의 설계는 매우 단순하며 어떤 자극을 구성적 측면에서(모양이라든지 촉감과 같은) 또는 그 자극이 생물에게 미칠 영향을 지도로 만들 수 있는 도구를 갖고 있지 못하다. 신경망의 구조는 생물이 접촉하는 대상의 구성적 패턴을 구체적으로 드러내기에 역부족이다. 그들의 신경망은 지도화 능력이 결여되어 있고 따라서 복잡한 신경계를 가진 동물들이 풍부하게 생성해 내는 마음을 구성하지 못한다. 지도화 능력과 이미지를 만드는 능력이 결여되어 있는 것은 또 다른 결정적 약점으로 이어진다. 마음이 없기 때문에 의식이 발생할 수 없으며 느낌이라는 매우 특별한 종류의 작용 역시 일어날 수 없다. 느낌은 생물에서 몸의 작동과 밀접하게 연결된 이미지로 구성된다. 다시 말해서 내가 바라보는 관점과 용어의 기술적·일상적 의미로서 의식과 느낌은 마음의 존재 여부에 의존한다. 진화에 의해 좀 더 정교한 신경 도구가 나타난 이후에야 뇌가 자극의 수많은 특징을 지도화한 것을 기초로 다중 감각의 지각을 수행할 수 있게 되었다. 그 이후에야 비로소 확실하게 이미지를 창조하고 마음을 구성했다고 볼 수 있다.[9]

이미지를 만드는 것이 왜 그토록 중요할까? 과연 이미지는 정확히 무엇을 성취하는 것일까? 이미지가 존재한다는 것은 생물이 감각을 통해 묘사한 외부와 내부 **양쪽에서** 일어나는 사건에 기초해서 **내면적 표상**을 만들어 낼 수 있다는 의미이다. 생물의 신경계 안에서, 신경계가 아닌 몸 다른 부분과 협력해 만들어지는 그 표상은 그와 같은 절차를 수행하는 생물에게 엄청난 차이를 가져다줄 수 있다. 특정 생물**만이** 접근할 수 있는 그와 같은 표상은, 예를 들어 사지나 몸 전체의 움직임을 매우 정확하게 조절할 수 있다. 이미지(시각·청각·촉각 이미지)의 도움을 받은 운동은 생물에게 더 큰 혜택을 주고 더욱 이익이 되는 결과를 가져올 가능성이 높다. 항상성이 향상되고 그에 따라 생존 가능성도 더 높아진다.

간단히 말해서 이미지는 설사 그 생물이 자신의 내부에 생성된 이미지를 의식할 수 없다고 해도 여전히 유용하다. 생물이 아직 주관성을 갖추지 못하고 그에 따라 자신의 마음에 떠오르는 이미지를 관찰하고 조사할 수 없다고 하더라도 이미지는 여전히 자동적으로 운동을 실행하는 데 길잡이 역할을 한다. 운동은 목표물을 향해 정확하게 이루어질수록 성공할 확률이 더욱 높아진다.

생물은 신경계가 발달하면서 신체 말단으로 뻗어 있는 탐침, 즉 말초신경계의 정교한 네트워크를 갖추게 된다. 말초신경계는 신체 내부의 모든 구석구석, 몸의 표면 전체 그리고 시각·청각·촉각·후각·미각을 담당하는 특화된 감각기관에 분포되어 있다.

신경계는 또한 뇌라고 하는 중추신경계 안에 정교한 중앙처리장치들의 집합체를 갖추었다.[10] 여기에는 (1) 척수, (2) 뇌간 그리고 뇌간과 밀접하게 연결되어 있는 시상하부, (3) 소뇌, (4) 뇌간 위쪽에 자리 잡은(시상·기저핵·전뇌 기저부) 많은 수의 커다란 핵들, (5) 중추신경계에서 가장 현대적이고 정교한 부위인 대뇌피질 등이 있다. 이 중앙처리장치들은 모든 종류의 신호를 학습하고 기억을 저장하며 또한 이 신호들을 통합하는 일을 담당한다. 이들은 신체 내부 상태나 외부에서 들어오는 자극(충동·동기·정서와 같이 매우 중요한 작용들)에 대한 복잡한 반응을 실행하는 일을 조율한다. 그리고 이 장치들은 이른바 생각·상상·추론·의사결정으로 알려진 이미지 조작 역시 담당한다. 마지막으로 이 장치들은 이미지와 그 순서를 기호로 전환하는데 그 기호가 바로 궁극적인 언어이다. 언어는 암호화된 소리·몸짓, 혹은 둘의 조합으로 모든 종류의 사물·성질·행동의 의미를 전달할 수 있고, 기호들 사이의 연결은 이른바 문법이라고 하는 일련의 규칙에 의해 관리된다. 언어를 갖게 된 동물은 비언어적인 것을 끊임없이 언어로 번역해서 그와 같은 대상에 관한 이중적 서사를 구성해 나간다.

주목할 만한 또 하나의 특징은 주요 기능들이 뇌의 각기 다른 요소에 의해 조직되고 조율되는 분할적 배열을 갖고 있다는 점이다. 예를 들어서 뇌간, 시상하부, 종뇌(telencephalon, 배아의 발달 초기에 신경관이 나타나고 신경관이 발달하여 전뇌forebrain, 중간뇌midbrain, 후뇌hindbrain로 분화되는데 다시 전뇌는 종뇌와 간뇌diencephalon로, 종뇌는 최종적으로 신피질neocortex, 기저핵basal ganglia, 대뇌변연계limbic system로 분화된다–옮긴이)에 있는 몇몇 핵은 충동·동기·정서에 대한 반응 행동을 만들어 내는 임무를 수행한다. 이 영역들은 다양한 종류의 내부·외부 조건에 대한 반응으로 미리 정해진 행동 프로그램(예를 들어 특정 분자를 분비한다든지 실제로 어떤 행동을 한다든지)을 발현한다.

또 다른 중요한 분할적 배열은 운동의 실행과 운동 순서에 관한 학습과 관련이 있다. 소뇌, 기저핵, 감각 운동 피질이 이 역할을 주로 담당한다. 또한 이미지에 기초한 사실과 사건의 학습과 회상에 관련된 중요한 기능 역시 분할되어 있다. 해마와 대뇌피질의 회로는 서로 연결되어 신호를 주고받으면서 이 기능을 수행한다. 한편 뇌가 생성하고 끊임없이 흘려보내는 비언어적 이미지를 언어로 번역하는 기능 역시 구조적으로 분할되어 있다.

신경계가 풍부한 기능을 장착하고 놀라운 수준의 능력을 갖추게 되면서 마지막으로 느낌이 나타났다. 이것은 내부 상태를 지도화하고 이미지를 만들어 낸 성취에 대해 주어진 커다란 상과 같은 것이었다. 지도와 이미지를 만들 수 있는 동물에게 주어진 또 하나의 상은 의식이었다.

방대한 양의 기억을 관리하고, 다양한 것을 느끼고 공감하고, 이미지와 이미지들 간의 관계를 언어로 번역하고, 온갖 종류의 지적 반응을 생성하는 영광스러운 인간의 마음은 신경계에서 순차적으로 또는 동시적으로 일어난 무수히 많은 발달 과정의 맨 마지막 단계에 나타난 것이다.

신경계 전체에 관해 상당히 많은 것이 알려졌고 내가 방금 열거한 수많은 구성 요소들의 주된 기능에 관해서는 어느 정도 명료하게 밝혀졌다고 말할 수 있다. 그러나 신경 회로의 미시적·거시적 수준의 작동 방식에 대한 수많은 세부 사항들은 아직까지 밝혀지지 않았고 해부학적 구성 요소들의 기능적 통합 역시 완전하게 개념화되지 못했다. 예를 들어 뉴런은 활성화되어 있거나 그렇지 않거나 하는 두 가지 상태 중 하나로 존재하기 때문에 뉴런의 작동 방식을 불 대수(Boolean algebra, 영국의 수학자 조지 불George Boole이 창안한 체계로, 논리적 명제들이 참 아니면 거짓이라는 논리에 바탕을 두고 있다.

불 대수의 두 가지 중요한 측면은 변수들을 참 또는 거짓의 단지 두 값 중의 하나로 한정할 수 있고, 이들 변수 간의 상관관계를 논리곱AND, 논리합OR, 부정NOT 등의 연산자로 논리적으로 나타낼 수 있다는 것이다. 불 대수의 이 두 가지 측면은 디지털 계산에 사용되는 전자회로에 응용될 수 있다-옮긴이)로 나타낼 수 있다. 이러한 믿음은 뇌를 컴퓨터와 같은 것으로 바라보는 관점의 핵심이 되었다.[11] 그러나 미세 회로 수준의 신경 활동은 예상했던 것보다 훨씬 복잡한 것으로 드러나서, 이런 단순한 관점에 일격을 가했다. 예를 들어 특정 상황에서 뉴런은 시냅스를 통하지 않고 다른 뉴런들과 직접 소통한다. 그리고 뉴런과 뉴런을 지지해 주는 신경교세포(glia, 아교세포라고도 하며 뉴런이 아니면서 신경계의 항상성을 유지하고 수초myelin를 생성하며 뉴런을 지지하는 역할을 하는 세포들-옮긴이) 역시 풍부한 상호작용을 한다.[12] 이러한 비전형적인 접촉이 뉴런 회로를 조절하는데, 이들의 작동은 단순한 켜짐/꺼짐 스위치와 같은 식으로 운영되는 것이 아니며 단순한 디지털 설계로 설명할 수도 없다. 그뿐만 아니라 우리는 뇌 조직과 뇌가 들어 있는 몸 사이의 관계를 아직도 완전히 이해하지 못하고 있다. 그러나 그 관계야말로 우리가 어떻게 느끼는지, 의식이 어떻게 구성되는지, 우리의 마음이 지적 창조 활동을 수행하는지와 같은 인간의 특성을 설명하는 데 가장 중요한 뇌의 기능들을 설명해 줄 수 있는 열쇠이다.

인간의 신경계를 적절한 역사적 관점에서 바라보는 것은 이런 질문들을 다루기 위한 매우 중요한 노력이라고 믿는다. 그 적절한 관점을 갖기 위해서 우리는 다음과 같은 사실들을 이해해야 한다.

1. 신경계의 출현은 다세포생물(동물)의 삶을 가능하게 해 주는 필수 불가결한 요소였다. 신경계는 생물 전체의 항상성을 관리하는 하인과 같은 역할을 한다. 그러나 신경계를 구성하는 세포 역시 생존하기 위해서 똑같이 항상성에 의존한다. 인간의 행동과 인지에 관한 논의에서 이 통합된 상호성이 간과되는 경우가 많다.

2. 신경계는 그것이 속한 생물, 특히 그 생물의 몸의 일부이며 몸과 밀접하게 상호작용을 한다. 이 상호작용은 신경계가 생물을 둘러싼 환경과 주고받는 상호작용과는 완전히 다른 성격을 갖고 있다. 이 특권적 관계의 특이성 역시 그동안 종종 간과되어 왔다. 나는 이 중요한 문제에 관해서 2부에서 깊이 있게 다룰 것이다.

3. 신경계의 출현이라는 놀라운 사건은 그때까지 내부 장기에 의해 화학적 방법으로 관리되던 항상성에서 한 걸음 더 나아가 신경에 의해 조절되는 항상성이라는 새로운 차원의 문을 열었다. 나중에 느낌과 창조적 지성을 갖춘 의식적 마음이 발달함에 따라 사회문화적 공간에서 복잡하고 다양한 반응을 만들어 낼 수 있는 가능성의 문이 열렸다. 이 복잡한 반응은 항상성의 요구에 의해 생겨났지만 나중에는 항상성의 경계를 넘어서서 상당한 자율성을 획득했다. 그것은 우리의 문화적 삶의 끝이나 중간이 아닌 시작부터 나타난 현상이었다. 그러나 가장 높은 수준의 사회문화적 창조물에서도 가장 보잘것없는 생명체, 즉 박테리아에서 나타나는 생명과 관련된 절차의 흔적을 볼 수 있다.

4. 고도로 발달한 신경계에서 몇 가지 복잡한 기능들은 훨씬 단순하게 작동했던 그 시스템의 원시적 도구들에 그 뿌리를 두고 있다. 그렇기 때문에, 예를 들어 느낌과 의식의 기초를 대뇌피질에서 찾는 것은 생산적이지 못하다. 대신 2부에서 논의하겠지만 뇌간의 핵과 말초신경계의 작동이 느낌과 의식의 전조가 될 현상의 비밀을 밝혀 줄 가능성이 높다.

살아 있는 몸과 마음

우리는 흔히 정신적 삶(지각, 느낌, 생각, 그와 같은 지각과 생각을 저장하는 기억, 상상과 추론, 내면의 서사를 번역하는 언어, 발명과 창조 등)에 관해 이야기하면서 이와 같은 것들이 전적으로 뇌의 생산물인 것처럼 말한다. 지나친 단순화나 몰이해의 결과로, 마음에 관한 이야기에서 많은 경우에 신경계가 주인공이 된다. 마치 몸은 지나가는 사람과 같은 단역이나 신경계를 떠받치는 조연 역할을 맡는다. 심지어 뇌가 담겨 있는 커다란 통과 같이 여겨지기도 한다.

신경계가 우리의 정신적 삶을 가능하게 해 준다는 사실은 의심의 여지가 없다. 그런데 이 전통적인 신경 중심적, 뇌 중심적, 심지어 대뇌피질 중심적 이야기에서 빠진 부분은 신경계는 애초에 몸을 보조하기 위해 나타났다는 사실이다. 생물의 몸이 복잡해지고 분화되면서 다양한 조직·기관·계 사이의 기능적 조율이 절실해지고 또한 생물과 환경 사이의 관계 역시 복잡해졌다. 따라서 이 모든 조율을 담당하는 도구가 필요해졌고 그에 부응하여 나타난 것이 신경계이다. 이처럼 신경계는 복잡한 다세포생물의 필수 불가결한 요소가 되었다.

우리의 정신적 삶에 관한 좀 더 타당한 설명이 있다. 우리 마음의 단순한 측면이든 어마어마한 성취든 이런 것들은 모두 항상성 조절의 부산물이라는 것이다. 오래전에 단순한 생명체들은 신경계 없이도 항상성 조절을 이루었지만, 오늘날 우리 인간의 경우 신경계가 매우 복잡한 생리적 수준에서 항상성 조절을 해내고 있다. 신경계는 복잡한 몸에서 생명을 유지시키는 가장 중요한 임무를 수행하는 과정에서 다양한 전략과 절차, 능력을 개발했다. 이런 것들은 필수적인 항상성 요구를 관리할 뿐만 아니라 수많은 다른 결과들도 낳았다. 그 다른 결과들은 생명 조절에 직접 필요하지 않거나 아니면 그 관련성이 덜 명확해 보인다. 마음은 몸 안에서 몸과의 상호작용을 통해 생명이 효율적으로 운영되도록 돕는 신경계에 의존한다. 몸 없이는 마음도 없다. 우리 인간이라는 존재는 몸과 신경계 **그리고** 그 둘로부터 비롯된 마음을 갖고 있다.

마음은 주어진 근본적 임무로부터 훨씬 높이 솟아올라 언뜻 보기에는 항상성과 관련 없어 보이는 것들을 만들어 낸다.

몸과 신경계 사이의 관계에 관한 이야기는 다시 바로잡을 필요가 있다. 우리가 고상한 마음에 관해 이야기할 때 아예 제쳐 두었거나 아니면 적어도 가볍게 생각했던 몸은 어마어마하게 복잡한 유기체로 이루어져 있다. 이것을 쪼개서 생각해 보자면, 몸은 서로 협력하는 시스템(계)으로 이루어져 있고 시스템은 서로 협력하는 기관들로, 기관은 서로 협력하는 조직으로, 조직은 서로 협력하는 세포로, 세포는 서로 협력하는 분자로, 분자는 서로 협력하는 원자로, 원자는 서로 협력하는 아원자입자들로 이루어져 있다.

사실 생물의 가장 뚜렷한 특징 중 하나는 그것을 구성하는 요소들 사이에 비범하다고 말할 정도의 협력이 이루어지고 그 결과로 비범한 수준의 복잡성이 나타난다는 것이다. 세포를 구성하는 요소들 사이의 특별한 관계에서부터 생명이 출현했듯, 생물이 점점 복잡해지면서 새로운 기능들이 나타났다. 이렇게 새롭게 출현하는 기능이나 특성들은 단순히 개별 구성 요소들을 조사한다고 해서 알아낼 수 없다. 간단히 말해서 복잡성은 생물의 구조가 점점 큰 덩어리로 성장해 나가는 과정에서 나타나는 기능적 창발성 emergence의 보증수표이다. 가장 중요한 사례는 세포의 구성 요소들로부터 생명 자체가 출현한 일이다. 또 다른 중요한 협력 사례는 훨씬 나중에 나타난 주관적 정신적 상태의 출현이다.

생물의 생명에는 그것을 구성하는 각각의 세포에서 생명 이상의 의미가 있다. 생물에는 그 안의 구성 요소들 각각의 생명을 고차원적으로 통합함으로써 나타나는 **전역적**global 생명이 있다. 생물의 생명은 그 생물을 구성하는 세포의 생명에 의존하고 또한 그것을 돌보지만 세포의 생명을 초월한다. 실제로 '살아 있는 생명'이 통합된 것이기 때문에 전체 생물도 살아 있을 수 있다. 그것이 바로 현재의 복잡한 컴퓨터 네트워크가 살아 있는 생명을 갖지 못하는 이유이다. 생물이 생명을 유지하기 위해서는 그것을 **구성하는 세포들** 역시 그것을 구성하는 정교한 미시적 구성 요소를 이용해서 주위 환경에서 얻은 영양소를 에너지로 전환시켜야 한다. 세포는 온갖 어려움을 이겨 내고 자신을 보존하고자 하는 항상성의 요구에 따라 정교한 항상성 조절 법칙을 따라서 이와 같은 일을 수행한다. 그런데 인간을 대표로 하는 고등 생물의 경우, 신경계라는 지지·조율·제어 장치가 필요하다. 신경계 역시 자신이 지지하고 조율하고 제어하는 몸의 일부이다. 따라서 신경계 역시 몸의 나머지 부분과 마찬가지로 살아 있는 세포로 이루어져 있다. 신경계 세포들 역시 자신의 기능을 유지하기 위해 정기적으로 영양을 공급받아야 하고 이 세포들 역시 몸의 다른 모든 세포들과 마찬가지로 병에 걸리거나 죽을 위험을 안고 있다.

기관이나 시스템, 그 기능이 출현한 순서는 그와 같은 기능 중 일부가 어떻게 생겨나고 그와 같이 작동하는지 이해하는 데 매우 중요하다. 신경계, 특히 인간의 신경계와 그것의 놀라운 생산물인 마음과 문화의 역사에서 각 부분과 기능의 **순서**를 고려하는 것은 매우 중요하다. 이들은 일정한 순서로 나타났다. 그 순서는 어떤 사람에게는 좀 뜻밖일 수도 있다.

2부

문화적 마음의 형성

The Strange Order of Things

5

마음의 기원

중요한 전환

어떻게 40억 년 전, 거짓말처럼 단순한 형태의 생명체로부터 지난 5만 년 동안 인간의 문화적 마음을 생성한 생명이 나타날 수 있었을까? 그와 같은 천지개벽할 변화의 궤적과 그런 변화를 가능하게 만들어 준 도구에 관해 우리는 어떻게 설명할 수 있을까? 자연선택과 유전이 그와 같은 커다란 변화의 핵심이었다고 말하는 것은 전적으로 맞는 말이지만 그것만으로는 충분히 설명할 수 없다. 우리는 항상성이라는 요구가 (이로운 방향이든 그렇지 않든) 선택적인 압력의 중요한 요인으로 존재했음을 인정해야 한다. 진화의 경로에 오직 한 가지 갈래만 있었던 것도 아니고 단순히 생물이 복잡해지고 효율적으로 만들어지는 진보의 길만 있었던 것도 아니라는 사실을 이해해야 한다. 그 길에는 수없이 많은 오르막과 내리막이 있었고 심지어 많은 갈래는 결국 멸종으로 치달았다. 또한 마음을 생성하기 위해서는 신경계와 몸이 협력 관계를 이루어야 했으며 마음은 고립되어 있는 생물에서 나타난 것이 아니라 사회적 배경 안에 있는 개체, 사회의 일부인 개체에게서 나타났다는 점도 주목해야 한다. 마지막으로 느낌과 주관성, 이미지에 기초한 기억, 즉 처음에는 비언어적인, 영화와 같은 순서로 이루어졌으나 궁극적으로 언어가 나타난 후 언어적 요소와 비언어적 요소를 결합해서 나타나는 서사에 새로운 이미지를 결합시키는 능력이 우리의 마음을 풍부하게 만들어 왔다는 사실에 주목해야 한다. 점점 풍요로워지는 마음은 지적 창조물을 만들어 내는 능력, 또는 '창조적 지능'을 갖추게 되었다. 이것은 단순히 인간을 포함한 많은 동물들이 일상에서 효율적이고, 기민하고, 생산적으로 행동하도록 하는 영리한 단계에서 한 차례 더 도약한 것이다. 창조적 지능은 정신적 이미지와 행동을 의도적으로 결합해서 인간이 직면한 문제에 대하여 새로운 해법을 만들어 내고, 구상 중인 기회를 위해 새로운 세상을 건설하는 일이다.

나는 이 장과 다음 네 장에 걸쳐서 이 문제를 다룰 것이다. 처음에는 마음의 기원과 생성으로 시작해서 마지막에는 처음에 창조적 지능을 가능하게 했던 정신적 요소들, 즉 느낌과 주관성으로 마무리할 것이다. 나의 목표는 그와 같은 능력에 대해 심리학적·생물학적으로 깊이 논의하기보다는 그것의 본질을 개략적으로 설명하고 그것이 인간의 문화적 마음의 도구로서 수행한 역할을 보여주는 것이다.

마음을 가진 생명

맨 처음 마음은 자신의 몸을 움직일 수 있는 단세포생물의 감지sensing와 반응responding에서 출발했다. 그 감지와 반응이 어떤 것과 비슷한지 상상해 보려면, 먼저 세포를 둘러싸고 있는 막에 작은 구멍들이 나 있다고 상상해 보자. 그 구멍에 특정 분자가 존재할 경우 그것은 다른 세포들에게 화학적 신호로 작용할 수 있고 또한 구멍들은 다른 세포들이나 환경이 내놓는 신호를 받아들일 수도 있다. 어떤 냄새를 내뿜고 그 냄새를 맡는 것과 비슷한 기전을 상상해 보자. 감지와 반응은 처음에는 이런 것으로 이루어져 있었다. 살아 있는 생명체의 존재를 나타내는 신호를 보이고 한편으로 그와 같은 신호를 장착한 생물의 존재를 감지하는 것이다. 신호는 마치 우리의 피부를 간지럽게 만드는 자극과 비슷하고, 그에 대한 반응은 자극을 받아 간지러움을 느끼는 것과 비슷하다. 당연히 '눈'이나 '귀'와 같은 것은 존재하지 않는다. 그러나 감지 분자들은 마치 눈과 귀가 존재하는 것처럼 행동한다고 말할 수 있다.[1] 냄새나 맛이 좀 더 비슷한 비유가 될 것이다. 그러나 물론 그들의 신호는 정확히 말해서 냄새나 맛도 아니다. 이 절차에는 '정신적mental'인 것이 전혀 존재하지 않는다. 세포 안에는 외부 세계나 내면 세계의 표상과 **비슷한** 어떤 것도 존재하지 않는다. 마음이나 의식은 고사하고 우리가 이미지라고 부를 수 있는 어떤 것도 존재하지 않는다. 훨씬 더 시간이 흐른 후에 신경계가 출현한 이후에야 지각 과정이라고 할 만한 것이 시작되고, 그것은 궁극적으로 신경계를 둘러싼 세계의 표상과 비슷한 것을 만들어 냈다. 그것이 마음 그리고 궁극적으로 주관성의 기초가 된다. 마음의 생성을 향한 대장정의 출발점은 기본적인 감지와 반응이었고, 이 감지와 반응은 오늘날에도 우리의 몸 그리고 모든 동물, 식물, 토양, 심지어 지구 깊숙이에서 살아가고 있는 박테리아에서 여전히 유용한 도구로 기능한다. 박테리아의 세계에서는 감지와 반응이 다른 박테리아가 존재한다는 신호이자 근처에 얼마나 많은 박테리아가 존재하는지를 알려 주는 신호이다. 그러나 단순한 감지와 반응은 마음의 속성을 필요로 하지 않고 마음으로부터 생겨나는 특성들과도 무관하다. 박테리아나 다른 단세포생물들은 비유적 차원이 아니라면 마음이나 의식을 갖고 있지 않다. 그러나 감지와 반응은 궁극적으로 더욱 복잡한 지각 기능과 마음을 형성하는 데 기여했다. 우리가 후자를 이해하기 위해서는 전자를 인정하고 이해하며 전자에서 후자로 이어지는 연결 고리들을 찾아내야 한다. 감지와 반응 수준의 지각은 역사적 맥락에서 마음보다 먼저 나타났지만 마음을 가진 생물에게서도 **여전히** 존재한다. 정상적인 상황에서 우리 인간의 마음은 감지된 물질에 대하여 반응하고 정신적 표상과 마음이 지시하는 행동이라는 형태로 추가적인 반응을 한다. 기본적인 감지와 반응 기능이 중지되는 때는 마취 상태나 잠이 들었을 때뿐이며 그때도 이 기능이 완전히 중지되는 것은 아니다.[2]

드디어 수많은 세포로 이루어진 다세포생물이 나타났다. 이 다세포동물은 훨씬 더 정교하게 움직인다. 내부 장기가 생겨나기 시작했고 점점 더 분화되었다. 새롭게 나타난 중요한 특징은 전신 시스템이 더욱 정교해지고 새로운 시스템들이 나타났다는 것이다.

한 가지 기능을 수행하는 기관들(소화기·심장·폐) 대신 전신 시스템이 더 넓은 영역을 차지하게 되었다. 자신의 일만을 돌보면 되는 각각의 세포와 달리 전신 시스템은 수많은 세포로 이루어져 있고 다세포생물의 몸 안에 있는 다른 **모든** 세포들의 일을 돌봐야 한다. 이런 전신 시스템은 예를 들어 림프액이나 혈액과 같은 체액의 순환, 내부 및 궁극적으로 외부 운동의 생성, 생물 체내 각 기능의 전반적 조율 같은 임무를 수행한다. 전반적인 조율은 내분비계에 의해 호르몬이라고 하는 화학 분자를 통해 이루어졌고 염증 반응과 면역을 담당하는 면역계도 한몫을 했다. 그러다가 궁극적인 조율의 최고 책임자가 나타났으니, 그것은 바로, 물론 신경계이다.

몇십억 년을 뛰어넘어 생물은 매우 복잡해졌고, 생물이 자신을 보호하고 생명을 유지하는 것을 돕는 신경계 역시 몹시 복잡해졌다. 신경계는 환경의 각기 다른 부분들(물리적 대상, 다른 살아 있는 생명체 등)을 감지하고 그에 따라 정교한 사지와 전신을 움직일 수 있는 능력을 갖게 되었다. 뭔가를 붙잡고, 발로 차고, 부수고, 도망가고, 부드럽게 만지고, 교미를 할 수 있다는 의미이다. 신경계와 신경계가 자리 잡고 있는 동물의 몸은 완벽한 협력 작업을 수행한다.

신경계가 외부와 동물의 몸 안에서 신경계가 감지하는 대상과 운동의 다양한 특징에 반응할 수 있게 된 지 한참 뒤에 감지한 대상과 사건을 **지도**로 나타내는 능력을 갖추기 시작했다. 이것은 단순히 자극을 감지하고 적절한 반응을 보이는 것에서 한 걸음 더 나아가서 신경계가 글자 그대로 신경 회로의 배치로 이루어지는 뉴런의 활동을 이용해서 사물의 구성과 공간 속에서 일어나는 사건을 지도화한다는 의미이다. 이 과정이 어떻게 일어나는지 대략적인 감을 잡기 위해, 신경 회로 안에 배선된 뉴런들을 평평한 판자 위에 배치한다고 상상해 보자. 판자 위의 모든 점들은 각각의 뉴런에 해당된다. 그리고 회로 안의 한 뉴런이 활성화될 경우 그 점에 불이 들어온다고 상상해 보자. 촘촘한 격자판 위에 마커 펜으로 점을 표시하는 것과도 비슷하다. 불이 들어오는 점들을 점차로 더해 나가다 보면 점들이 선을 이루고 그 선들이 서로 연결되거나 교차되거나 지도를 만들어 낼 수 있다. 단순한 예를 들어 보자. 뇌가 X자 모양을 한 물체에 대한 지도를 그릴 때, 뇌는 적절한 지점에서 적절한 각도로 교차하는 두 개의 선을 이루는 뉴런들을 활성화시킨다. 그 결과 X의 신경 지도가 만들어진다. 뇌 지도의 선들은 물체의 모양, 감각적 특성, 운동 또는 공간 안에서의 위치 등을 나타낸다. 그 표상이 반드시 '사진을 찍은 것'과 같을 필요는 없다. 그러나 그럴 수도 있다. 중요한 것은 뇌 지도의 표상이 대상의 각 부분들 사이의 내적 관계 그러니까 구성 요소들 사이의 각도, 겹쳐짐 등과 같은 특성들을 그대로 간직하고 있다는 사실이다.[3]

이제 상상력의 지평을 더 넓혀서 대상의 모양과 공간적 위치와 같은 특성을 나타내는 지도가 아니라 공간 속에서 나타나는 소리가 부드러운지, 거친지, 큰지, 희미한지, 가까운지, 먼지를 나타내는 지도를 상상해 보자. 같은 방식으로 촉각·후각·미각에 관한 지도도 떠올려 볼 수 있다. 상상력의 범위를 더욱 넓혀서 우리의 몸 안에 있는 '대상'과 '사건', 즉 우리의 내장 기관과 거기에서 일어나는 일에 관한 지도를 생각해 보자. 마지막으로 이 신경 활동의 망으로부터 생성되는 표상, 즉 지도를 떠올려 보자. 이 지도는 다름 아닌 우리가 마음속에서 경험하는 이미지이다. 각 감각 양식의 지도가 하나로 통합되어 이미지를 만들어 낸다. 그리고 이 이미지의 시간적 흐름이 우리의 마음을 구성한다. 이것은 복잡한 생물을 존재하게 한 엄청나게 중요한 단계이며, 내가 앞서 언급했던, 신체와 신경계 사이의 협력으로 만들어 낸 정교한 결과물이다. 이 단계가 없었더라면 인간의 문화도 결코 나타날 수 없었을 것이다.

거대한 정복

이미지를 생성하는 능력 덕분에 생물은 **자신을 둘러싼 세계를 표상할** 수 있게 되었다. 그 세계는 모든 가능한 물체와 다른 생물들을 포함한다. 그리고 그 못지않게 중요한 사실로서, 생물은 **자신의 내부 세계를 표상할** 수 있게 되었다. 지도 그리기나 이미지, 마음이 출현하기 전에도 생물은 다른 생물의 존재나 외부의 사물을 감지하고 그에 따라 반응할 수 있었다. 생물은 어떤 화학 분자나 물리적 자극을 **감지할** 수 있었다. 그러나 그 감지는 화학물질을 방출하거나 자신을 밀친 대상의 **환경**을 표현하는 수준까지는 아니다. 생물은 그저 다른 생물의 일부에 직접 접촉함으로써 다른 생물의 존재를 감지할 수 있었다. 또한 생물은 같은 방식으로 자신의 존재를 드러낼 수 있었다. 그런데 지도 그리기와 이미지가 출현하면서 새로운 가능성이 열렸다. 생물은 이제 **자신의 신경계를 둘러싼 우주를 스스로 표상할 수 있게** 되었다. 그 결과 살아 있는 생체 조직 속에서 시각·청각·촉각과 같은 감각 경로가 전달하고 묘사하는 사건과, 대상을 '모방'하는 신호와 상징이 공식적으로 만들어지기 시작했다.

신경계를 둘러싼 주위 환경은 놀라울 정도로 풍부하다. 말 그대로 그것은 눈으로 다 담지 못할 정도이다. 이 주위 환경은 물론 생물 외부의 세계를 포함한다. 안타깝게도 오늘날 과학자들과 일반인 모두 주위 환경에 관해 이야기할 때 그것은 생물 **전체의** 외부에 있는 대상과 외부에서 일어나는 사건들을 의미한다. 그러나 신경계의 '주위 환경'에는 생물체 **내부의** 세계도 포함된다. 그런데 주위 환경을 구성하는 바로 이 요소는 종종 간과되거나 무시된다. 그 결과 전반적인 생리학적 특성, 특히 인지적 특성에 관한 현실적인 개념은 잘 정립되지 않는다.

나는 신경계 주위의 모든 환경을 신경계 안에 표상하는 능력, 이 사적이고 내면적인 표상 능력이 생물의 진화에서 새로운 경로를 열었다고 믿는다. 이것이 바로 살아 있는 생명체에 그동안 결여되었던 '유령'이다. 또한 이것은 프리드리히 니체Friedrich Nietzsche가 인간을 "식물과 유령의 잡종"이라고 묘사했을 때 떠올린 바로 그 '유령'이다. 궁극적으로 몸의 다른 부분들과 긴밀하게 협업하는 신경계는 생물을 둘러싼 우주의 내적 이미지와 생물 몸 안의 이미지를 동시에 함께 만들어 나간다. 우리는 마침내 길고 긴 시간 끝에, 조용하고 겸손하게 마음의 시대로 들어왔다. 그리고 그때 일어난 핵심적 사건은 여전히 우리 몸 안에서 일어나고 있다. 우리는 이제 우리 자신에게 몸 안에서 일어나는 사건과 밖에서 일어나는 사건을 **둘 다** 이야기해 줄 수 있는 방식으로 이미지들을 조합해 나간다.

이런 점에서 그 이후에 일어난 일의 순서는 보다 분명하다. 먼저 생물체 내부의 가장 오래된 요소들(내장과 혈관 등 순환계의 대사적

화학작용과 이 기관들이 만들어 내는 운동)에서 비롯되는 이미지를 이용해서 자연은 점차적으로 느낌을 만들어 냈다. 둘째, 그보다 덜 오래된 요소들(골격계와 거기에 붙은 근육들)을 이용해서 자연은 생명을 담은 용기 또는 생명이 거주하는 집에 해당되는 몸의 이미지를 만들어 냈다. 그리고 이 두 가지 종류의 표상을 결합하자 의식이라는 새로운 경로가 열렸다. 셋째, 위와 동일한 이미지를 만드는 도구와 이미지에 내재된 힘(어떤 대상을 대표하고 상징하는 힘)을 이용해서 자연은 언어를 만들어 냈다.

신경계: 이미지 형성의 필수 조건

정교한 생명 작용은 신경계 없이도 일어날 수 있다. 그러나 정교한 다세포생물이 삶을 영위하려면 신경계가 **있어야** 한다. 신경계는 생물의 생명을 관리하는 곳곳에서 중요한 역할을 수행한다. 몇 가지 예를 들어 보자. 신경계는 내부적으로는 내장에서, 외부적으로는 사지를 이용해서 움직임을 조율한다. 신경계는 내분비계와 협력해서 생명 조건을 유지하는 데 필요한 화학 분자들을 만들고 전달하는 일을 조율한다. 신경계는 자연의 하루 주기와 관련된 생물의 행동을 조절한다. 또한 하루 주기와 관련된 수면과 각성 주기를 조절하며, 필요한 대사적 변화 역시 관리한다. 신경계는 생명 지속에 적절한 체온을 유지하도록 관리한다. 마지막으로, 매우 중요한 요소로서, 신경계는 지도를 만든다. 그리고 이 지도들이 바로 마음의 주요 구성 성분인 이미지이다.

복잡한 신경계가 나타나기 전까지 이미지는 존재할 수 없었다. 해면동물이나 히드라와 같은 자포동물은 단순한 신경계를 갖고 있으나 이미지를 만들어 낼 가능성은 없어 보인다.[4] 어디까지나 추측의 수준이지만, 우리 인간의 마음과 비슷하지만 기초적인 수준의 마음은 신경계와 행동이 훨씬 복잡하게 발달한 좀 더 정교한 동물에서 나타나기 시작했을 것으로 보인다. 모든 면에서 볼 때 곤충들은 마음을 갖고 있을 것으로 보인다. 그리고 모든, 아니면 적어도 거의 대부분의 척추동물도 마음을 지니고 있을 것이다. 새들은 분명히 마음을 갖고 있고 포유류에 이르면 이 동물들의 마음은 우리 인간의 마음과 상당히 비슷해서 우리는 일부 포유류 동물을 마치 그들이 우리의 행동뿐만 아니라 감정, 때로는 생각까지도 이해하는 것이라 가정하고 그들을 대한다. 침팬지, 개와 고양이, 코끼리, 돌고래, 늑대 등을 생각해 보라. 이들이 말을 할 수 없고 기억력과 지능이 인간보다 떨어지고(그것 역시 논란의 여지가 있지만) 그 결과 인간의 문화와 같은 문화를 발전시키지 못한 것은 분명하다. 그러나 그들과 인간 사이의 유사점은 압도적일 만큼 풍부하다. 그 동물들은 우리가 인간 자신을 이해하고 어떻게 오늘날의 모습에 이르렀는지 이해하는 데 매우 중요하다.

신경계는 지도를 만드는 도구들을 풍부하게 갖고 있다. 눈과 귀는 각각 망막과 내이, 그다음 대뇌피질 안에 깊이 분포하는 중추 신경계의 구조들을 통해서 시각적 세계와 청각적 세계의 다양한 특성들을 지도로 그려 낸다. 우리가 어떤 사물을 손으로 만질 때 피부에 분포하는 신경 말단은 그 사물의 전반적인 기하학적 특성, 질감, 온도 등 다양한 특성을 지도 형태로 기록한다. 맛과 냄새는 외부 세계를 지도화하는 또 다른 두 가지 경로이다. 인간의 신경계처럼 발달한 신경계는 **바깥 세계에 대한 이미지**와 자신의 **몸 내부에 대한 이미지**를 풍부하게 만들어 낸다. 몸 안의 세계에 관한 이미지는 그 이미지의 원천 및 내용에 따라 두 종류로 분명하게 구분할 수 있다. 각각 **오래된 내부 세계와 그리 오래되지 않은 내부 세계**이다.

바깥 세계에 관한 이미지

바깥 세계의 이미지를 만드는 과정은 동물의 몸 표면에 있는 감각 수용체에서 시작된다. 이 감각 수용체들은 우리를 둘러싼 세계의 물리적 구조에 관해 모든 측면의 세부 정보를 수집한다. 전통적인 오감(시각·청각·촉각·미각·후각)은 각각의 정보를 수집하는 데 특화된 기관을 갖고 있다. [전정 감각(vestibular sense, 몸, 특히 머리의 움직임을 지각하는 평형감각-옮긴이)에 관한 내용은 아래의 5번 주를 참조하라.] 이 다섯 가지 감각 중 네 가지, 즉 시각·청각·미각·후각을 담당하는 기관은 머리에 자리 잡고 있으며 비교적 서로 가까운 곳에 위치한다. 후각과 미각 기관은 좁은 범위의 점막에 분포하고 있다. 점막은 햇빛에 직접 노출되지 않고 늘 촉촉하게 유지되는 피부를 말한다. 이 점막은 코와 입의 구멍을 감싸고 있다. 감각에 특화된 기관은 온몸의 피부와 점막에 분포하고 있다. 흥미롭게도 소화기관인 내장에도 미각 수용체가 존재한다. 이것은 생물의 진화의 역사에서 소화관과 신경계가 몸의 대부분을 차지하던 시절의 잔

재인 것이 분명해 보인다.[5]

각각의 감각 수용체는 바깥 세계의 무수히 많은 특성 중에서 특정 측면의 정보를 수집하고 묘사하는 데 특화되어 있다. 다섯 가지 감각 중 어느 하나만으로는 외부 세계를 포괄적으로 묘사할 수 없다. 그런데 우리의 뇌는 궁극적으로 각각의 감각이 맡는 부분적 기여를 통합해서 어떤 사물이나 사건을 전체적으로 묘사한다. 이와 같은 통합의 결과물은 대상에 대한 '전체적' 묘사에 가깝다. 기본적으로 어떤 사물이나 사건에 대해 비교적 포괄적인 이미지를 생성하는 것이 가능하다. 이것은 대상의 '완벽한' 묘사는 아닐 가능성이 높다. 그러나 우리를 둘러싼 현실의 속성과 우리가 가진 감각의 설계 양식을 고려할 때, 이것은 우리 외부 세계의 표본을 풍부하게 수집한 것으로 이것이 우리가 가진 유일한 단서이다. 다행히도 우리는 모두 똑같이 이 불완전하게 수집된 표본으로 이루어진 현실에 몰입되어 있으며, 모두 똑같이 이미지의 한계 속에서 살아가고 있다. 이것은 모든 인간에게 동일하게 주어진 공정한 경쟁의 장인 셈이며 어떤 의미에서는 다른 종의 동물들과도 공정한 경쟁의 장에 놓여 있다고 할 수 있다.[6]

각각의 감각기관의 신경계 말단은 놀라운 수준으로 특화되어 있다. 각각의 감각기관은 장구한 진화의 역사 속에서 우리를 둘러싼 우주의 특정 속성들에 맞추어 분화되어 왔다. 말단의 감각기관은 화학적·전기화학적 신호를 통해 외부 정보를 신체 내부로 보낸다. 신호는 말초신경계의 경로를 따라 신경절, 척수의 핵, 뇌간 핵과 같은 중추신경계의 하부 요소들로 전달된다. 그러나 이미지를 만들 때 핵심적인 기능은 지도 그리기, 많은 경우에 거시적인 지도 그리기에 달려 있다. 이것은 일종의 지도 제작법으로 바깥 세계에서 수집한 표본을 통해 얻은 데이터를 지도상에 표시하는 능력이다. 이 공간에 뇌는 활동 패턴을 나타내고 패턴의 활동적 요소들의 공간적 관계를 묘사한다. 이런 식으로 뇌는 우리가 바라보는 얼굴 모습의 지도를 그리거나 소리의 공간적 윤곽, 또는 손으로 만지고 있는 대상의 모양을 그려 낸다.

생물 내부 세계의 이미지

동물의 몸 안에는 두 가지 종류의 세계가 있다. 그 둘을 각각 오래된 내부 세계와 덜 오래된 내부 세계라고 부르기로 하자. **오래된** 내부 세계는 기초적인 항상성과 관련된 부분이다. 이것은 가장 먼저 나타나고 가장 오래된 내부 세계이다. 그리고 다세포동물에서 체내 대사를 담당하는 기관계로, 심장·폐·소화관·피부 그리고 혈관 벽이나 다른 내부 장기의 표면을 감싸고 있는 민무늬근 또는 평활근(민무늬근 역시 그 자체로 내부 장기의 한 부분이다) 그리고 이 내부 장기들과 관련된 화학작용을 아우른다.

우리는 '건강', '피로', '질병', '통증', '쾌감', '심장박동', '속 쓰림', '복통' 등의 단어를 가지고 신체 내부의 이미지를 묘사한다. 이것은 매우 특수한 세계이다. 오래된 내부 세계를 묘사하는 방식은 외부 세계에 대한 묘사와는 다르다. 보통 외부 세계에 대한 묘사보다는 덜 자세하게 묘사된다. 그러나 우리는 내부 기관의 상태를 묘사하는 표현들(공포를 느낄 때 목구멍, 인두와 후두를 죄는 듯한 느낌, 천식 발작

이 일어날 때 숨이 막히는 느낌)을 가지고 내부 장기들의 기하학적 특성의 변화를 정신적으로 묘사할 수 있다. 그와 비슷한 방식으로 특정 분자가 우리 몸의 다양한 부분에 미치는 영향, 예를 들어 전율과 같은 운동 반응을 묘사할 수도 있다. 이와 같은 오래된 내부 세계에 대한 이미지가 바로 우리의 **느낌**을 구성하는 요소이다.

우리 몸에는 오래된 내부 세계와 함께 **덜 오래된** 내부 세계가 있다. 이것은 뼈로 이루어진 골격과 뼈에 붙은 근육, 즉 골격근으로 이루어진 세계이다. 골격근은 '가로무늬근(평활근)' 또는 '수의근'으로 내부 장기를 구성하며 의도적으로 조절할 수 없는 '민무늬근(평활근)' 또는 '불수의근'과 구분된다. 우리는 움직이거나 물체를 조작하거나 말하고, 쓰고, 춤추고, 음악을 연주하고, 기계를 다루는 데 골격근을 이용한다.

오래된 내부 세계가 자리 잡고 있는 전체적인 뼈대에 해당되는 신체 골격은 오래된 세계에 속하는 피부에 둘러싸여 있다. 피부는 우리 몸의 장기 중 가장 큰 부피를 차지한다. 또한 전체적인 신체 골격은 **감각의 관문**sensory portals이 위치한 무대이기도 하다. 마치 보석이 박힌 장신구처럼 근골격계에 감각기관이 자리 잡고 있다.

'감각의 관문'이라는 표현은 감각 수용체가 자리 잡고 있는 신체 골격의 부분과 감각 수용체 그 자체를 함께 가리키는 말이다. 네 개의 주요 감각 수용체는 모두 근골격계에 잘 둘러싸여 있다. 시각의 경우 눈구멍(안와)과 안구를 조절하는 근육과 안구 내부의 구조를 포함한다. 청각의 경우 고실(tympanic cavity, 가운데귀의 일부로 바깥귀와 속귀 사이에 있는 뼈로 둘러싸인 공간-옮긴이), 고막 그리고 공간 속에서 몸의 위치, 즉 평형을 감지하는 전정기관으로 이루어져 있다. 후각의 경우 코와 후각 점막, 미각의 경우 혀의 미뢰가 있다. 사물과 접촉해서 그 질감을 감지하는 다섯 번째 감각의 관문인 피부는 몸 전체에 분포한다. 그러나 지각 능력은 골고루 분포되지 않고 특정 부위, 손, 입, 유두와 성기 주변에 집중되어 있다.

내가 감각의 관문이라는 개념을 이토록 강조하는 이유는 이것이 지각을 생성하는 역할에 관여하기 때문이다. 예를 들어 우리의 시각은 망막에서 시작해서 시각계의 몇몇 정거장[예를 들어서 시신경, 상부 슬상핵(위무릎핵, superior geniculate nuclei), 상구(위둔덕, superior colliculi), 일차 및 이차 시각 피질]을 거쳐 이어지는 일련의 절차의 결과물이다. 그러나 시각을 생성하기 위해서는 사물을 **바라보는 행위**가 필요한데 이런 행위에는 **시각기관과는 별도**의 **다른** 신체 구조(다양한 근육들)와 신경계의 다른 부분(운동을 조절하는 영역)이 필요하다. 이 다른 구조들이 시각을 위한 감각의 관문에 위치하고 있다.

시각을 위한 감각의 관문은 무엇으로 이루어져 있을까? 눈구멍, 우리가 눈을 찡그리거나 시선을 고정할 때 사용하는 눈꺼풀과 눈 주변의 근육, 시각의 초점을 조절하는 수정체, 빛의 양을 조절하는 홍채 조리개, 안구를 움직이는 근육 등으로 이루어져 있다. 이 모든 구조와 각 구조의 활동은 일차 시각 절차와 잘 협력할 수 있도록 조절되지만 일차 시각 절차의 일부는 아니다. 이들은 분명히 실용적인 역할, 일차 시각 절차를 돕는 역할을 수행한다. 이들은 또한 의도하지 않았던, 생각보다 고상한 역할도 수행한다. 이 역할은 뒷부분에서 의식에 관해 논의할 때 다시 소개할 것이다.

오래된 내부 세계는 요동치는 생명 조절의 세계이다. 어떨 때는 잘 돌아가지만 삐걱거릴 때도 있다. 내부 세계의 조절은 생명 유지와 마음의 작동에 아주 중요한 역할을 한다. 따라서 내부 장기의 상태, 그들의 화학작용의 영향 같은 이 오래된 내부 세계의 활동에 대한 이미지는 우리 내면 세계의 상태를 반영한다. 생물은 그와 같은 이미지에 영향을 받을 수밖에 없다. 우리는 그 이미지에 무관심할 수 있는 처지가 아니다. 왜냐하면 우리의 생존이 생명 상태를 반영하는 그 이미지의 정보에 달려 있기 때문이다. 오래된 내부 세계의 상태는 좋을 수도 있고, 나쁠 수도 있고, 그 중간에 있을 수도 있다. 이것은 **균형**의 세계이다.

새로운 내부 세계는 신체 골격, 그 골격 안에 자리 잡은 감각의 관문의 위치와 상태, 우리의 의지대로 움직이는 수의근 등으로 이루어진 세계이다. 감각의 관문들은 신체 골격 안에 자리 잡고서 바깥 세계의 지도를 생성하는 데 커다란 기여를 한다. 이들은 우리의 몸 안에서 현재 생성되고 있는 이미지의 원래 **위치**를 우리 마음에 알려 준다. 이것은 전반적인 유기체의 이미지를 형성하는 데 꼭 필요한 절차로, 뒤에서 확인하겠지만, 주관성의 형성에 아주 중요한 단계이다.

새로운 내부 세계 역시 정서가(情緖價, valence. valence는 화학에서는 원자의 화학결합 수를 의미하는 원자가·염색체·혈청·항원 등이 결합하는 수가 등에 쓰이는 단어이다. 심리학에서 정서가는 정서를 논의할 때 주로 사용되는 용어로 어떤 사건·대상·상황의 본질적으로 이끌리는 좋은 특성, 즉 양의 정서가와 본질적으로 회피하게 하는 나쁜 특성, 즉 음의 정서가를 일컫는다. 다른 표현으로 '감정 가치'로 번역되기도 한다–옮긴이)를 생성한다. 왜냐하면 근육이든 뼈든 살아 있는 신체 조직은 항상성의 변덕스러운 횡포에서 벗어날 수 없기 때문이다. 그러나 이 새로운 내부 세계는 오래된 내부 세계에 비해 덜 취약한 편이다. 골격과 근육이 단단한 갑옷에 해당되기 때문이다. 이 단단한 외피가 오래된 내부 세계의 화학적 기전과 내부 장기들을 감싸서 보호한다. 새로운 내부 세계와 오래된 내부 세계의 관계는 첨단 공학으로 설계된 외골격exoskeleton과 우리의 진짜 골격, 뼈와 살의 관계와 비슷하다.

6

마음의 확장

숨겨진 오케스트라

포르투갈의 시인 페르난도 페소아Fernando Pessoa는 자신의 영혼을 숨겨진 오케스트라로 보았다. "나는 내 안에서 어떤 악기가 울리는지 알지 못한다. 현악기인지 하프인지 팀파니인지 북인지 모른다." 그가 『불안의 책*Livro do desassossego*』에서 묘사한 말이다.[1] 그는 자신을 오직 하나의 교향곡 전체로서만 인식할 수 있었다. 그의 직관은 매우 적절한 것이었다. 왜냐하면 우리의 마음 안에 자리 잡고 있는 구조물은 우리 안에 숨겨진 오케스트라들이 연주하는, 덧없이 흐르는 일시적인 음악으로 상상할 수 있기 때문이다. 페소아는 이 모든 숨겨진 악기를 연주하는 연주자가 누구인지에 관해서는 당혹감을 표현하지 않았다. 어쩌면 그는 자신의 자아가 여러 개로 나뉘어서 이 모든 연주를 할 수 있다고 생각했는지도 모른다. 마치 영화

〈파리의 미국인An American in Paris〉에 나오는 오스카 레반트처럼 말이다. 그토록 많은 가명을 생각해 낸 시인에게 그것은 놀라운 일이 아닐 수도 있다.[2] 그러나 우리는 묻지 않을 수 없다. 이 모든 상상의 오케스트라를 연주하는 사람은 정확히 누구인가? 그에 대한 대답은 이것이다. **실제로 존재하거나 기억으로부터 환기된, 우리를 둘러싼 세계 속의 대상들과 사물들 그리고 우리 내부 세계의 대상들과 사물들이다**.

그렇다면 악기들은? 페소아는 그의 귀에 들리는 음악이 어떤 악기로 연주된 것인지 알 수 없다고 했다. 그러면 우리가 알려 주자. 페소아의 오케스트라에는 두 종류의 악기들이 있다. 먼저, 생물의 몸 주위와 몸 안의 세계와 소통하는 주요 **감각 기구들**이 첫 번째 종류의 악기들이고, 그다음, 마음에 떠오르는 어떤 대상이나 사건에 대하여 계속해서 정서적으로 반응하는 기구들이 두 번째 종류의 악기들이다. 정서적 반응은 생물의 오래된 내부 세계에서 생명의 경로를 바꾸어 나간다. 이런 기구들은 충동·동기·정서 등으로 알려져 있다.

다양한 연주자들(현재 존재하거나 기억으로부터 소환된 대상과 사건들)이 진짜로 바이올린이나 첼로의 현을 울리거나 피아노의 건반을 누르는 것은 아니다. 그러나 이 비유는 상황을 적절하게 묘사한다. 대상과 사건이 실제로 우리 마음속의 뚜렷한 실체로서 우리 몸의 특정 신경 구조에 영향을 주어 잠시나마 그 상태를 변화시키기 때문이다. '연주 시간' 동안 그와 같은 활동은 특정 종류의 음악을 만들어 낸다. 그것은 바로 우리의 사고와 느낌의 음악, 그 대상과 사건이 만들어 내는 내면의 서사로부터 출현하는 의미의 음악이다. 그 결과는 포착하기 힘들 정도로 미묘하고 모호할 수도 있고 그렇지 않을 수도 있다. 어떤 경우에는 뚜렷하고 과장된 결과를 불러일으킬 수도 있다. 우리가 그 연주에 수동적으로 귀를 기울일 수도 있고 아니면 직접 개입해서 음악의 악보를 수정해서 예상치 못했던 결과를 일으킬 수도 있다.

우리 내면의 오케스트라와 그것이 연주하는 음악의 본질과 구성에 관해 논의하기 위해 나는 앞서 이미지를 만드는 데 관여하는, 세 부분으로 이루어진 구조를 다시 환기시키고자 한다. 이미지를 구성하는 신호들은 세 종류의 원천으로부터 나온다. 첫 번째는 **우리를 둘러싼 세계**이다. 우리의 피부와 일부 점막에 있는 특정 기관들이 이 세계로부터 데이터를 수집한다. 그리고 우리 내부의 서로 구분되는 두 세계, 즉 **화학적이고 내부 장기가 관여하는 오래된 내부 세계와 근골격계와 거기에 자리 잡은 감각의 관문들을 아우르는 덜 오래된 세계**가 그 다른 두 원천이다. 정신적 사건에 관한 이야기에서는 일반적으로 주변의 세계가 특권을 갖는다. 그 외의 다른 것들은 마음의 세계에 속하지도 않고 크게 기여하지도 않는 것처럼 말이다. 또한 그와 같은 이야기에서는 내부 세계를 고려한다고 하더라도 매우 오랫동안 반응을 일으켜 온 오래된 화학과 내부 장기의 세계와, 진화론적으로 나중에 생성된 근골격계와 감각의 관문으로 이루어진 세계를 구분하지 못하는 경우가 대부분이다.

그리고 보통 이와 같은 '원천'들이 중추신경계에 '연결wired'되어 있어서 중추신경계가 원천으로부터 들어오는 신호를 가지고 지도와 이미지를 만들어 낸다고 알려져 있다. 그러나 이것은 진실을 호도할 수 있는 지나친 단순화이다. 신경계와 몸의 관계는 이렇게 단순하지 않다.

첫째, 위에서 설명한 세 가지 원천은 매우 다른 방식으로 중추신경계의 이미지 생성에 쓰이는 재료를 제공한다. 둘째, 세 가지 원천이 중추신경계에 연결(배선)되어 있는 방식 역시 서로 유사해 보이지만 실제로는 그렇지 않다. 세 가지 원천 모두 중추신경계로 향하는 전기화학적 신호를 생성할 수 있다는 정도만이 유사할 뿐이다. 실제로는 그 '연결'의 해부학적·기능적 측면은 서로 크게 다르다. 특히 오래된, 화학적이고 내부 장기와 관련된 원천의 경우 뚜렷한 차이를 보인다. 셋째, 전기화학적 신호에 더하여 오래된 내부 세계는 전적으로 화학적 신호만을 이용해서 그보다 더욱 오래된 중추신경계와 직접 소통한다. 넷째, 중추신경계는 내부 세계, 특히 오래된 내부 세계의 신호에 대하여 **직접** 반응할 수 있다. 즉, 신호의 원천에 직접 작용할 수 있다는 의미이다. 한편 대부분의 경우에 중추신경계는 외부 세계에는 **직접** 작용하지 않는다. **'내부' 세계와 중추신경계는 상호작용하는 복합체를 형성한다. '외부' 세계와 중추신경계는 그와 같은 관계를 맺지 않는다**. 다섯 번째, 모든 원천들은 중추신경계와 '점진적graded' 방식으로 소통하는데 신호가 '말단'의 원천으로부터 중추신경계로 오면서 처리되는 과정에서 메시지를 변화시킨다. 현실은 우리가 원하는 것보다 훨씬 더 복잡하고 어수선하다.[3]

어마어마하게 풍부한 정신 작용의 과정은 이와 같은 세 가지 세계에서 제공하는 재료에 기초한 이미지, 그러나 다른 구조와 작용에 의해 조합된 이미지에 의존한다. 외부 세계는 감각 도구들이 작용하는 제한된 상황에서 우리를 둘러싼 우주의 구조를 우리가 인식하는 모습으로 보여 주는 이미지를 만드는 데 기여한다. 오래된 내부 세계는 우리가 느낌이라고 부르는 이미지의 생성에 주로 기여한다. 새로운 내부 세계는 우리 자신의 구조에 관한 전반적인 이미지를 마음에 전달하고 느낌의 형성에도 일정 부분 기여한다. 이러한 사실을 고려하지 않는 마음에 관한 이야기는 진실의 본질에 다가가지 못할 가능성이 높다.

분명한 것은 이미지들을 수정할 수도 있고, 추가하거나 상호 연결할 수도 있으며 그 결과 마음의 작용이 풍부해진다는 사실이다. 그러나 변형과 결합의 재료가 되는 이미지들은 세 가지 각기 다른 세계에서 비롯되었다. 뚜렷이 구분되는 각 원천의 기여를 고려해야 한다.

이미지 만들기

단순한 것이든 복잡한 것이든 이미지를 만드는 일은 지도를 조합하는 신경 도구들의 결과물이다. 이 지도들의 상호작용으로 만들어진 이미지는 점점 더 복잡한 세계를 구축해서 궁극적으로 동물의 몸 안과 밖에 있는, 신경계를 둘러싼 우주를 표상한다. 지도와 그 지도에 해당되는 이미지의 분포는 고르지 않다. 내부 세계와 관련된 이미지는 처음에는 뇌간의 핵에서 통합되지만 이후에 섬 피질insular cortex이나 대상 피질cingulate cortex과 같은 대뇌피질의 몇몇 핵심적 영역에서 다시 한 번 표상된다. 외부 세계와 관련된 이미지들은 대부분 대뇌피질에서 통합되지만 중뇌의 상구 역시 통합에 기여한다.

우리가 외부 세계에서 경험하는 대상과 사건은 본질적으로 다중 감각적이다. 시각·청각·촉각·미각·후각을 관장하는 기관들이 지각의 순간에 적절하게 관여한다. 여러분이 어두운 콘서트홀에서 음악 공연을 들을 때와 물밑에서 잠수하며 산호초를 바라볼 때 감각이 관여하는 방식은 다르다. 두 경우에서 주가 되는 감각의 원천은 서로 다르지만 둘 다 다중 감각적 경험이고 중추신경계에서 여러 가지 감각 영역(예를 들어 이른바 '초기' 영역인 청각·시각·촉각 피질)으로 연결된다. 흥미롭게도 '연합' 피질이라고 불리는 또 다른 뇌 영역이 '초기' 영역에서 합성된 이미지들을 적절히 통합하는 일을 수행한다.

연합 피질과 초기 피질의 상호 연결성 덕분에 이미지가 통합된다. 그 결과 우리는 시간 속에서 특정한 순간을 지각하게 하는 별개의 요소들을 하나로 합쳐서 전체로 경험할 수 있다. 이와 같은 대규모의 이미지 통합이 의식의 한 요소를 구성한다. 다양한 개별적인 영역들이 동시에 **그리고** 순차적으로 활성화되면서 통합이 일어난다. 이것은 필요에 따라 장면과 음성의 조각들을 선택해서 순서대로 연결해 영화를 편집하는 과정과 비슷하다. 다만 그 결과물이 필름으로 인화되지 않을 뿐이다. 편집의 결과물은 우리 '마음'에서 상영되고, 암호화된 기억의 잔상들을 남겨 놓고는, 재빨리 사라져 버린다. 바깥 세계의 모든 이미지는 거의 병렬적으로 처리되고 동시에 이 이미지들이 뇌의 다른 영역(뇌간의 특정 핵들과 섬insular 영역을 비롯해서 몸의 상태를 표상하는 기능과 관련된 대뇌피질)에 작용함으로써 '**감정**' 반응이 생성된다. 그것은 다시 말해서 우리의 뇌가 다양한 외부 감각의 원천에서 들어오는 신호를 통합하고 지도화하는 데 매우 분주하게 움직이고 동시에 내부 상태에서 비롯된 신호의 통합과 지도화를 수행한다는 뜻이다. 이 내부 상태의 통합과 지도화의 결과물이 바로 느낌이다.

외부와 내부에서 들어오는 그토록 많은 종류의 감각 이미지를 동시에 다루어서 하나의 통합된 영화를 완성해 나가는 우리 뇌의 위업에 대하여 잠시 생각해 보자. 뇌가 매 순간 하고 있는 이 작업에 비하면 영화의 편집은 일도 아니라고 할 수 있다.

❖ 콘서트홀에서 지도 제작실까지

지도는 어디에서 만들어질까? 지도를 만드는 구조들은 중추신경계 안에 위치하고 있다고 확실히 말할 수 있다. 단 말초신경계에 있는 중간 단계의 구조들이 중앙의 신경 지도를 만드는 데 필요한 재료들을 미리 준비하고 조합한다는 조건을 덧붙일 필요가 있다. 인간의 경우 지도를 만드는 핵심적인 구조는 뇌의 세 개 층에 걸쳐 있다. 뇌간과 중뇌 덮개(tectum, 둔덕 또는 상구, 하구colliculus 핵들을 포함), 종뇌 높은 곳에 위치하는 무릎핵 또는 슬상핵 그리고 무엇보다도 내후각 피질entorhinal cortex을 비롯한 다수의 대뇌피질과 그와 관련된 해마 시스템이다. 이 영역들이 특정 경로의 감각 정보를 처리함에 따라 시각·청각·촉각이 생성된다. 특정 감각 양식을 전담하는 신경계의 섬들이 상호 연결되어 있다. 그 결과 처음에는 각각의 감각 양식에 따라 분리되어 있는 신호들이 하나로 통합된다. 이 과정은 상구(위 둔덕의 깊은 층)인 피질 하부 영역과 대뇌피질에서 일어난다. 대뇌피질에서는 각각의 감각 신호가 뒤섞이고 상호작용하며 다양한 영역의 지도를 만드는 작업을 한다. 이 영역들은 위계적으로 상호 연결된 뉴런들의 복잡한 연결망을 통해 기능을 수행한다. 이 통합 작업 덕분에 우리는 상대방의 입술이 움직이는 것을 보면서 동시에 그 입에서 나오는 말을 귀로 들으며 입술의 움직임과 말소리를 조화롭게 연결시킬 수 있다.

의미·구어적 번역·기억의 형성

우리의 지각과 지각이 불러일으키는 생각은 언제나 언어 형태의 서술description을 동반한다. 이 서술은 또한 이미지로 구성되어 있다. 우리가 사용하는 모든 단어들은 어떤 언어이든, 구어이든 문어이든 점자와 같이 촉각으로 감지하는 언어이든 모두 우리의 정신이 인지할 수 있는 이미지로 이루어져 있다. 글자나 단어의 소리가 나타내는 청각적 이미지와 그에 해당되는 시각적 기호, 문자 암호의 경우도 마찬가지이다.

그러나 마음은 단순히 대상과 사건의 직접적인 이미지나 그것을 언어로 번역하는 것 이상의 무언가로 이루어져 있다. 마음에는 존재하는 어떤 대상이나 사건, 그리고 그것을 구성하는 특성과 관계와 관련된 무수히 많은 다른 이미지들이 존재한다. 어떤 한 대상이나 사건과 관련된 이미지들의 집합은 그 대상이나 사건에 관한 '생각', 즉 그 대상이나 사건의 '개념' 또는 '의미'에 해당된다. 생각(개념과 그 의미들)은 기호들로 번역되어 기호적 사고를 가능하게 한다. 이런 식으로 생각은 복잡한 기호들의 특별한 집합, 즉 말로 이루어진 언어로 발전할 수 있다. 문법 규칙의 지배를 받는 단어와 문장이 번역을 실행하지만 그 번역은 또한 이미지에 기초하고 있다. 대상과 사건의 표상에서 그에 해당되는 개념과 언어로의 번역에 이르기까지 모든 마음은 이미지로 이루어져 있다. 이미지는 마음의 보편적 특질이다.[4]

지각 과정에서 이루어지는 감각의 통합, 그 과정에서 촉발되는 생각들, 언어로의 번역은 기억으로 저장될 수 있다. 우리는 마음속에서 다중 감각적 지각의 순간들을 구성하는데, 모든 상황이 들어맞는 경우 이 지각의 순간을 기억에 저장했다가 나중에 끄집어내고 상상 속에서 이것을 조작할 수 있다.

이 책의 뒷부분에서 어떻게 이미지가 의식으로 들어오고, 어떻게 우리의 마음속에서 그토록 명확하게, 사적으로 우리 각자에게 속하게 되는가 하는 문제를 다룰 것이다. 우리는 신비스러운 호문쿨루스(homunculus, 뇌 속에 작은 사람과 같은 존재가 있어서 뇌에서 만들어 내는 신경 수준의 현상을 인식하고 의식한다는 관념 속 가상의 존재-옮긴이) 덕분이 아니라 의식이라는 복잡한 절차 덕분에 이미지를 **인식한다**. 그런데 흥미롭게도, 9장에서 보게 되겠지만, 의식 작용 자체가 이미지에 의존한다. 그러나 이미지가 의식에 기여하는 측면과 별개로, 일단 아주 초보적인 수준에서라도 이미지가 만들어지고 처리되면 이미지는 행동을 **직접적으로**, **자동적으로** 안내할 수 있다. 이미지는 행동의 대상물을 묘사함으로써 그리고 이미지에 의해 유도되는 근육계가 대상물에 좀 더 정확하게 접근할 수 있도록 함으로써 그와 같은 일을 수행한다. 행동을 수행하는 데 이미지가 제공하는 이점을 헤아려 보자면 적으로부터 스스로를 방어해야 하는 상황에서 오직 냄새의 신호만을 가지고 싸워야 한다고 상상해 보자. 여러분은 어떻게 적에게 일격을 가할 것인가? 정확히 어디를 쳐야 할까? 여러분은 시각이 직접적으로 제공해 주던 선명한 공간적 좌표를 잃어버린 셈이다. 마찬가지로 청각적 이미지 역시 행동으로 안내하는 데 큰 도움을 준다. 박쥐의 경우에는 더더욱 그렇다.

시각적 이미지는 동물이 대상물에 정확하게 행동을 가할 수 있도록 해 준다. 청각적 이미지는 앞이 보이지 않는 어둠 속에서도 동물이 공간의 방향과 위치를 가늠할 수 있게 해 준다. 사람의 경우에도 이 기능은 상당히 잘 발휘되고 박쥐의 경우에는 더욱 정교하게 이루어진다. 필요한 모든 것은 그저 동물이 깨어나 주위를 인식하는 상태에 있고, 이미지의 내용이 특정 순간 동물의 생명과 **관련되어** 있어야 한다는 조건뿐이다. 다시 말해서, 진화의 관점에서 보면, 이미지는 복잡한 주관성, 사고와 분석 따위가 존재하지 않고 단순히 행동 제어를 최적화하는 기능만을 수행하던 때에도 동물이 효율적으로 행동하게 해 주었다. 따라서 일단 이미지를 만들 수 있게 되자 이 특성은 자연선택의 대상이 될 수밖에 없었을 것이다.

풍부한 마음

복잡하고 엄청나게 풍부한 우리의 마음은 생명의 긴 역사 속의 많은 사례들과 마찬가지로 단순한 요소들이 협력하고 조합해 낸 결과물이다. 마음의 경우 그 단순한 요소들은 조직이나 기관을 형성하는 세포도 아니고 유전자가 아미노산을 조합해서 만들어 내는 다양한 단백질도 아니다. 마음의 기본 단위는 이미지이다. 어떤 대상의 이미지, 그 대상이 하는 행동의 이미지, 그 대상이 우리의 마음에 불러일으키는 느낌의 이미지, 우리가 그 사물에 관해 품은 생각의 이미지, 이 모든 것들을 번역하는 언어의 이미지 등이 마음의 단위이다.

앞서 나는 별개의 이미지 흐름이 통합되어 한층 더 풍부한 외부 및 내부 세계에 대한 현실 이야기를 만들어 낸다고 언급했다. 주로 시각·청각·촉각과 관련된 이미지의 통합이 마음을 풍부하게 하지만 한편 통합은 다양한 형태를 띨 수 있다. 이미지의 통합은 다수의 감각적 관점에서 받아들이는 신호로 하나의 대상을 만들어 낼 수 있고, 또한 일정한 시간과 공간 속에서 사물들과 사건들을 서로 연결해서 일종의 의미 있는 순서의 서사를 만들어 낼 수도 있다. 우리는 또한 서사의 세계가 이야기의 세계라는 사실을 알고 있다. 인물들이 등장하고 행동을 펼치는, 악당과 영웅의 세계, 꿈과 이상과 욕망의 세계, 주인공이 적과 싸우고 아름다운 아가씨의 마음을 얻으며, 그 아가씨는 두려움에 떨며 싸움을 지켜보지만 자신의 연인이 이길 것을 확신하는 그런 이야기들 말이다. 삶은 무수히 많은 이야기들로 이루어져 있다. 단순하고 복잡한 이야기, 평범하고 비범한 이야기, 존재의 소리와 분노와 침묵으로 가득한, 많은 의미를 담은 이야기들로. (저자는 "Life is made of……stories……that describe all the sound and the fury and the quiet of existences and that do signify a lot."이라고 썼는데 이것은 셰익스피어의 『맥베스』에 나오는 유명한 구절, "그것은 백치가 들려주는 이야기이다. 소리와 분노로 가득한, 그러나 아무 의미도 없는 이야기"에서 따온 것이다. 윌리엄 포크너가 이 시구에서 '소리와 분노The sound and the fury'를 따서 소설의 제목으로 사용하기도 했다-옮긴이)[5]

나는 지금까지 서술과 이야기를 구성하는 마음의 비밀에 관해 간결하게 논의했다. 그 구성 방식은 별개의 구성 요소들을 이어 붙이고 연결해서 함께 달리는 열차, 사고의 열차와 같은 형태이다. 그렇다면 우리의 뇌는 어떻게 이 사고의 열차를 만들어 낼까? 시간의 열차가 형성될 수 있도록 각기 다른 감각 영역들이 적절한 순간에 필요한 부분을 맡아 수행한다. 뇌의 연합 영역이 각 구성 요소들의 적절한 **시간적** 구성을 조율하고 열차의 연결과 운행을 맡는다. 어떤 일차 감각 영역이든 필요에 따라 소환될 수 있다. 연합 영역 전체가 시간 조율에 참여하고 필요한 기능을 급파한다. 최근 자세하게 연구된 한 무리의 연합 피질은 이른바 '초기 설정 상태 네트워크(default mode network, 멍한 상태이거나 몽상에 빠졌을 때 활발해지는 뇌의 영역-옮긴이)를 구성한다. 이 네트워크는 서사를 구성하는 작용에서 중요한 역할을 하는 것으로 보인다.[6]

이미지 처리는 뇌로 하여금 이미지를 **추상화하고** 시각적·청각적 이미지 이면에 있는 스키마(schematic, 스키마는 세계를 인지하거나 외계에 작용하거나 할 때 그 토대가 되는 내적인 프레임을 말한다-옮긴이) 구조나 느낌 상태를 구성하는 움직임의 통합된 이미지를 발견하도록 한다. 예를 들어 서사 과정에서 가장 예측이 가능한 시각적·청각적 이미지 대신 그와 관련된 다른 이미지가 연결될 수도 있다. 이것은 시각적·청각적 **메타포**를 창조하고 어떤 대상이나 사건을 시각적으로나 청각적으로 **기호화할** 수단을 제공한다. 다시 말해서 일단 원래의 이미지는 그 자체로 우리의 정신적 삶의 기초로서 중요한 역할을 한다. 그러나 그것을 조작하는 과정에서 새로운 파생 효과를 낳을 수 있다.

우리 마음속에서 어떤 이미지를 끊임없이 언어로 번역하는 일은 우리의 마음을 풍요롭게 만드는 가장 놀라운 양식이다. 원래 이미지를 언어의 경로로 실어 나르는 도구 역할을 하는 이미지가, 번역되는 원래 이미지와 나란히 마음을 구성하며 흘러간다. 그것은 물론 추가된 이미지, 원래 이미지의 번역된 파생 이미지이다. 나와 같이 다중 언어 배경을 가진 사람의 경우(저자는 포르투갈 출생의 유대인으로 대학을 졸업한 이후에 미국에서 활동했다–옮긴이) 이러한 과정은 아주 신나기도 하지만 또한 지긋지긋하기도 하다. 다중 언어 사용자의 마음에는 다양한 구어적 과정이 평행하게 나타나며 서로 섞이고 연결된다. 이 과정은 정말 재미있을 수도 있지만 아주 짜증날 수도 있다.

세포의 암호가 조직과 기관을 만들어 내고, 뉴클레오티드 암호가 단백질을 만들어 내듯 귀로 듣는 알파벳의 소리나 손으로 만지거나 눈으로 보는 글자의 모양이 우리 마음속에서, 말이나 기호 형태의 단어를 구성한다. 소리의 조합을 단어로 탈바꿈시키는 특정 규칙들이나 단어들을 조합하는 방법을 규정하는 특정 문법 규칙을 가지고 우리의 마음의 범위는 끝없이 확장될 수 있다.

기억에 관한 이야기 하나

우리 마음속에 새롭게 만들어진 거의 대부분의 정신적 이미지는 우리가 원하든 원하지 않든 내부 기록에 저장될 수 있다. 얼마나 충실하게 기록될지는 우리가 처음에 특정 이미지에 얼마나 주의를 기울였는지에 달려 있고, 얼마나 주의를 기울이는지는 또한 그 이미지가 우리 마음을 흘러가면서 얼마나 많은 정서와 느낌을 불러일으켰는지에 달려 있다. 많은 이미지들이 기록으로 남아 있고 그중 상당 부분이 나중에 재생될 수 있다. 즉 저장된 파일을 불러내서 실행할 때 상당히 정확하게 재구성될 수 있다. 어떤 경우에 오래된 기억의 회상이 너무나 정밀해서 새롭게 생성되는 이미지와의 경쟁에서 이길 때도 있다.

기억은 단세포생물에게도 존재한다. 그들의 기억은 화학적 변화라는 형태로 생겨난다. 그러나 단세포생물이 기억을 사용하는 근본적 방식은 복잡한 동물들과 다르지 않다. 기억은 다른 생물이나 상황을 인식하고 그 대상에 다가갈지 피할지를 깨닫는 데 도움을 준다. 우리 역시 화학적·단세포적 기억을 이런 단순한 목적에 사용하고 그로부터 이익을 얻는다. 우리의 면역 세포에 존재하는 것과 같은 종류의 기억이 그 예이다. 백신이 효과를 발휘하는 원리는 다음과 같다. 일단 우리의 면역 세포가 잠재적으로 위험하지만 비활성화된 병원균에 노출되면 세포들이 그 병원균을 기억해 두었다가 나중에 그것을 다시 만났을 때 재빨리 식별해 내고 우리 몸에 교두보를 마련하려는 병원균에 가차 없는 공격을 퍼부어 몰아

내는 것이다.

인간의 마음에서 일어나는 기억도 동일한 일반 원칙을 따른다. 그러나 우리의 기억은 분자 수준에서 일어나는 화학적 변화에 의해 만들어지는 것이 아니라 신경 회로의 사슬에서 일어나는 일시적 변화에 의해 만들어진다. 그 변화는 개별적으로 일어나는 것이든 우리 마음속을 흘러가는 서사의 일부이든 모든 종류의 감각에 관한 정교한 이미지와 관련되어 있다. 이미지의 학습과 소환이라는 결과를 향해 나아가는 과정에서 자연이 해결했던 문제점들은 어마어마하다. 자연이 그 문제에 대하여 마련했던 분자, 세포, 시스템 수준의 해법들은 찬탄할 만하다. 우리의 논의와 가장 관련이 깊은 시스템 수준의 해법을 살펴보자. 이미지의 기억, 예를 들어 우리가 시각적·청각적으로 지각하는 장면에 대한 기억은 있는 그대로의 이미지를 '신경 암호'로 변환하는 방식으로 만들어진다. 나중에 이미지 기억을 소환할 때에는 반대로 이 암호로부터 어느 정도 완벽한 이미지가 재구성된다. 이 신경 암호는 이미지의 실제 내용과 순서를 숨겨진 형태로 표상하며 양쪽 대뇌 반구의 후두엽, 측두엽(관자), 두정엽(정수리), 전두엽의 연합 피질 영역에 저장된다. 이 영역들은 쌍방향으로 작용하는 위계적 신경 회로를 통해 처음에 원래의 이미지가 조합되는 '초기 감각 피질early sensory cortex' 집합체와 연결되어 있다. 기억의 회상 과정에서, 암호를 저장하고 있는 영역에서 시작해서 있는 그대로의 이미지를 만들어 내는 영역, 즉 처음에 이미지가 조합되었던 영역으로 이어지는, 역순으로 일어나는 신경 경로를 통해 어느 정도 원래 이미지에 가까운 이미지를 재구성해 낸다. 이 과정을 역활성화retroactivation라고 부른다.[7]

이제 유명한 뇌 구조물이 된 해마hippocampus가 이 과정에서 중요한 파트너 역할을 한다. 해마는 또한 가장 높은 수준의 이미지 통합에서도 필수적인 역할을 담당한다. 또한 해마는 임시적으로 만들어진 암호를 영구적 암호로 변환시킨다.

양쪽 대뇌 반구의 해마를 모두 잃어버리면 통합된 장면에 대한 장기 기억을 형성할 수도 없고 떠올리기도 어려워진다. 특정 사건에 대한 기억을 더 이상 회상할 수가 없다. 특정 맥락을 벗어난 사물이나 사건은 인식할 수 있더라도 말이다. 예를 들어 해마가 손상된 환자는 집을 집으로 인식할 수 있지만 그가 과거에 살았던 특정한 집을 알아보지는 못한다. 사적이고 개인적인 경험으로부터 얻은 맥락적·일화적 지식에는 더 이상 접근할 수가 없다. 일반적이고 의미론적인 지식은 여전히 떠올릴 수 있다. 과거에는 단순 헤르페스 뇌염herpes simplex encephalitis이 해마 손상의 주된 원인이었으나 오늘날에는 알츠하이머병이 가장 흔한 원인이 되었다. 알츠하이머병에 걸리면 해마 회로와 해마로 들어가는 관문인 내후각 피질entorhinal cortex의 특정 세포들이 손상된다. 점진적으로 손상이 일어나다 보면 더는 통합된 사건을 효과적으로 학습하거나 상기할 수 없게 된다. 그 결과 공간과 시간을 파악하는 능력orientation을 점차로 상실한다. 특정한 사람, 사건, 대상을 더는 상기하거나 인식할 수 없다. 새로운 것을 학습할 수도 없다.

해마는 '신경 발생neurogenesis'의 중요한 부위라는 사실이 오늘날 분명히 밝혀졌다. 신경 발생이란 새로운 뉴런이 생성되어 국소적 회로에 편입되는 것을 말한다. 새로운 기억 형성은 부분적으로 신경 발생에 의존한다. 우리가 보통 스트레스를 받으면 기억력이

나빠진다고 하는데, 흥미롭게도 스트레스가 신경 형성을 감소시키는 것으로 나타났다.

운동과 관련된 활동의 학습과 회상은 또 다른 뇌의 구조와 관련이 있다. 여기에 관여하는 부위는 소뇌 반구, 기저핵, 감각 운동 피질 등이다. 음악을 연주하거나 운동을 할 때 필요한 학습과 기억의 상기는 해마 시스템과 밀접하게 연결된 구조들에 의존한다. 운동 및 비운동 이미지 처리는 일상의 활동 속에서 전형적인 조율 방식에 따라 조화롭게 이루어진다. 언어적 서사에 대응하는 이미지와 그것과 관련된 운동에 대응하는 이미지는 많은 경우에 현실 경험 속에서 동시에 발생한다. 그리고 그 각각의 이미지들은 각기 다른 시스템에 의해 만들어지고 저장되지만 통합된 채로 소환될 수 있다. 가사가 있는 노래를 부르는 것은 소환되는 이미지의 다양한 조각들, 즉 노래를 이루는 멜로디에 대한 기억, 가사를 이루는 단어들에 대한 기억, 운동 실행과 관련된 기억들의 동시적인 통합을 필요로 한다.

기억의 회상은 마음과 행동의 새로운 가능성을 열어 준다. 이미지를 학습하고 회상하는 일은 동물이 과거에 마주친 대상과 사건을 식별할 수 있게 해 주고 추론 능력을 더해 준다. 동물로 하여금 가장 정확하고 효과적이며 유용한 방식으로 행동할 수 있게 해 주는 것이다.

대부분의 추론은 지금 **현재** 생성되는 이미지와 **과거**로부터 인출한 이미지의 협연을 필요로 한다. 또한 효과적인 추론에는 앞으로 무엇이 나타날 것인지를 예측하는 활동이 필요하다. 결과를 예측하는 데 필요한 상상이라는 과정 역시 과거의 기억에 의존한다. 기억을 상기하는 것은 의식적 마음이 사고하고 판단하고 결정하는 과정(간단히 말해서 우리가 우리의 삶 속에서 매일매일 마주하는, 사소한 일에서부터 중대한 일에 이르기까지 모든 일)을 돕는다.

과거의 이미지를 회상하는 것은 상상을 할 때 필수적이다. 그리고 상상은 창조력의 기반이다. 회상된 이미지들은 또한 서사를 구성하는 데 필수적이다. 서사, 즉 이야기를 만들어 내는 능력은 인간 마음의 고유한 속성으로 현재와 과거의 이미지와 더불어 우리 마음속에서 펼쳐지는 영화에 의해 묘사되는 거의 모든 것을 언어로 번역한다. 이야기 속에 포함된 다양한 대상과 사건과 관련된 사실과 생각에서 파생된 의미는 이야기 그 자체의 구조와 경로에 의해 다시 한 번 조명을 받는다.

같은 줄거리, 같은 주인공, 같은 장소, 같은 사건, 같은 결과라도 이야기하는 방식에 따라 다르게 해석되고 그에 따라 다른 의미를 가질 수 있다. 대상과 사건의 순서 및 상대적인 양적·질적 속성은 만들어 낸 서사의 해석, 저장, 회상에 결정적인 영향을 미친다. 우리는 우리 삶의 거의 모든 것에 관하여 끊임없이 이야기하는 이야기꾼이다. 대부분 중요한 것을 다루지만, 반드시 그래야 하는 것은 아니다. 그리고 이야기는 과거의 경험과 개인의 선호에 따라 한쪽으로 덧칠되고 각색된다. 우리가 특별히 자신의 선호도와 편견을 억누르려고 노력하지 않는 한 우리의 이야기는 결코 공정하지도 중립적이지도 않다. 우리의 삶과 다른 이들의 삶에 관해 이야기할 때 많은 현인들은 주관적 선호도와 편견을 억제하라고 조언한다.

뇌의 능력 중 상당 부분이 과거의 정신적 사건을 회상하는 데 사용된다. 자동적으로 일어나기도 하고, 원할 때 회상할 수도 있다. 이 과정은 아주 중요하다. 왜냐하면 기억에 저장되어 있는 이미지들은 과거뿐만 아니라 예측된 미래, 우리가 우리 자신과 우리의 생각을 위해 상상하는 미래와 관련이 있기 때문이다. 현재의 생각과 과거의 생각, 새로운 이미지와 과거에서 인출한 이미지들이 함께 부글부글 끓는 잡탕 찌개처럼 뒤섞이는 상상이라는 과정 역시 기억에 저장된다. 이 창조적인 과정은 미래에 잠재적으로 그리고 실제로 사용할 수 있도록 기록되고 저장된다. 이것은 현재로 소환되어 행복의 순간에 기쁨을 더하거나 상실에 대한 고통을 심화시키기도 한다. 이 단순한 사실만으로도 인간이 모든 살아 있는 생명체 중에서 예외적인 지위에 놓여 있다는 주장에 납득할 수 있을 것이다.[8]

과거 기억을 끊임없이 검색하고 회상하는 것은 진행되는 삶 속에서 현재 상황에 대한 가능한 의미를 직관적으로 깨닫게 해 주고 가깝거나 먼 잠재적 미래를 **예측하게** 해 준다. 우리는 현재에도 부분적으로는 우리가 예측하는 미래 속에 살고 있다고 말할 수 있다. 아마도 이것은 끊임없이 현재를 넘어서 미래를 지향하고 무엇이 다가올지를 예측하는 항상성이라는 특성이 가져다준 또 하나의 결과물일 것이다.

❖ 마음을 풍부하게 하기

- 내후각 피질을 포함한 다수의 피질 영역과 그와 관련된 해마 회로에서 이미지를 통합하기
- 이미지의 추상화와 비유
- 기억: 이미지에 기반을 둔 학습과 회상 메커니즘: 검색 엔진과 끊임없는 기억의 검색을 통한 즉각적인 미래 예측
- 느낌이라는 사건을 포함한 대상과 사건의 이미지를 통해 개념을 형성하기
- 대상과 사건을 언어로 번역
- 서사적 연속성 생성
- 추론과 상상
- 허구적 요소와 느낌을 통합하는 대규모 서사의 구성
- 창작

7

감정

모든 감각 경로의 방대한 이미지로 표상되고, 종종 언어로 번역되며 이야기로 구성되는 우리 주변의 세계(그것이 실제 세계이든 기억과 상상에서 소환된 세계이든)와 그 세계 안의 대상과 사건, 인간들과 사물들에 관한 마음의 측면이 우리의 존재를 지배한다. 또는 적어도 지배하는 것처럼 보인다. 그런데 우리 마음에는 이 모든 이미지와 동반하는 또 하나의 정신적 세계가 존재한다. 그 세계는 때로는 매우 미약하고 존재감이 없어서 그 자체로는 아무런 주의를 끌지 못하지만 이따금씩 우리 마음을 지배하는 부분의 경로를 바꿀 정도로 매우 크고 강력하게 작용한다. 경우에 따라서는 획 낚아채듯 급작스럽게 그 경로를 바꾸어 버린다. 이것이 바로 **감정**이 지배하는 평행 세계다. 이 감정의 세계에서 우리의 **느낌**은 대개 좀 더 현저

한 이미지와 어깨를 맞대고 함께 흘러간다. 느낌의 직접적인 원인에는 다음과 같은 것들이 있다. (1) 우리 존재의 배경에 흐르는 생명 작용으로 이것은 **무의식적인 항상성**의 느낌으로 나타난다. (2) 미각·후각·촉각·청각·시각 등 수많은 감각적 자극에 의해 촉발되는 **정서적 반응**으로, 이 반응의 경험은 감각질qualia의 원천 중 하나이다. (3) 배고픔이나 목마름과 같은 **충동**, 또는 성적 욕망 또는 유희 욕구와 같은 **동기에 이끌리는 정서적 반응**, 또는 기쁨·슬픔·두려움·분노·질투·시기·경멸·동정·존경과 같은 좀 더 전통적인 의미의 정서로 이것은 다양하고 복잡한 상황을 마주할 때 활성화되는 행동 프로그램이다. (2)와 (3)에서 묘사한 정서적 반응은 일차적인 항상성의 흐름으로부터 생성되는 자발적이고 자연적인 느낌이 아니라 뭔가에 의해 **촉발되는 느낌**이다. 그런데 여기에서 짚고 넘어갈 것은 정서emotions를 느끼는 경험은 안타깝게도 정서 그 자체와 같은 이름으로 불린다. 이것은 사람들에게 정서와 느낌이 구분할 수 없는 같은 현상이라는 잘못된 개념을 심어 준다. 그러나 사실은 그 둘은 뚜렷한 차이가 있는 별개의 개념이다.

따라서 나는 모든 가능한 느낌뿐만 아니라 그 느낌을 생성하는, 즉 어떤 행동을 경험하는 것이 느낌이 될 때 그 행동을 생성하는 상황과 메커니즘까지 포함하는 넓은 의미의 단어인 감정affect을 사용하고자 한다.

느낌은 우리 존재 안의 생명이 펼쳐질 때 항상 함께하며, 우리가 지각하고, 학습하고, 기억하고, 상상하고, 추론하고, 판단하고, 결정하고, 계획하고, 마음속에서 창조해 내는 모든 것에 수반한다. 느낌을 우리 마음에 가끔 찾아오는 방문객, 또는 특정 정서에 의해서만 촉발되는 현상으로 바라보는 것은 이 현상의 보편성과 기능적 중요성을 제대로 다루지 못하게 한다.

마음을 흐르는 대부분의 이미지들은 어떤 대상이 마음의 스포트라이트 안에 들어간 순간부터 떠나는 순간까지 그 곁에 느낌을 동반한다. 이미지들은 매우 절실하게 감정을 수반하고자 한다. 심지어 어떤 두드러진 느낌을 구성하는 이미지들조차도 또 다른 느낌들과 함께한다. 마치 소리들의 화음이나 수면에 돌을 던졌을 때 생기는 동심원의 물결들처럼 여러 층의 느낌이 동시에 나타난다. 우리 마음속에서 자발적으로 일어나는 생명의 경험, 즉 **존재**의 느낌 없이는 엄밀한 의미에서 우리는 존재하지 못한다. 존재의 근원은 끊임없이 연속적으로 존재하는 것처럼 보이는 느낌의 상태이다. 이 느낌의 상태는 다른 모든 마음의 요소들을 강조해 주는 강렬한 마음의 합창이다. 이 느낌의 상태는 연속적인 것처럼 느껴지지만 실은 매 순간 마음의 흐름에서 비롯되는 강렬한 느낌의 파동들이 조각조각 연결된 것이다.

느낌이 완전히 사라진다면 존재 자체가 정지될 것이다. 그런데 느낌이 부분적으로만 사라진 경우에도 인간 본성의 상당 부분이 훼손될 수 있다. 만일 우리의 마음에서 느낌의 경로를 감소시킨다면, 외부 세계에 관한 다양한 종류의 감각적 이미지(시각·청각·촉각·후각·미각·구체적인 것이나 추상적인 것, 기호 형태, 즉 언어로 번역된 것이나 번역되지 않은 것, 실제 지각에서 비롯된 것이나 기억에서 회상된 것)의 사슬은 매우 빈약해질 것이다. 만일 우리가 태어날 때부터 선천적으로 이러한 느낌의 경로가 결여되었다면, 이미지들은 우리의 마음에 아무런 감정도 **없이**, 어떤 자격도 부여되지 **않은** 채 흘러들어 왔다가 흘러 나갈 것이다. 일단 느낌이 사라지면 우리는 어떤 이미지를 아름답다거나 추하다고, 또는 쾌감을 주거나 고통을 준다고, 또는 마음에 든다거나 조야하다거나 영적이라거나 세속적이라거나 하는 식으로 분류할 수 없다. 아무것도 느낄 수 없다고 하더라도 많은 노력을 기울여 사물이나 사건을 미적으로, 또는 도덕적으로 분류할 수는 있을지 모른다. 어쩌면 로봇도 그와 같은 분류를 할 수 있을지도 모른다. 이론적으로 지각적 특성과 맥락을 의도적으로 분석하고 맹목적인 학습을 통해 그와 같은 목적을 달성할 수도 있다. 그러나 자연적인 학습은 보상과 그에 수반하는 느낌 없이는 생각하기 어렵다.

이와 같이 느낌 없이는 정상적인 삶을 생각하기도 어렵다면 왜 우리는 종종 감정의 세계를 간과해 버리거나 별것 아닌 당연한 것으로 취급하는 것일까? 아마도 그 이유는 정상적인 느낌이 항상 어느 곳에나 있으며 우리의 주의를 거의 요구하지 않기 때문일 것이다. 다행스럽게도 좋은 쪽으로든 나쁜 쪽으로든 특별히 큰 동요를 일으키지 않는 상황이 우리 삶의 대부분을 차지한다. 느낌을 흔히 간과하는 또 다른 이유는 실제로 우리 삶에 파괴적인 부정적 정서나 사이렌의 노래와 같이 나쁜 쪽으로 이끄는 유혹적인 정서와 같은 것들 때문에 감정이 나쁜 평판을 얻었기 때문이다. 전통적으로 감정과 이성을 비교할 때면 정서와 느낌은 대체로 부정적이며 사실과 이성을 훼손할 수 있는 것으로 간주되었다. 그러나 사실 정서와 느낌은 다양한 범위에 걸쳐져 있으며 파괴적 영향을 주는 정서나 느낌은 일부일 뿐이다. 대부분의 정서와 느낌은 지적·창조적 활동에 힘을 부여하는 데 필수적인 역할을 한다.

느낌을 생명 작용의 필수 불가결한 지지물로 보기보다는 불필요하거나 심지어 위험한 현상으로 바라보기 쉽다. 그 원인이 무엇이든 간에 감정을 무시하고 간과하는 것은 인간 본성을 빈약하게 묘사하는 것이다. 감정의 영향을 고려하지 않고서는 인간의 문화적 마음을 만족스럽게 설명할 수 없다.

느낌이란 무엇인가

느낌은 정신의 경험으로, 그 정의 자체로서 의식적이다. 만일 느낌을 의식할 수 없다면 우리는 느낌이라는 것이 존재하는지 직접 알 수 없을 것이다. 그러나 느낌은 몇 가지 측면에서 다른 정신적 경험들과 다르다. 첫째, 느낌의 **내용**은 언제나 그 느낌이 속한 존재의 신체를 나타낸다. 둘째, 이와 같은 특별한 조건의 자연스러운 결과로써, 내부 세계의 묘사(즉 느낌의 경험)에는 정서가라고 하는 특별한 특성이 깃들어 있다. 정서가는 매 순간 생명의 상태를 직접적인 정신적 기호로 번역한다. 생명의 상태는 반드시 좋거나 나쁘거나 그 중간 어디쯤으로 묘사된다. 우리가 생명의 연속에 이로운 조건을 경험할 때, 우리는 그것을 즐겁다거나 기쁘다거나 쾌감을 느낀다거나 하는 긍정적 용어로 묘사한다. 조건이 이롭지 않을 때 우리는 그 경험을 부정적 용어로 묘사하고 불쾌하다고 말한다. 정서가는 느낌의 결정적 요소이고 좀 더 확장해서 말하자면 감정을 나타내는 결정적 요소이다.

이와 같은 느낌에 대한 개념은 기본적인 느낌을 다양한 과정들로, 그리고 동일한 느낌을 여러 차례 경험한 결과에 적용한다. 동일한 종류의 느낌을 촉발하는 상황과 그에 따른 느낌을 반복해서 경험할 경우 우리는 그 느낌의 작용 과정을 내면화하게 되고 그에 따라 어느 정도 '신체적' 반향이 감소한다. 우리는 그 경험을 우리 자신의 내면의 서사(그것이 우리의 언어로 표현된 것이든, 비언어적인 것이든)에 포함시키고 그 경험을 둘러싼 개념들을 형성하며 격정적 반응을 다소 누그러뜨려서 우리 자신이나 다른 사람들에게 내놓을 만한 상태로 순화한다. 느낌을 주지화(intellectualization, 감정으로부터 자신을 분리시키고, 이성적이고 지적인 분석을 통하여 문제에 대처하고자 하는 방어기제를 가리키는 심리학 용어-옮긴이)하는 경우 나타나는 결과 중 하나는 느낌 과정에 드는 시간과 에너지를 아낄 수 있다는 것이다. 이 절차의 생리학적 대응물도 존재한다. 절차가 일부 신체 구조를 우회해서 진행된다는 의미이다. 내가 제안한 '가정적 신체 고리as-if body loop' 개념이 이와 같은 결과를 달성하는 한 가지 방법이다.[1]

느낌을 일으킬 수 있는 상황은, 그것이 실제 상황이든 기억으로부터 소환된 상황이든 무궁무진하다. 반면 기본적인 느낌의 **내용물**은 지극히 제한적이다. 오직 한 종류의 대상, 바로 **느낌이 속한 존재의 살아 있는 몸**, 즉 몸의 각 부분들과 그 부분의 현재 상태이다. 그러나 이 개념을 조금 더 깊이 들어가서 느낌이 나타내는 몸의 요소 중 특히 한 부분이 지배적인 비중을 차지하고 있다는 점에 주목하자. 그 부분은 바로 오래된 내부 세계로 복부·흉부·피부 깊숙이에 자리 잡은 내장 기관들과 그곳에서 진행되는 화학적 작용들이다. 우리의 의식적 마음을 지배하는 느낌에 대한 내용은 대개 내장 기관에서 진행되는 활동이다. 예를 들면 여기에는 기관氣管·기관지·위장관과 같은 관상 기관, 피부와 내장 체강에 분포하는 무수히 많은 혈관을 형성하는 평활근의 수축이나 이완 같은 것들이 있다. 그만큼 중요한 또 다른 예는 점막의 상태이다. 목 안의 점막이 말랐는지, 축축한지, 아니면 그냥 아픈지, 또는 너무 많이 먹거나 굶어서 배가 고플 때 식도나 위의 상태가 어떤지 떠올려 보라. 느낌의 대표적인 내용은 위에서 열거한 내장 기관들이 부드럽고 거침없이 작동하는지, 아니면 작동하더라도 힘겨운 상태인지, 탈이 났는지 등이 주를 이룬다. 상황을 더욱 복잡하게 만드는 것은 이 모든 다양한 장기의 상태가 혈액을 따라 온몸을 순환하거나 내장 기관에 분포한 신경 말단에서 나오는 다양한 화학물질이 활동한 결과물이라는 것이다. 코티솔·세로토닌·도파민·내인성 아편물질·옥시토신 등이 이런 화학물질의 예이다. 이런 신비한 물질 중 일부는 그 능력이 매우 강력해서 즉각적인 효과를 발휘한다. 마지막으로 수의근(앞서 설명했듯 신체 골격, 즉 덜 오래된 내부 세계에 속하는)의 수축과 이완 상태도 느낌의 내용에 기여한다. 얼굴 근육을 활성화한 패턴이 그 예이다. 이것은 특정 정서 상태와 매우 밀접하게 연결되어 있어서 얼굴 근육이 특정 상태를 취할 때 기쁨이나 놀라움과 같은 특정 느낌을 신속하게 불러일으킨다. 우리가 그와 같은 상태를 경험할 때 얼굴이 어떤 상태인지 굳이 거울을 보지 않아도 짐작할 수 있다.

요약하자면 느낌은 우리 몸 안의 생명 상태에 대한 특정 측면을 경험하는 것이다. 그 경험은 단순한 장식이 아니다. 느낌은 놀라운 업적을 성취한다. 우리 몸 내부의 생명 상태를 시시각각 보고하는 것이 그 업적이다. 보고라는 개념을 우리 몸의 각 부분을 기록해서 올리고 중앙에서 한꺼번에 쫙 펴놓고 읽어 볼 수 있는 온라인 파일의 페이지와 같은 것으로 생각하면 편리하겠지만, 이런 간편하고 무심하고 생명이 없는 디지털 파일이라는 비유는 느낌을 묘사하는 데 적절하지 않다. 우리가 앞서 언급한 정서가 때문이다.

느낌은 생명 상태에 관한 중요한 정보를 제공한다. 그러나 느낌은 단순히 엄격한, 컴퓨터화될 수 있는 종류의 '정보'가 아니다. 기본적인 느낌들은 추상화되지 않는다. 느낌은 생명 작용을 구성하는 다차원적 표상에 기초한 생명의 경험이다. 앞에서 나는 느낌이 주지화intellectualize될 수 있다고 말했다. 우리는 느낌을 애초의 생리적 상태를 묘사하는 개념과 언어로 번역할 수 있다. 특정 느낌을 반드시 경험하지 않고서도, 또는 매우 미약하게 경험하고서도 그 느낌에 관해 **언급할** 수 있고 실제로 우리는 그렇게 한다.[2]

우리가 어떤 대상이 무엇인지 설명할 때 그것이 무엇이 아닌지를 설명하는 것이 개념을 명확히 하는 데 도움을 줄 수 있다. 기본적 느낌이 무엇이 **아닌지를** 명확히 하기 위해서 다음과 같은 가상적 예를 들어 보겠다. 내가 지금 해변으로 내려가기로 했다고 하자. 해변의 모래사장에 발을 딛기 위해서 나는 100층 정도의 계단을 내려가야 한다. 이때 내가 나의 팔다리, 눈과 머리, 목 등으로 실행할 운동 계획은 느낌이 아니다. 이 모든 것들은 뇌의 명령에 따라 나의 몸이 실행하는 것이고 그 실행 결과 또한 뇌에 보고된다. 그런데 정확한 의미의 느낌은 오직 사건의 특정 측면, 즉 내가 계단을 내려갈 때의 활기와 편안함, 그 활동에 대한 열망, 모래에 발을 딛고 바다를 마주할 때의 기쁨 등이다. 내가 나중에 되돌아올 때의 피로감도 역시 느낌에 해당된다. 느낌은 일차적으로 **우리 몸의 오래된 내부 세계에서 생명 상태의 질**quality을 가리킨다. 휴식 상태이든, 목적을 가진 활동을 할 때이든, 머릿속에 떠오른 생각에 대한 반응이든 그리고 그 생각이 외부 세계의 지각에 의해서 촉발된 것이든, 우리 기억에 저장된 과거 사건의 회상에 의해 촉발된 것이든 말이다.

정서가

정서가는 경험에 내재된 **속성**으로 우리는 그것을 쾌 또는 불쾌 또는 그 중간 어느 지점으로 받아들인다. 느낌이 아닌 표상의 경우 '감지하다'나 '지각하다' 등의 표현으로 지칭할 수 있다. 그런데 느낌의 표상은 **느껴지는** 것이고 그에 따라 **감정**이 일어난다. 이런 특성이 바로 느낌이라는 경험을 독특하고 특별하게 만든다. 물론 느낌의 내용이 뇌가 속해 있는 몸이라는 점도 느낌의 또 다른 독특한 특성이다.

정서가의 깊고 먼 기원은 신경계와 마음이 생겨나기 전의 초기 생명체로 거슬러 올라간다. 그러나 진행 중인 생명 상태에서도 정서가의 직접적인 기원을 찾을 수 있다. '쾌'와 '불쾌'의 상태는 원리적으로 근본적인 '전역적' 신체 상태가 생명의 연속과 생존에 이로운지 이롭지 않은지 그리고 특정 시점에 그 생명 상태가 얼마나 강한지 약한지에 해당된다. 불쾌한 느낌은 생명 조절 상태에서 뭔가 잘못되어 있음을 의미한다. 편안한 느낌은 항상성이 적절한 범위 안에 있음을 의미한다. 대부분의 상황에서 경험의 질감과 몸의 생리적 상태 사이의 관계에는 변칙적인 경우가 거의 없다. 심지어 우울증이나 조증 상태도 이 법칙에서 완전히 벗어나지 않는다. 왜냐하면 기본적인 항상성은 어느 정도 부정적이거나 긍정적인 영향 안에 놓여 있기 때문이다. 그러나 적어도 부분적으로 자신의 몸에 상해를 입히면서 쾌감을 얻는 마조히즘(masochism, 타인으로부터 육체적 또는 정신적으로 학대를 받고 고통을 받음으로써 성적 만족을 느끼는 병적인 심리 상태-옮긴이)과 같은 병적 상태는 예외가 될 수 있다.

느낌의 경험은 생명 상태를 그 전망에 비추어 평가하는 자연적 과정이다. **정서가는 현재 몸 상태의 효율성을 '판단'하고 느낌은 그 판단 결과를 몸의 주인에게 전한다**. 느낌은 표준 범위 안에서 움직이거나 때로는 그 범위를 벗어나는 생명 상태의 격동을 표현한다. 표준 범위 안에 있다고 하더라도 어떤 상태는 다른 상태보다 더 효율적이다. 그리고 느낌은 그 효율적인 정도를 표현한다. 생명이 항상성의 중심 범위 안에 있는 것은 필수적이다. 생명이 더 좋은 상태로 상향 조절되는 것은 바람직한 일이다. 생명 상태가 전반적인 항상성 범위 밖으로 나가는 것은 유해하고 어떤 경우에는 치명적이다. 전신 감염에 의해 신체 대사가 저하되거나 지나치게 활동적인 조증 상태에서 대사가 항진되는 경우가 그 예이다.

우리 모두가 끊임없이 느낌을 경험하는데도 불구하고, 느낌의 본질을 만족스럽게 설명하기 어렵다는 점은 아주 놀라운 일이다. 내용의 문제는 퍼즐의 비교적 단순하고 접근 가능한 측면에 속한다. 우리는 느낌을 구성하는 사건이 무엇인지, 사건이 일어나는 순간이 어떻게 되는지 동의할 수 있다. 심지어 사건이 우리 몸의 각 부분에 어떻게, 어떤 순서로 반응을 일으키는지도 동의할 수 있다. 예를 들어 지진으로 땅이 크게 흔들린다면 우리 심장은 보통 때보다 더 빠르게 그리고 채 주의를 기울이기도 전에 매우 크게 뛰게 될 것이다. 사건이 일어나고 얼마 후, 또는 사건과 동시에, 심지어 그 직전이나 직후에 입이 마르고 목이 죄어 오는 것을 느낄 수 있다. 핀란드 리타 하리Riitta Hari의 연구소에서 수행한 연구에 따르면 우리 중 일부는 시인과 같은 놀라운 직관을 갖고 있는 것으로 밝혀졌다. 사람들 중 상당수는 일반적인 항상성이나 정서적 상황과 관련된 경험을 느낄 때 신체의 특정 부분에 특정 반응이 나타나는 것을 일관적으로 인식하는 것으로 드러났다.[3] 느낌의 무대에 가장 자주 등장하는 신체 부위는 머리, 가슴, 배이다. 이들 신체 영역은 느낌이 생성되는 무대이다. 워즈워스William Wordsworth는 이 연구 결과에 기쁨을 표했을 것이다. 그는 "혈액을 따라 흐르는, 심장과 함께 느껴지는 달콤한 감각"이라고 노래했다. 이런 감각은 "더욱 순수한 마음"으로 흘러들어 우리를 "고요하게 회복시킨다"고 했다.[4]

흥미롭게도 비슷한 상황이 불러일으키는 느낌은 문화에 따라 조금씩 차이가 난다. 시험을 앞둔 학생의 불안감을 독일에서는 배 속에서 나비가 펄럭이는 것 같다고 말하고 중국 학생들은 머리가 아프다고 말한다.[5]

느낌의 종류

이 장의 서두에서 느낌을 생성하는 주된 심리적 조건을 언급했다. 첫 번째 조건은 자연 발생적 느낌을 생성하고 다른 두 조건은 자극에 의해 촉발되는 느낌을 생성한다.

자연 발생적 느낌은 항상성 느낌이다. 우리 몸의 생명 작용이라는 배경에 깔린 흐름으로부터 생성되는, 역동적인 기저 상태의 느낌으로 우리의 정신적 삶의 자연스러운 배경막을 형성한다. 이 느낌의 종류는 제한되어 있다. 왜냐하면 이 느낌들은 생물의 지속적인 생명의 허밍, 즉 생명 관리 작용의 반복적 일과와 결부되어 있기 때문이다. 자연 발생적 느낌은 우리의 전반적인 생명 관리 상태를 좋거나 나쁘거나 그 중간으로 규정한다. 이 느낌은 마음에 현재 진행 중인 항상성 상태를 알려 준다. 그렇기 때문에 나는 이 느낌을 항상성 느낌이라고 부르고자 한다. 항상성에 '신경 쓰는mind' 것이 바로 이 느낌의 임무이다. 항상성 느낌을 느끼는 것은 끊임없이 들려오는 생명의 배경음악에 귀를 기울이는 것이다. 이 생명의 음악은 매 순간 그 음량은 말할 것도 없고 속도와 리듬과 음조가 변한다. 이것은 지극히 단순하고 자연스러운 느낌이다.

그런데 우리의 뇌는 실제이든 기억에서 끄집어낸 것이든 외부 세계에 대하여 열려 있는 관문, 또는 우리의 몸과 외부 세계 사이의 중계자이다. 우리의 몸이 특정 순서의 행동을 수행하라는 뇌의 명령에 반응할 때(예를 들어 호흡이나 심박을 빠르게 하거나, 이런저런 근육들을 수축하거나, 특정 분자를 분비할 때) 우리의 몸은 물리적 **구성**의 다양한 측면을 변화시킨다. 그에 따라 뇌가 변경된 신체의 기하학적 특징의 표상을 구성하고, 그에 따라 우리는 변화를 감지하고 그 이미지를 생성하게 된다. 이것이 바로 [자극에 의해] 촉발된 느낌의 원천이다. 이 느낌은 항상성 느낌과 달리 **감각 자극**이나 전통적 의미의 **충동·동기·정서** 등에 의해 촉발된 다양한 '정서적' 반응에 의해 나타난다.

감각적 자극(색·질감·모양·소리 등)의 특성에 의해 촉발된 정서적 반응은 대부분의 경우 몸 상태에 조용한 동요를 일으키는 경향이 있다. 이것이 바로 철학적 의미의 감각질(어떤 것을 지각하면서 느끼게 되는 기분이나 떠오르는 이미지 따위로서, 말로 표현하기 어려운 특질을 가리킨다. 일인칭 시점이기에 주관적인 특징이 있으며 객관적인 관찰이 어렵다-옮긴이)이다. 한편 충동·동기·정서에 의해 촉발되는 정서적 반응은 많은 경우 우리 몸의 기능에 커다란 동요를 일으키고 상당한 정도의 정신적 격동을 야기할 수 있다.

정서적 반응 작용

정서 작용의 상당 부분은 우리가 관찰할 수 없는 숨겨진 과정이다. 이 숨겨진 부분의 결과로 항상성 상태에 변화가 일어나고 진행되는 자연 발생적 느낌에도 변화가 일어날 수 있다.

우리가 즐거운 음악을 들을 때 생겨나는 즐거운 느낌은 우리 몸 상태에 일어나는 빠른 변화의 결과물이다. 그것이 정서적 변화이다. 이 변화는 배경에 있는 항상성을 변화시키는 일련의 행동들의 집합으로 일어난다. 정서적 반응에 속하는 행동에는 중추신경계의 특정 부위에서 특정 화학 분자를 분비하고 신경 경로를 통해 다양한 신경계와 몸의 각 부분으로 전달하는 일이 포함된다. 몸의 특정 부위(예를 들어 내분비샘)가 반응에 참여해서 신체 기능을 변화시킬 수 있는 분자들을 생성한다. 이 모든 분주한 움직임의 결과로 우리 내장 기관의 기하학적 상태에 일련의 변화들이 일어난다. 혈관과 관상의 소화기나 호흡기의 직경, 근육의 이완 정도, 호흡기와 순환기의 리듬 등에 변화가 일어난다. 그 결과 기쁜 느낌의 경우 내장 기관이 조화롭게 작동한다. 각 기관들이 거리낌이나 어려움 없이 기능을 수행하고 이와 같은 몸의 조화로운 상태는 오래된 내부 세계의 이미지를 만드는 신경계에 전달된다. 에너지의 요구와 생산이 조화를 이루도록 대사가 조절된다. 신경계 자체도 더욱 쉽고 왕성하게 이미지를 생산해서 우리의 상상력은 더욱 원활해진다. 긍정적 이미지가 부정적 이미지보다 선호된다. 정신적 경계의 벽이 낮아진다. 심지어 우리의 면역반응 역시 더욱 강력해질 수 있다. 이와 같은 활동의 조화로 우리의 마음속에 기쁨이라고 묘사되는 쾌감의 느낌 상태가 조성된다. 스트레스는 최소이며 상당한 정도로 이완된 상태이다.[6] 부정적 정서들 역시 뚜렷한 고유의 생리적 상태와 결부되어 있다. 그것은 건강과 미래의 안녕, 행복의 관점에서 문제가 될 만한 상태이다.[7]

정서적 반응에 의해 새롭게 촉발된 느낌들은 생리학적으로 볼 때 이미 자연스러운 흐름 속에서 달리고 있는 자연 발생적인 항상성 반응의 등에 올라타는 셈이다. 정서적 반응 이면에서 진행되는 과정은 비교적 즉각적이고 투명한 자연 발생적 느낌이 일어나는 과정과는 거리가 멀다.

정서적 반응으로 촉발되는 느낌은 우리 마음속에서 어느 정도 두드러지게 나타난다. 마음은 다양한 종류의 분석·상상·서술·결정 등을 수행하고, 그 순간 특히 의미 있는 어떤 대상에 주의를 집중하기도 한다. 모든 것이 똑같이 주의를 끌지는 않는다. 그리고 이 사실은 느낌의 경우에도 적용된다.

정서적 반응은 어디에서 비롯할까

이 질문에 대한 답은 명확하다. 정서적 반응은 다양한 반응 요소들을 지시하는 임무를 가진 특정 뇌 시스템, 어떤 경우에는 특정 뇌 부위에서 비롯한다. 공포이든 분노이든 기쁨이든 특정 정서에 대한 반응으로 화학 분자들을 분비하고, 내장 기관에 변화를 일으키고, 얼굴, 팔다리, 온 근육의 움직임을 명령한다.

핵심적인 뇌 영역들이 어디에 위치하는지는 알려져 있다. 대부분의 영역은 시상하부, 뇌간(특히 수도관 주위 회색질periaqueductal gray이라는 영역이 두드러진다), 전뇌 기저부(편도핵amygdala nuclei과 측좌핵nucleus accumbens이 대표적이다)에 있는 뉴런들의 덩어리(핵)로 이루어진다. 이 모든 영역들은 특정 정신적 내용물을 처리할 때 활성화될 수 있다. 특정 영역에 특정 내용이 '들어맞으면' 해당 영역이 활성화된다. 뇌 영역에 특정 자극이 짝을 이루면, 즉 뇌의 영역이 특정 구조를 '인식'하면, 정서가 촉발되기 시작한다.[8]

이 영역 중 일부는 매우 직접적으로 작업을 수행한다. 다른 영역들은 대뇌피질을 거쳐서 임무를 수행한다. 직접적이든 간접적이든 이 작은 핵들은 화학 분자를 분비하거나 신경 경로를 활성화시켜서 특정 운동을 개시하거나 특정 뇌 영역에 특정 신경 조절 물질을 분비하는 식으로 몸 전체에 영향을 미친다.

이와 같은 뇌의 피질 하부 영역들은 척추동물과 비척추동물에 모두 존재하지만 특히 포유동물의 경우에 두드러진 역할을 한다. 이 영역들은 온갖 종류의 감각·사물·상황, 그리고 충동·동기·정서에 반응할 수 있는 수단을 제공한다. 이 영역들을 '감정의 계기판'에 비유할 수 있다. 그렇다고 해서 버튼을 누르면 항상 고정된 행동이 나오는 기계 장치와 같다고 착각해서는 안 된다. 이 영역의 핵들은 특정 행동들이 나타날 확률을 높이는 방식으로 작동하고 그 행동들이 무리를 이루어 함께 나타나는 경향이 있다. 그러나 그 결과는 고정되어 있지 않다. 항상 사소한 변화와 변이가 존재하고 오직 핵심적인 부분의 패턴만이 지속될 뿐이다. 진화는 이 장치를 긴 시간에 걸쳐 점진적으로 만들어 냈다. 사회적 행동과 관련된 항상성의 대부분의 측면은 이 피질 하부 구조들에 의존한다.

정서적 반응은 자동적이고 무의식적으로 촉발되며 우리의 의지가 개입되지 않는다. 우리는 종종 정서가 그것을 촉발하는 상황이 전개됨에 따라 일어나는 것이 아니라 상황을 처리하는 과정에서, 즉 정서적 사건의 의식적인 정신적 경험을 통해 느낌이 생성된다는 것을 발견한다. 느낌이 시작된 후에 우리는 왜 우리가 그렇게 느끼는지 깨달을 수 있다.

이 특정 뇌의 영역을 피해 갈 수 있는 것은 거의 없다. 플루트의 맑은 소리, 노을의 주황색 색조, 모직물의 감촉과 같은 것들은 긍정적인 정서 반응과 그에 따른 쾌감을 만들어 낸다. 어린 시절

뛰놀았던 별장의 사진, 그리운 친구의 목소리 같은 것도 마찬가지이다. 여러분이 특별히 좋아하는 음식의 모습이나 냄새는 배가 고프지 않을 때라도 식욕을 자극한다. 유혹적인 사진은 육체적인 욕구를 불러일으킨다. 울고 있는 어린아이를 보면 우리는 다가가서 그 아이를 안아 주고 보호해 주고 싶어진다. 어린아이처럼 애처로운 눈빛을 띠는 강아지를 볼 때도 뇌에 깊이 각인된 동일한 생물학적 충동이 발동된다. 그러니까 무수히 많은 자극들이 기쁨, 슬픔, 걱정을 불러일으키고 어떤 이야기나 장면은 동정이나 공감, 경외감 따위를 불러일으킨다. 따뜻하고 풍부한 첼로의 음색을 들을 때면 멜로디와 관계없이 어떤 정서가 촉발된다. 높고 거친 소리를 들을 때도 마찬가지이다. 단, 전자는 기분 좋은 정서이고 후자는 불쾌한 정서이다. 마찬가지로 우리가 특정 색조의 특정 색깔을 볼 때, 특정 모양, 양감volume, 질감을 마주할 때, 특정 물질을 맛보거나 냄새 맡을 때에도 정서가 촉발된다. 특정 자극이 개인의 역사에서 어떻게 자리매김했느냐에 따라서 어떤 감각 이미지는 약한 반응을 불러일으키고 어떤 것은 강한 반응을 불러일으킨다. 약하든 강하든 정상적인 상황에서 수많은 마음의 내용이 어느 정도 정서적 반응을 일으키고 그에 따라 느낌을 불러일으킨다. 무수히 많은 이미지 요소들이나 전체 이야기에 대해 정서적 반응이 촉발되는 것은 우리의 정신적 삶에서 핵심적이고 일관된 측면 중 하나이다.[9]

정서적 자극이 실제로 지각된 것이 아니라 기억에서 회상된 것이라고 해도 이 자극은 여전히 정서를, 그것도 상당히 풍부한 정서를 낳을 수 있다. 이미지가 존재하는지 여부가 핵심이고 정서를 생성하는 메커니즘은 동일하다. 회상된 자극이 정서 프로그램을 개시하고 그것은 우리가 인지할 수 있는 느낌을 생성한다. 이 모든 절차를 촉발하는 자극은 여전히 이미지로 이루어져 있다. 다만 이 경우 이미지가 생생한 지각으로부터 구성된 것이 아니라 기억으로부터 회상된 것일 뿐이다. 그 원천이 무엇이 되었든, 존재하는 이미지는 정서 반응을 촉발하는 데 사용된다. 그리고 정서적 반응은 우리 몸의 배경 상태, 즉 현재 진행 중인 항상성 상태를 변화시킨다. 그 변화의 결과가 정서적 느낌이다.

정서의 전형들

정서적 반응은 일반적으로 어떤 우세한 패턴을 따른다. 그러나 그 패턴이 고정되어 있거나 전형적이지는 않다. 정서적 반응 중에 일어나는 일차적인 내부 장기의 변화 또는 분비되는 특정 분자의 정확한 양은 매 순간 다르다. 전반적인 패턴은 인식할 수 있지만 모든 정서적 반응이 찍어 낸 듯 똑같은 복제물은 아니다. 마찬가지로 정서적 반응이 반드시 하나의 특정 뇌 영역에서 일어나는 것도 아니다. 특정 지각의 구성에서 뇌의 특정 영역들이 다른 영역들보다 관여할 가능성이 더 높은 것은 사실이다. 예를 들어, 기쁨이라는 느낌의 정서적 반응을 일으키는 '뇌 모듈'이 있고 혐오를 일으키는 '뇌 모듈'이 있다는 생각은, 각각의 정서에 대한 버튼이 있어서 누르기만 하면 특정 정서가 실행되는 정서 제어판이 존재한다는 생각만큼이나 옳지 않다. 그렇다고 해서 기쁨과 혐오가 모든 실행 사례에서 서로의 복제품이라는 생각도 역시 옳지 않다. 기쁨이라는 감정의 본질과 그것의 출현 근간에 있는 기구들은 매 순간 상당히 비슷해서, 어떤 경험을 하든 그 현상을 인식할 수 있고 뇌의 어떤 시스템이 관여하는지 추적할 수 있지만 완전히 고정되어 있지는 않다. 그리고 이와 같은 구조는 자연선택이라는 절묘한 원리에 의해 우리의 유전자와 태내 환경 및 유아기 환경의 영향을 받아서 형성된다.

그러나 정서가 일어나는 과정이 고정되어 있다고 말하는 것은 과장이다. 인간의 발달 과정에서 온갖 종류의 환경적 요소들이 정서가 일어나는 기구를 변경시킬 수 있다. 우리 감정의 기구는 어느 정도까지는 학습으로 형성될 수 있다. 우리가 문명화civilization라고 부르는 과정은 그와 같은 감정 기구를 적절한 가정, 학교, 문화의 환경 속에서 교육시킨 결과물이라고 할 수 있다. 우리가 삶 속에서 매일의 충격과 충격에 대한 반응에 얼마나 조화로운 방식으로 반응하는지를 가리키는 **기질**temperament은 흥미롭게도 장기간에 걸친 교육의 상호작용의 결과물이라고 할 수 있다. 기본적인 정서적 반응성은 유전적 성향, 출생 전후의 다양한 발달 요인처럼 발달 과정에서 부여된 우연의 산물이다. 그러나 한 가지 점은 확실하다. 감정의 기구는 정서적 반응을 이끌어 낸다. 그렇기 때문에 우리가 흔히 아무 의도 없이 생각할 수 있는 행동, 우리 마음에서 가장 지적이고 신중한 부분의 통제를 받을 것이라고 생각하는 행동들에도 영향을 줄 수 있다. 우리가 순수하게 이성적일 것이라고 생각하는 의사 결정에 충동·동기·정서가 뭔가를 보태거나 뺄 수 있다는 의미이다.

충동·동기·일반적 정서에 내재된 사회성

충동·동기·정서의 기구는 정서 반응을 보이는 사람 또는 동물의 안녕과 행복에 관련되어 있다. 그러나 한편으로 대부분의 충동·동기·정서는 본질적으로 사회적이다. 충동·동기·정서가 미치는 행동 영역은 규모가 작든 크든 개인이나 개체 수준을 넘어선다. 욕망과 정욕, 돌봄과 양육, 애착과 사랑은 모두 사회적 배경에서 작용한다. 기쁨과 슬픔, 두려움과 공포, 분노, 또는 동정, 동경, 경외, 질투, 부러움, 경멸 등의 감정도 마찬가지이다. **호모 사피엔스**의 지능을 근본적으로 뒷받침하고 문화의 출현에 결정적인 역할을 한 강력한 사회성은 좀 더 단순한 생물의 좀 더 단순한 신경 작용에서 발전해 온 충동·동기·정서 기구에서 비롯되었을 가능성이 높다. 그 원천을 더욱더 거슬러 올라가 본다면 심지어 단세포생물에서도 존재했던 일련의 화학 분자에까지 도달 수 있다. 여기에서 핵심은 문화적 반응을 만들어 내는 데 필수 불가결한 행동 전략의 집합체인 사회성은 항상성의 도구 중 하나였다는 것이다. **사회성은 감정의 손에 의해 인간의 문화적 마음으로 들어왔다.**[10]

포유류 동물을 대상으로 충동과 동기의 행동적·신경적 측면을 특히 심도 있게 연구한 사람은 야크 판크세프Jaak Panksepp와 켄트 베리지Kent Berridge이다. 판크세프는 '추구하기seeking'라는 용어로 표현했고, 베리지는 '원함wanting'이라고 불렀던 기대anticipation와 갈망desire이 대표적인 사례이다. 성적 사랑과 로맨틱한 사랑에서 모두 나타나는 욕망lust도 마찬가지이다. 자식에 대한 돌봄과 양육 그리고 돌봄과 양육을 받는 자식이 부모에게 보이는 애착과 사랑의 유대bond 역시 매우 강력한 충동으로, 이 유대가 훼손될 때 부모나 자식은 공포와 슬픔을 느낀다. 포유류와 조류에서 나타나는 유희 감정은 인간의 삶에서 중심적인 요소이다. 유희는 어린이, 청소년, 성인의 창조적 상상력에 결부되어 있고 문화가 창조되는 데 결정적인 역할을 한다.[11]

결론적으로 우리 마음속에 들어오는 대부분의 이미지는 강하든 약하든 정서적 반응을 일으킨다. 이미지의 출처는 중요하지 않다. 미각이든 후각이든 시각이든 어떤 종류의 감각적 절차도 정서 반응을 촉발할 수 있다. 또한 이미지가 지각을 통해 갓 생성된 것이든 기억의 저장고에서 불려 나온 것이든, 살아 있는 대상의 이미지이든, 생명이 없는 대상의 이미지이든, 아니면 색깔·모양·소리와 같은 대상의 속성이든, 아니면 위에서 언급한 온갖 종류의 이미지의 기능, 추상적 특성, 그것에 대한 판단이든 모두 정서적 반응을 낳을 수 있다.

우리 마음속에 흘러들어 오는 많은 이미지들을 처리한 다음 정서적 반응과 그에 따른 느낌이 생기리라고 예상할 수 있다. 이처럼 이미지에 의해 촉발된 정서적 느낌은 생명의 배경음악에 귀를 기울이는 것과는 다르다. 정서적 느낌은 이따금씩 들려오는 노래, 때로는 격정적인 아리아를 듣는 것과 같다. 여전히 같은 장소(우리의 몸), 같은 배경(생명)에서 연주되는 같은 앙상블이지만, 마음은 대체로 우리의 몸의 세계가 아닌 주로 현재 진행 중인 우리의 생각에 맞추어져 있다. 우리는 이 생각들에 반응하고 그 반응을 느끼는 것이다. 매 순간 음악의 연주는 달라진다. 왜냐하면 정서적 반응의 실행과 각각의 느낌의 경험 역시 매 순간 다르기 때문이다. 이것은 마치 유명한 악곡을 서로 다른 연주자들이 연주하는 것과 비슷한 정도의 차이이다. 그러나 연주되는 곡은 분명히 같은 곡이다. 인간의 정서들은 표준적인 레퍼토리 안에서 식별할 수 있는 곡들이다.

인간의 영광과 비극은 대개 감정에 의존한다. 비록 이 감정은 보잘것없고 인간이 아닌 계보에서 비롯한 것이지만 말이다.

중첩된 느낌들

이미지에 대한 정서적 반응은 느낌이라는 이미지 자체에도 적용될 수 있다. 예를 들어 고통을 느끼는 상태는 새로운 상황에 대한 반응으로 떠오르는 다양한 생각들에 의해 촉발되는 새로운 층의 작용(이차적 느낌) 덕분에 한층 더 풍부해질 수 있다. 이 새롭게 덧붙여진 층의 느낌 상태는 인간 마음의 독특한 특성일 것이다. 이것이야말로 우리가 고통이라고 표현하는 것을 떠받치고 있는 종류의 작용 과정이다.

우리 뇌와 비슷하게 복잡한 뇌를 갖고 있는 고등동물들 역시 이처럼 중첩된 느낌 상태를 지니고 있을 가능성이 있다. 전통적으로 극단적인 인간 예외주의human exceptionalism는 동물에게 감정이 있다는 사실을 부정해 왔다. 그러나 느낌의 과학은 점차로 그 반대가 진실임을 드러내고 있다. 인간의 마음이 동물의 마음보다 더 복잡하고, 여러 층이 중첩되어 있고, 정교하다는 사실을 부정하는 것이 아니다. 그것은 당연한 이야기이다. 그러나 나는 인간의 독특한 특성은 느낌 상태가 온갖 종류의 생각들, 특히 현재 순간의 해석과 예측된 미래에 관한 생각을 가지고 이루어 내는 연합association의 그물망과 관련되어 있다고 생각한다.

흥미롭게도 중첩된 느낌이라는 개념은 앞에서 언급한 느낌의 주지화를 지지한다. 느낌이 지속되면서 대상·사건·생각이 덧붙여지고, 이는 당면한 상황에 대한 지적 묘사를 풍부하게 빚어낸다.

위대한 시는 중첩된 느낌에 의해 탄생한다. 중첩된 느낌을 가장 두드러지게 탐구한 사례는 위대한 소설가이자 철학자인 마르셀 프루스트Marcel Proust의 작품들이다.

8

느낌의 구성

느낌의 기원과 형성 과정을 이해하고 느낌이 인간의 마음에 어떻게 기여하는지 이해하기 위해서, 느낌을 항상성이라는 전경 안에서 바라볼 필요가 있다. 쾌감과 불쾌감이 각각 양의 항상성 범위와 음의 항상성 범위와 연결되어 있다는 것은 검증된 사실이다. 항상성이 좋은, 또는 최적의 범위에 있을 때 우리는 편안하고 심지어 즐거운 느낌을 경험한다. 한편 사랑과 우정이 빚어낸 행복감은 더욱 효율적인 항상성 조절에 기여함으로써 건강에 이로운 작용을 한다. 부정적인 사례들도 마찬가지이다. 슬픔과 관련된 스트레스는 시상하부와 뇌하수체의 행동을 개시하여 특정 분자를 분비함으로써 항상성 작용을 저하시킨다. 그러면 혈관, 근육 구조와 같은 수많은 신체 부분들이 실제로 손상되는 결과를 낳을 것이다. 흥미롭게도 육체적 질병에 의한 항상성의 부담도 동일한 시상하부-뇌하수체 축을 활성화시켜서 불쾌감을 일으키는 다이놀핀(dynorphin, 뇌에서 분비되는 내인성 오피오이드 계열 호르몬의 일종-옮긴이)을 분비한다.

이와 같은 과정의 순환성은 놀랍다. 마음과 뇌가 몸에 영향을 주고 몸 역시 뇌와 마음에 영향을 준다. 이들은 원래 하나인 실체의 두 측면일 뿐이다.

항상성이 양의 범위에 있는지, 음의 범위에 있는지에 따라 느낌을 처리하는 과정에서 다양한 화학적 신호가 발생하고 그에 따라 내부 장기의 상태가 변화되어 우리 마음의 흐름을 미묘하게, 또는 뚜렷하게 바꾸어 놓을 수 있다. 주의, 학습, 기억, 상상이 교란되고 처리해야 할 업무나 상항에 접근하는 것도 방해를 받을 수 있다. 정서적 느낌, 특히 부정적인 느낌이 일으키는 정신적 동요는 많은 경우에 무시하기 어렵다. 하지만 평화롭고 조화로운 존재에 대한 긍정적인 느낌 역시 많은 경우에 두드러진 존재감을 나타낸다.

생명의 작용과 느낌이 긴밀하게 연결된 구조를 갖게 된 기원을 어디에서 찾을 수 있을까? 공통의 조상의 체내에서 일어나는 항상성 유지 기전, 특히 내분비계·면역계·신경계에서 그 자취를 찾아볼 수 있다. 이 자취는 초기 생명체까지도 거슬러 올라간다. 생물의 내부 세계, 특히 오래된 내부 세계의 상태를 조사하고 반응하는 임무를 맡은 신경계는 항상 그 내부 세계 안에 있는 면역계·내분비계와 긴밀하게 협력해서 일을 수행했다. 이와 같은 구조의 세부 사항을 고려해 보자.

내부 장기에 질병이 생기거나 외부로부터 상처를 입어 신체에 손상이 일어나면 우리는 대개 통증을 경험한다. 전자의 경우 통증 신호는 오래된 무수초unmyelinated C 신경섬유에 의해 전달되는데, 정확한 통증의 위치가 모호한 편이다. 후자의 경우에는 유수초myelinated 신경섬유를 이용해 신호를 보낸다. 진화의 역사에서 좀 더 나중에 나타난 신경은 날카롭고 위치가 분명한 통증을 전달한다.[1] 그러나 통증의 느낌은, 날카로운 것이든 모호한 것이든 우리 몸에서 진행되고 있는 작용의 일부일 뿐이며 진화의 관점에서 볼 때 가장 나중에 덧붙여진 부분일 뿐이다. 그 외에 어떤 일들이 진행될까? 이 작용에서 숨겨진 부분을 구성하는 것들은 무엇일까? 면역과 신경 반응이 손상을 입은 부위의 주변에서 일어난다. 예를 들어 손상 부위 주변의 혈관이 확장되고 백혈구가 몰려온다. 백혈구는 감염과 싸우거나 감염을 예방하고 손상된 조직의 부스러기들을 제거한다. 백혈구는 병원체를 둘러싸서 안으로 끌어들인 후 파괴해 버린다. 또한 백혈구는 특정 분자들을 분비한다. 진화의 역사에서 매우 오래된 분자인 프로엔케팔린proenkephalin은 이와 유사한 분자들의 조상에 해당되는데, 이것이 둘로 분리되어 각각 활성을 띤 분자 역할을 한다. 한 화합물은 항균물질의 역할을 하고, 다른 분자는 진통 효과를 가진 오피오이드 화합물로 손상 부위의 말초신경 말단에 존재하는 특별한 종류의 오피오이드 수용체(감마 δ 수용체)에 작용한다. 손상 부위 주변에서 일어나는 혼란의 신호와 물리적 조직 구성의 변화는 해당 부위의 신경망을 통해 신경계에 전달되고 점차 지도로 그려져서 여러 층으로 이루어진 통증이라는 느낌의 기질에 기여한다. 한편으로 동시에 해당 부위에서 분비되고 흡수되는 오피오이드 분자가 통증을 마비시키고 염증을 감소시킨다. 이 신경과 면역의 협동 작업 덕분에 항상성 기전이 강력하게 작동해서 우리를 감염으로부터 지켜 주고 불편과 고통을 최소화해 준다.[2]

그러나 그것이 전부가 아니다. 상처나 손상은 정서적 반응을 촉발하고 정서적 반응은 그 자체로서 일련의 활동을 포함한다. 몸을 주춤하는 형태로 나타나는 근육의 수축이 그 예이다. 이런 반응과 그에 뒤따르는 우리 몸의 구조적 변화 역시 지도로 나타나고, 신경계에 의해 한 사건의 일부로 '이미지화'된다. 운동 반응에 대한 이미지를 생성하는 것은 우리가 그 상황을 자각하는 데 도움을 준다. 흥미롭게도 그와 같은 운동 반응은 진화의 역사에서 신경계가 나타나기 훨씬 전부터 존재했다. 매우 단순한 생물들도 그들의 몸에 손상을 입으면 움츠러들거나 물러나거나 맞서 싸운다.[3]

간단히 말해서 인간의 몸에서 일어나는 상처에 대한 모든 반응, 즉 항균 또는 진통 효과를 나타내는 화학물질의 분비와 주춤하거나 움츠러드는 행동 따위는 몸의 나머지 부분들과 신경계 사이에서 일어나는 상호작용의 결과물로, 매우 오래되고 체계적으로 구조화된 반응이다. 진화의 역사에서 좀 더 나중에 신경계를 가진 동물들이 비신경계로 이루어진 몸의 부분에서 일어나는 사건들을 지도로 표현하게 되면서 이 복잡한 반응의 요소들을 이미지로 나타낼 수 있게 되었다. 우리가 '통증의 느낌'이라고 부르는 정신적 경험은 이런 다차원적 이미지에 기초하고 있다.[4]

여기에서 중요한 것은 통증을 느끼는 것은 항상성 관점에서 명백하게 유용한, 더 오래된 생물학적 현상의 지지를 받는다는 사실이다. 신경계가 없는 단순한 생명체가 통증을 느낀다는 주장은 불필요하고 아마도 틀렸을 가능성이 높다. 물론 단순한 생물도 통증의 느낌을 구성하는 데 필요한 일부 요소들을 분명히 갖고 있을 것이다. 그러나 정신적 경험으로서 통증이라는 느낌이 나타나기 위해서는 해당 동물이 마음을 갖고 있어야 하고, 마음이 존재하기 위해서는 사물의 구조나 사건을 지도화할 수 있는 신경계가 있어야 한다고 가설을 세우는 것이 합리적이다. 다시 말해서 나는 신경계나 마음이 없는 생물은 정교한 **정서적** 작용, 방어적이고 적응적인 행동 프로그램을 갖고 있을 수 있지만 느낌은 갖고 있지 않을 것이라고 생각한다. 일단 신경계가 출현하면 느낌을 향한 길이 열린다. 그렇기 때문에 보잘것없는 수준의 신경계라고 하더라도 신경계를 가진 동물은 어느 정도의 느낌을 갖고 있을 것이다.[5]

즐거운 느낌이든 불쾌한 느낌이든, 조용하고 침착한 느낌이든 견디기 힘들 정도로 우리를 흔들어 놓는 폭풍 같은 느낌이든, 왜 하필이면 그런 식으로 느낌을 갖게 되는 것인지 사람들은 종종 질문을 던진다. 그에 대한 답은 분명하다. 진화의 역사에서 느낌을 구성하는 생리적 사건들이 나타나서 정신적 경험을 제공하기 시작했을 때 그것이 차이를 만들어 냈기 때문이다. 느낌이 삶을 더 나은 쪽으로 변화시켰다. 느낌은 생명을 연장시키고 목숨을 구했다. 느낌은 항상성의 요구에 부합했으며 그 요구를 마음속에서 **중요한** 것으로 부각시켜서 요구가 충족되도록 도왔다. 예를 들어 어떤 장소를 회피하도록 조건을 형성conditioning해서 생존할 수 있게 하는 식이다.[6] 느낌의 존재는 또 다른 요소들의 진화와 밀접한 관련이 있다. 그것은 바로 의식, 좀 더 구체적으로는 주관성이다.

느낌은 유용한 정보를 제공한다. 그러므로 진화의 과정을 통해 느낌이 선택되었을 것이다. 느낌은 우리의 내부로부터 정신적 작용이 일어나도록 영향을 주고, 본질적으로 긍정적이거나 부정적인 성격을 띠고 있으며, 우리를 건강한 상태나 그 반대 상태에 가까워지도록 유도하고, 우리를 쥐고 흔들어서 상황에 주의를 기울이도록 한다. 느낌을 지각의 지도 또는 이미지로 보는 중립적이고 단조로운 관점은, 느낌의 정서가와 주의를 집중시키는 느낌의 핵심적 특성을 간과한 것이다.

이 느낌에 관한 독특한 설명은 단순히 어떤 사물이나 사건을 신경조직에 지도화한다고 해서 정신적 경험이 일어나는 것은 아니라는 사실을 보여 준다. 신경적 현상과 긴밀하게 엮어서 짜낸 우리 몸의 현상을 지도화할 때 정신적 경험이 일어난다. 정신적 경험은 '즉석 사진'이 아니라 시간을 두고 진행되는, 우리 몸과 뇌에서 일어나는 여러 미소 사건micro event들의 이야기이다.

물론 진화의 가능성은 다른 방식으로 전개될 수도 있었다. 느낌이나 감정이 아예 진화하지 않았을 가능성도 있었다. 하지만 그럴 수 없었다. 느낌의 이면에 있는 근본적 요소들은 이미 존재하고 있던, 생명을 유지하는 핵심적인 요소들과 너무나 깊이 결부되어 있다. 느낌이 탄생하기 위해 추가적으로 필요했던 것은 단지 마음을 생성하는 신경계의 존재였다.

느낌은 어디에서 오는가

느낌과 감정이 어떻게 진화했는지 생각해 보려면, 그 이전의 생명 조절 기전을 헤아려 보면 된다. 단세포생물이든 다세포생물이든 단순한 생물의 경우에도 에너지의 공급원을 획득하고 흡수하며 화학변화를 일으키고, 노폐물, 특히 독성을 가진 물질을 몸 밖으로 배출하고, 몸에서 더는 제 기능을 하지 못하는 구조적 요소들을 분해하고 새것으로 대체하는 등의 기능을 수행하는 정교한 항상성 체계를 가지고 있다. 생물의 몸이 상처 따위로 손상을 입으면 특정 분자를 분비하거나 보호 행동을 취하는 등 다각도의 방어 기전을 실행한다. 다시 말해서 생물은 온갖 위험과 어려움 속에서 자신의 몸을 완전한 상태로 유지할 수 있다.

가장 단순한 생물의 경우 신경계는 물론이고 유전 명령을 내리는 핵조차 갖고 있지 않다. 물론 세포질과 세포막에 나중에 각종 세포 소기관으로 발달할 만한 전구체precursor가 존재하기는 했다. 앞서 언급한 것처럼 약 5억 년 전에 신경계가 나타났을 때 그것은 단순한 뉴런들의 망으로 이루어진 '신경망nerve net'에 지나지 않았다. 그것은 오늘날 인간을 비롯한 척추동물의 뇌간에 있는 망상체와 비슷한 형태였다. 신경망은 대개 각 동물의 가장 중요한 기능, 즉 소화 기능을 수행하는 책임을 맡고 있었다. 히드라라고 하는 사랑스러운 동물에서 신경망은 움직임, 즉 헤엄치기, 다른 대상에 반응하기, 입을 열고 연동운동하기 등의 기능을 조절한다. 히드라는 궁극적으로 물에 떠다니는 소화기관이다. 히드라의 신경망은 아마도 바깥 세계에 관한 것이든 몸 안 세계에 관한 것이든 지도나 이미지 따위를 생성하지 못할 것이다. 따라서 히드라가 마음을 가지고 있을 가능성은 매우 희박하다. 진화 과정에서 이러한 한계를 넘어서기까지 수백만 년이 걸렸다.

신경계가 나타나기 전에도 항상성에 이로운 수많은 발전이 이루어졌다. 첫째, 특정 분자들이 세포 안의 생명 상태가 생존에 유리한지 불리한지를 나타냈는데, 이런 능력은 심지어 박테리아 세포까지 거슬러 올라간다. 둘째, 오늘날 선천면역 또는 자연면역(innate immune, 항원을 따로따로 인식하지 않고 즉각적으로 반응하는 면역 체계-옮긴이)이라고 불리는 면역 체계는 진핵생물(eukaryote, 핵막이 있는 핵과 각종 세포 소기관을 갖춘 진핵세포를 가진 생물로 대부분의 다세포생물이 여기에 포함된다-옮긴이) 초기에 모습을 드러냈다. 아메바를 비롯해서 체강(몸속 구멍)을 가진 모든 동물은 선천성 면역계를 갖고 있다. 그러나 후천면역 또는 적응면역(adaptive immune, 감염이나 예방접종 등을 통해 후천적으로 획득한 면역으로 각각의 항원에 대하여 특이하게 반응한다-옮긴이)은 오직 척추동물만이 갖고 있다. 획득면역계는 백신과 같은 것으로 가르치고, 훈련하고, 활성화할 수 있다.[7] 면역은 순환계, 내분비계, 신경계를 모두 포함하는 동물의 전신 시스템이라는 특별한 위계에 속한다는 점을 기억하라. 면역은 병원체의 공격과 그에 따른 손상으로부터 우리를 보호한다. 면역계는 유기체의 통합성에 기여한 최초의 방어선이며, 정서가에 영향을 미치는 주된 요인이다. 순환계는 에너지를 온몸에 골고루 분배하고 노폐물을 제거하는 것을 도움으로써 항상성의 요구를 충족한다. 내분비계는 몸의 각 부분의 작동을 조절해서 몸 전체의 항상성이 유지되도록 한다. 신경계는 점차로 다른 모든 전신 시스템을 조율하고 한편으로 동물과 주변 환경을 관리하는 역할을 떠맡게 되었다. 후자의 역할은 신경계의 핵심적 발달, 즉 마음의 출현과 관련이 있다. 느낌이 큰 비중을 차지하고 상상력과 창조성이 가능해진 마음이 나타나게 된 것이다.

현재 내가 선호하는 시나리오에 따르면, 처음에는 느낌이나 그 비슷한 것 없이 생명 조절이 이루어졌다. 이때는 마음도 의식도 없었다. 단지 맹목적으로 순간순간 생존에 이로운 선택을 하는 항상성 메커니즘이 존재했을 뿐이다. 지도와 이미지를 만들어 낼 수 있는 신경계가 나타나면서 단순한 마음이 등장할 길이 열렸다. 캄브리아기 대폭발 때 수많은 돌연변이 끝에 신경계를 가진 동물이 나타나서 자신의 주위 세계에 대한 이미지뿐만 아니라 자신의 몸 안에서 쉼 없이 일어나는 생명 조절 작용의 이미지를 생성하기 시작했다. 이것은 정신적 상태의 기초로, 바로 그 순간 동물의 몸 내부에서 생명의 조건에 따른 정서가가 나타난다. 그리고 동물은 그것을 통해 현재 진행 중인 생명 **상태**를 느낀다.

생물의 나머지 신경계가 매우 단순하고 다양한 감각 정보에 관해 매우 단순한 지도만을 생성할 수 있다고 하더라도, 그와 같은 정보를 생물의 '생존에 유리하거나' '생존에 불리한' 상태에 관한 정보와 혼합해서 제공할 경우 생물은 과거에 비해 훨씬 자신에게 이로운 행동 반응을 내놓을 수 있다. 이 새로운 요소, 즉 어떤 장소나 사물이나 다른 생물을 그것이 자신의 생존에 유리한 것인지 불리한 것인지를 알려 주는 표시자qualifier와 함께 지각하는 기능을 갖게 된 생물은 그 장소나 사물이나 생물을 피해야 할지 아니면 접근해야 할지에 관해 자동적으로 안내를 받을 수 있다. 이럴 경우 생물은 보다 나은 방식으로 살아갈 수 있고, 아마도 더 오래 살 가능성이 높아지며, 번식 기회도 더 커질 것이다. 이와 같은 새롭고 유리한 특징을 나타내는 유전자를 가진 생물은 진화의 선택 게임에서 승자가 될 확률이 높다. 그 결과 이런 특징이 널리 퍼져 나갔을 것이다.

우리는 진화 과정에서 느낌이 정확히 언제 출현했는지 알지 못한다. 모든 척추동물은 느낌을 갖고 있다. 그리고 사회적 곤충을 자세히 들여다보면 볼수록 이 곤충들의 신경계 역시 기초적 수준의 느낌과 의식을 가진 단순한 마음을 생성할 수 있을 것이라는 생각이 든다. 최근 연구 결과도 이런 관점을 지지한다.[8] 한 가지는 확실하다. 마음이 출현한 **이후에** 아주 오래전부터 느낌을 생성한 **기반이 되었던** 작용들이 존재해 왔다. 그리고 거기에는 느낌 고유의 가장 중요한 요소, 정서가를 생성하는 데 꼭 필요한 기전이 포함된다.

초기의 생물은 자극을 감지하고 그에 반응하며 느낌의 기반이 되는 작용을 보였지만, 느낌 그 자체, 또는 마음이나 의식은 갖고 있지 않았다. 진화 과정이 이른바 마음·느낌·의식 따위를 생성하기 위해서는 핵심적인 구조적·기능적 부가물이 필요했는데, 그와 관련된 변화는 대체로 신경계 안에서 일어났다.

식물을 포함해서 인간보다 단순한 생물들도 주위 환경으로부터의 자극을 감지하고 반응한다.[9] 단순한 생물들도 자신의 몸의 물리적 안정성을 유지하기 위해 온 힘을 다해 싸운다. 물론 식물은 예외이다. 셀룰로오스 껍데기 안에 갇힌 식물의 경우 대체로 움직임이 제한되어 있기 때문이다. 여러분도 온몸이 꽁꽁 묶여 있다면 누가 한 대 때려도 주먹을 휘두를 수 없을 것이다. 그러나 이 단순한 생물들이 자극을 감지하고, 반응하고, 물리적 위협에 대하여 온 힘을 다해 제 몸을 방어하는 것은 위대하고 다채로운 삶의 이야기의 필수 불가결한 부분이다. 그렇다고 하더라도 물론 우리가 마음·느낌·의식이라고 부르는 정신적 현상과는 비교할 수 없을 것이다.

느낌의 조합

지금까지의 논의는 느낌의 원리와 그 이면에 있는 핵심적인 작용의 일부, 즉 정서가의 기초에 관한 설명을 제공한다. 이제 정서가의 생리학을 보충해 줄 만한 내용으로서, 신경계의 독특한 일부 조건에 관해 지적하고자 한다.

정서가에 기여하는 정보의 상당량이 몸과 신경의 구조적 **연속성**이라는 독특한 배경에서 생성된다는 사실이 분명해졌다. 지금까지 이 개념을 설명하기 위해서 몸과 뇌의 '결합bonding', '협정compact', '융합fusion' 등과 같은 다른 용어를 사용했다. 그러나 '연속성continuity'이라는 단어에는 또 다른 미묘한 의미가 있다.[10] 우리가 느낌을 경험할 때 사실상 느낌의 주요 내용인 우리 몸과 전통적으로 정보의 수신자이자 처리자로 여겨졌던 신경계 사이에는 해부학적으로나 생리학적으로 거의 **거리**가 없다.

객체인 몸과 처리자인 뇌는 그야말로 맞붙어 있으며 우리가 예상하지 못했던 많은 방식으로 연속적으로 이어져 있다. 이런 구조 때문에 양자 사이에는 풍부한 상호작용이 일어나는데 우리는 그것이 어떻게 이루어지는지에 관해 이제 막 이해하기 시작했다. 그 상호작용은 특정 신체 조직에 대한 분자 및 신경 작용과 그에 대한 반응을 포함한다.

느낌은 단순히 신경계에 국한된 작용이 **아니다**. 신경계를 제외한 몸의 나머지 부분들이 중요하게 관여하고 있으며 여기에는 다른 중요한 항상성 관련 시스템, 즉 내분비계나 면역계의 활동도 포함된다. 느낌은 신체와 신경계 모두가 **동시에 상호작용하면서** 만들어 내는 현상이다.

오로지 신경계에서만 일어나는 현상, 순수하게 정신적 영역에서 일어나는 현상은 그것이 긍정적인가 혹은 부정적인가에 상관없이 우리의 행동을 좌우하는 힘을 가지고 있지 않다. 강렬한 느낌이 가진 능력이 없는 것이다. 순수하게 정신적인 영역에서만 일어나는 현상과 순수하게 신경계에서만 일어나는 현상만으로는 복잡한 생물이 삶을 운영해 나가는 데 필요한 요구를 충족할 수 없다.

몸과 신경계의 연속성

전통적으로 신체 내부 환경에서 장기에 관한 화학적 신호는 말초신경계를 이용해서 몸에서 뇌로 이동하는 것으로 알려져 왔다. 한편, 중추신경계의 핵과 대뇌피질들이 나머지 작용, 즉 신호들을 혼합해서 느낌을 제조하는 일을 맡았다고 여겨졌다. 그러나 이런 설명은 신경과학 역사의 초기 관점에 갇힌 시대착오적인 발상에 근거했다. 수십 년 동안 이런 개념들은 수정되지도 않고 불완전한 채로 남아 있었다. 수많은 연구들이 몸과 뇌의 연결성과 그것이 느낌을 생성하는 과정에 미치는 중요한 영향에 관해 새롭고 흥미로운 사실들을 밝혀냈다. 간단히 말해서 몸과 신경계는 서로 연속적으로 연결되어 있는 구조적 특징에 따라 양쪽 구조의 '혼합blending'과 '상호작용interaction'을 이용해서 서로 '소통communicate'한다는 것이다. 나는 신경 경로 **안에서** 신호의 이동을 묘사하는 데 '전달transmission'이라는 용어를 사용하는 것에 반대하지는 않는다. 그러나 '몸에서 뇌로 전달'된다는 식의 표현은 문제가 있다.

몸과 뇌 사이에 아무런 거리가 없다면, 몸과 뇌가 상호작용하면서 하나의 유기적 단위를 형성한다면, 느낌은 전통적 의미에서 말하는, 신체의 상태에 대한 지각이라고 할 수 **없다**. 이 전통적 개념에는 주체와 객체, 지각하는 것과 지각되는 것 사이의 명백한 이중성 내지는 상대성duality이 존재한다. 그러나 실제로는 이러한 과정의 각 단계에서 이중성이나 상대성 대신 통일성이 존재한다. 그리고 **느낌은 이 통일성의 정신적 측면이다**.

그러나 이중성은 뇌와 몸의 상호작용이라는 복잡한 절차의 다른 지점에서 다시 되돌아온다. 신체 골격과 그 안의 감각의 관문들에 대한 이미지가 형성될 때, 신체 골격 안에서 각 내부 장기들이 차지하고 있는 공간적 위치에 관한 이미지가 생성될 때, 동물의 정신적 관점, 즉 외부 세계에 관한 감각(시각적·청각적·촉각적) 이미지나 그것이 불러일으키는 정서·느낌과 구별되는 일련의 이미지들이 생겨날 수 있다. 바로 이 지점에서 이중성이 끼어든다. '신체 골격과 감각 관문의 활동' 이미지가 한편에 그려지고 나머지 이미지, 즉 신체 외부 및 내부에 관한 이미지가 다른 한편에 있다. 이것이 바로 주관성의 절차와 관련된 이중성으로, 의식에 관한 장에서 이것에 관해 자세히 이야기할 것이다.[11]

지금까지 느낌의 생리학에 관한 최선의 설명은 느낌의 원천(체내의 생명 조절과 관련된 활동)과 신경계 사이의 독특한 관계에 의존해왔다. 전통적으로 신경계가 시각이나 사고 과정을 처리하듯 느낌을 처리한다는 가정이 우세했다. 그러나 이런 설명은 오직 부분적으로만 진실을 파악한 것이다. 이 설명은 우리의 몸과 신경계가 분리할 수 없이 얽히고설켜 있다는 극적인 요인을 제대로 고려하지 못한 것이다. 물론 신경계는 우리 몸 안에 있다. 그러나 사람들이 방 안에 있다거나 내 지갑이 내 주머니 안에 들어 있다는 표현처럼, 칼로 자르듯 명확한 방식으로 포함되어 있는 것은 아니다. 신경계는 온몸에 골고루 퍼져 있는 신경 경로를 통해서 우리 몸의 다양한 부분들과 **상호작용한다**. 그리고 화학 분자들을 통해 역방향으로도 소통한다. 화학물질들은 혈관을 통해 순환하다가 최하구역(area postrema, 제4뇌실에 인접한 뇌간의 한 부위로 혈액-뇌 장벽이 없는 동양 모세혈관 등이 분포해서 혈액-뇌 장벽이 상당히 취약하다-옮긴이)이나 뇌실주위기관Circumventricular organ과 같이 거창한 이름이 붙은 몇몇 영역에서 직접 신경계와 접촉할 수 있다. 이 영역들은 국경 없이 자유롭게 오갈 수 있는 특수 구역과 비슷한 것이다. 이외의 나머지 영역에서는 혈액-뇌 장벽이라는 국경이 존재해서 대부분의 화학물질들이 뇌로 들어가고, 반대로 뇌에서 혈액으로 나가는 것을 막는다.

전반적으로 몸은 신경계에 직접적이고 무제한적으로 접근할 수 있으며 주로 신호가 뇌를 향해 들어가는 지점을 통해 접근할 수 있다. 이 지점에서 몸에서 뇌로, 다시 뇌에서 몸으로 그리고 다시 뇌로 향하는 다수의 신호 고리를 하나로 매끄럽게 연결한다. 다시 말해서 몸이 자신의 상태에 관한 정보를 뇌에 제공하고, 그 결과 뇌에서 되돌아오는 신호에 의해 몸의 상태가 수정된다. 이런 수정 반응의 범위는 상당히 넓다. 다양한 장기와 혈관을 구성하는 평활근의 수축이나 내부 장기와 대사의 작동 방식을 변화시키는 화학 분자들을 분비하는 것과 같은 반응이 여기에 포함된다. 어떤 경우에 몸 상태의 수정은 몸이 뇌에 보낸 메시지에 대한 직접적인 응답으로 일어나지만 또 다른 경우에는 그것과 별개로 독립적으로, 자연스럽게 일어나기도 한다.

이런 종류의 밀접한 연결성은 다른 종류의 관계에서는 절대로 찾아볼 수가 없다. 예를 들어 신경계와 우리가 보거나 듣는 외부 사물 사이에는 이런 연결이 일어나지 않는다. 우리가 보거나 듣는 대상은 그 시각적·청각적 특성을 지도화하고 지각하는 능력을 가진 우리의 감각기관으로부터 분리되어 있다. 감각의 대상과 감각기관 사이에는 자연스럽고 자연 발생적인 상호작용이 존재하지 않는다. 둘 사이에는 거리가 있으며 그 사이는 종종 꽤 멀다. 우리가 보거나 듣는 대상과 상호작용을 하기 위해서는 의도를 가지고 관련 활동을 수행해야 하며, 그 상호작용은 대상과 감각기관이 형성하는 관계의 **바깥에서** 이루어진다. 안타깝게도 이런 중요한 구분은 그동안 인지과학이나 심리철학 분야의 관련 논의에서 전적으로 무시되었다. 이런 구분은 촉각의 경우 좀 덜하고, 미각이나 후각의 경우에는 더더욱 잘 적용되지 않는다. 이들은 직접 **접촉하는** 감각이다. 진화는 외부의 사물을 먼저 신경 영역 및 정신적 영역과 연결시키고 감정의 필터라는 중재자를 통해서 우리의 생리적 내부 세계와 연결하는 **원격감각**telesenses을 발전시켜 왔다. 진화적으로 더 오래된 직접 접촉하는 감각은 생리적 내부 세계에 좀 더

직접적으로 접근한다.[12]

만일 연구자가 우리의 내부 세계와 외부 세계에서 일어나는 사건을 뇌가 각기 다른 방식으로 다룬다는 사실을 주목하지 않는다면 그것은 태만이다. 그와 마찬가지로 이런 차이가 지금까지 논의한 정서가를 구성하는 데 기여한다는 가설을 세우지 않는다면 그 역시 태만이라고 할 수 있다. 정서가는 우리의 항상성이 좋은 상태인지 나쁜 상태인지를 반영하는 역할을 하기 때문에, 몸과 뇌가 그토록 밀접하게 연결되어 작동한다는 사실은, 몸의 항상성 상태를 뇌의 기능 및 그와 관련된 정신적 경험으로 번역하는 일과 관련되어 있으리라 추론하는 것이 합리적이다. 물론 그 경우 번역에 필요한 도구가 존재해야 한다. 곧 살펴보겠지만 그런 도구는 실제로 존재한다. 몸과 뇌의 밀접한 협력 관계와 그 관계의 생리적 특성이 우리를 확 끌어당기는 느낌이라는 특성의 주된 요소인 정서가를 구성하는 데 기여한다.

말초신경계의 역할

우리의 몸은 진짜로 자신의 상태에 관한 정보를 신경계에 '**전달** transmit'하는 것일까? 아니면 우리의 몸이 신경계와 **뒤섞이고** 융합되어 있어서 신경계가 연속적으로 몸의 상태를 알아차리고 있는 것일까? 우리는 지금까지 논의한 사실들로부터 이 두 가지 설명이 몸과 뇌 관계의 진화와 신경 작용의 각기 다른 측면에 각각 적용된다는 결론을 내릴 수 있다. 몸과 신경계가 융합되어 있다는 설명은 오래된 내부 세계가 오래된 기능적 배열을 이용해서 몸과 뇌를 하나로 엮어서 구성한 상태를 묘사하기에 적절하다. 전달이라는 설명은 뇌의 해부학과 기능의 좀 더 현대적인 측면과 그것이 오래된 내부 세계와 덜 오래된 내부 세계를 어떻게 파악하는지를 묘사하기에 적절하다.

전통적으로 항상성 기전에서 몸은 다양한 경로를 통해 자신의 상태를 나타내는 정보를 중추신경계에 전달하는 것으로 알려졌다. 이 정보는 중추신경계에 있는 이른바 '정서적' 영역, 즉 편도와 같은 주요 핵의 무리들과 대뇌피질의 섬 영역, 전대상회anterior cingulate, 전두엽의 복내측ventromedial 영역의 일부 등에 도달한다.[13] 보통 이 구조들은 '변연계 뇌', '파충류의 뇌' 등으로 불린다. 이 영역들이 왜 그런 이름으로 불리는지 이해할 수 없는 것은 아니지만, 오늘날 그와 같은 명칭은 실체를 파악하는 데 별로 도움이 안 된다. 예를 들어 사람의 뇌에서 이 '오래된' 구조들은 '현대적' 부분들을 포함하고 있다. 마치 오래된 주택에서 욕실과 부엌을 새로 개조한 것과 비슷하다. 이 영역들의 기능 역시 다른 영역들과 독립적으로 이루어진다기보다는 긴밀한 상호작용을 통해 이루어진다.

종래의 설명이 가진 더 큰 문제는 위에서 언급한 오래된 뇌 구조들이 이야기의 전부가 아니라는 점이다. 어떤 부분들은 아예 논의에서 빠져 있다. 예를 들어 대뇌피질보다 한참 아래에서 몸과 관련된 정보를 처리하는 중요한 뇌간 핵들이 있다.[14] 부완핵parabrachial nucleus이 중요한 예이다.[15] 이런 핵들은 몸의 상태에 관한 정보를 받아들일 뿐만 아니라 충동, 동기, 전통적 의미의 정서와 관련된 정서적 반응의 개시자 역할을 한다. 그런 기능을 수행하는 영역으로서 뇌 수도관 주위 회색질이 대표적이다.[16] 종래에는 말초신경 구조와 관련된, 신체와 보다 가까운 오래된 영역에 대해서는 거의 논의되지 않았다. 그러므로 일반적인 주장을 아래처럼 수정해야 한다.

첫째, 느낌과 관련된 중추신경계 구조들이 복잡한 인지 기능을 수행하는 구조들보다 진화 계통상 더 오래된 것은 사실이다. 그러나 몸의 정보를 뇌에 전달하는 것으로 간주되었던 '말초'신경 구조들 역시 그만큼, 어쩌면 그보다 더 오래되었을 수도 있다는 사실이 지금까지 간과되었다. 우리는 중추신경계의 구조물에만 관심을 기울였고 말초신경계는 무시해 온 경향이 있다.

그러나 사실 신체의 각 부분에서 느낌이 작용할 때 관련된 신호를 뇌로 전달하는 방식은 시신경이 망막에서 뇌로 신호를 전달하거나 현대적이고 정교한 신경섬유를 통해 피부로 접촉하는 촉각을 뇌에 전달하는 것과는 **다른** 종류이다. 먼저 이 작용의 일부는 심지어 신경에 의해 전달되지도 않는다. 즉 뉴런의 사슬을 따라 이루어지는 신경 발화를 통해 신호를 전달하는 일반적인 방식이 아니라는 말이다. 이 경우 체액에 의해 신호 전달이 이루어진다. 혈액을 따라 순환하는 화학적 신호 물질이 뇌-혈관 장벽이 없는 신경계의 특정 영역에서 모세혈관을 통해 **직접** 항상성 상태에 관한 정보를 뇌에 전달한다.[17]

뇌-혈관 장벽은 이름이 암시하듯 혈액 속에 들어 있는 분자들이 뇌에 영향을 주는 것을 막아 주는 장벽이다. 이미 중추신경계에서 뇌-혈관 장벽이 존재하지 않는 두 부위를 언급했다. 이 영역들은 화학적 신호를 직접 받을 수 있다. 예전부터 알려져 온, 뇌-혈관 장벽이 없는 부위에는 뇌간의 제4뇌실의 바닥 쪽에 위치한 최후 구역과 종뇌의 위쪽, 측뇌실의 가장자리에 위치한 뇌실주위 기관이 있다.[18] 좀 더 최근에는 **배근 신경절**dorsal root ganglia에도 뇌-혈관 장벽이 존재하지 않는다는 사실이 밝혀졌다.[19] 이 사실이 특별히 흥미로운 것은 배근 신경절은 광범위한 내부 장기에 축삭이 뻗어 있어서 체내의 신호를 중추신경계로 전달하는 뉴런의 세포체들이 모여 있는 곳이기 때문이다.

배근 신경절은 척주spinal column를 따라서, 각각의 추골마다 척주의 양쪽에 위치하면서 신체 말단을 척수에 연결한다. 한편 척수는 말초신경섬유를 중추신경계에 연결하는 역할을 한다. 이것이 감각 신호를 몸의 말단 부위에서 몸통으로, 그다음 중추신경계로 전달하는 경로이다. 얼굴에 관한 정보 전달 역시 따로 뚝 떨어져 있는 두 개의 커다란 신경절인 삼차 신경절trigeminal ganglia에 의해 이루어진다. 삼차 신경절은 뇌간의 양쪽에 하나씩 존재한다.

이 발견은 뉴런 자체가 신체 말단의 신호를 중추신경계에 전달하는 역할을 하지만 그것이 전부가 아님을 의미한다. 뉴런의 전달을 보충해 주는 기전이 존재한다. 뉴런은 혈액 속에서 온몸을 순환하는 분자들에 의해 **직접** 영향을 받는다. 예를 들어 상처를 입었을 때 통증을 일으키는 신호는 정확히 배근 신경절에 의해 전달된다.[20] 지금 설명한 구조적 배열을 고려할 때 신호는 '순수하게' 신경적인 것이 아니다. 몸이 직접, 체내를 순환하는 분자들을 통해 느낌에 영향을 준다. 이와 같은 영향은 신경계의 높은 수준, 뇌간과 대뇌피질 수준에서도 일어난다. [일부 영역에서] 뇌-혈관 장벽을 걷어 내면 몸과 뇌를 융합시킬 수 있다. 실제로 이와 같은 투과성은 말단의 신경절에서는 상당히 일반적인 특징이다.[21] 느낌을 학문적으로 논하려면 이런 점을 고려해야 한다.

몸과 뇌 관계의 또 다른 특이점들

오래전부터 수초(myelin, 신경 섬유의 축색을 감싸는 피막-옮긴이)로 둘러싸이지 않은 축삭돌기인 C 섬유나 매우 얇은 수초로 둘러싸인 뉴런, 즉 A 델타 섬유는 내부 감각 수용interoceptive 신호를 중추신경계로 전달한다고 알려져 있었다.[22] 이것은 이미 확립된 사실이기는 하지만, 단지 각각의 내부 감각 수용 시스템에 대한 진화적 나이를 가리키는 것으로 해석될 뿐 다른 중요한 의미가 있다고는 생각되지 않았다. 그런데 내 생각은 조금 다르다. 다음 사실들에 관해 생각해 보자.

수초는 진화의 중요한 획득물이다. 수초는 축삭을 둘러싸서 전기신호가 다른 곳으로 빠져나가지 못하도록 절연시켜 빠르게 신호가 전달될 수 있게 만들어 준다. 빠르고 안전한 유수축삭(수초로 둘러싸인 축삭)의 관리를 통해 우리는 몸 바깥 세계에 대해 시각·청각·촉각 같은 감각으로 인식하게 된다. 빠르고 숙련된 우리의 움직임, 고차원적인 우리의 사고·추론·창조 활동도 마찬가지이다.[23] 수초의 도움을 받는 축삭의 신경 발화는 현대적이고, 빠르고, 효율적인 방식으로 신호를 전달한다. 비유하자면 실리콘밸리 스타일이다.

그렇다면 우리의 생존에 필수 불가결한 항상성과 수많은 항상성 기전이 의존하고 있는 귀중한 관리 인터페이스라고 할 수 있는 느낌이, 전기신호가 줄줄 새고 느린 데다가 오래되기까지 한 무수축삭 섬유에 맡겨져 있다는 사실은 정말 이상하지 않은가? 부지런하고 빈틈없는 자연선택이 왜 고효율 엔진을 장착한 제트기가 나타난 후에도 이토록 비효율적이고 느린 프로펠러 비행기와 같은 장치를 그대로 두었을까?

두 가지 이유를 생각해 볼 수 있다. 첫 번째는 보통 내가 즐겨 쓰는 설명 방식과는 거리가 있다. 수초는 슈반Schwann 세포라고도 불리는 비신경성 세포인 신경아교세포glial cell가 축삭을 둘러싸는 번거로운 과정을 거쳐서 만들어진다. 간단히 말해서 신경아교세포는 신경망의 지지대를 제공해 줄 뿐만 아니라 일부 뉴런에서 절연체 역할을 한다. 수초를 만드는 데에는 에너지가 많이 소비되기 때문에 모든 축삭을 수초로 둘러싸는 것은 수초가 가져다주는 이익보다 비용이 더 많이 들어 결론적으로 손해를 초래할 수 있다. 더구나 수초가 없는 오래된 신경섬유들도 그럭저럭 제 기능을 수행한다면 말이다. 진화는 낭비를 허용하지 않으며 따라서 무수신경섬유에 대해서는 더 이상의 설명이 필요하지 않다.

왜 자연이 혁신 대신 현상 유지를 택했는지에 대한 두 번째 설명은 나의 사고 체계와 일맥상통한다. 느낌을 형성하는 데 무수신경섬유는 필수 불가결한 존재이기 때문에 진화가 이 귀중한 섬유를 절연체로 둘러싸는 어리석은 일을 할 리 없었다는 것이다.

수초가 없다는 것이 무슨 도움이 될까? 첫째, 무수신경섬유는 개방적인 특징 때문에 주위의 화학적 환경에 노출되어 있다는 것이다. 현대적인 유수 신경섬유는 랑비에 결절Ranvier's node이라고 불리는 축삭의 일부 지점에서만 그와 같은 영향을 받을 수 있다. 랑비에 결절은 절연체인 미엘린 수초가 부분, 부분 중단된 잘록한 마디이다. 그런데 무수신경섬유는 마치 어느 곳이나 튕겨서 연주할 수 있는 현악기의 줄과 같다. 이런 특성은 분명히 몸과 신경계의 융합에 이로운 작용을 할 것이다.

두 번째 기회는 더욱 흥미롭다. 무수 섬유는 절연이 되지 않으므로 섬유들끼리 나란히 묶음으로 배열되어 신경을 이룬다. 이런 구조 덕분에 무수신경섬유는 연접 전도ephapsis라는 절차를 통해 전기신호를 전달한다. 연접 전도에서 전기 자극은 옆으로, 즉 섬유에 대하여 수직 방향으로 전달된다. 연접 전도는 일반적으로 신경계, 특히 우리 인간의 것과 같은 종류의 신경계에서 크게 고려되지 않았다. 그동안 오직 뉴런에서 뉴런으로 전기화학 신호가 전달되는 **시냅스**synapses에만 모든 주의를 기울였다. 이것이 우리의 인지와 운동에 관여하는 신호 전달 체계이기 때문이다. 연접 전도는 오래된 과거의 유물이다. 많은 교과서들이 이 개념에 대해 아예 언급조차 하지 않는다. 하지만 느낌 역시 오래된 과거의 것이다. 다만 우리가 지금도 느낌과 감정을 가진 이유는 그것이 생존에 대단히 유용할 뿐 아니라, 그것이 없으면 생존할 수도 없기 때문이다. 연접 전도는 신경 줄기를 통해 전달되는 반응을 증폭함으로써 축삭의 참여 정도를 변화시킬 수 있다. 가슴과 배 부위에서 뇌로 전달되는 신경 신호의 주된 도관인 미주신경의 신경섬유들이 거의 무수신경섬유라는 점은 흥미롭다. 연접 전도는 매우 중요한 기능의 한 역할을 담당하고 있을 가능성이 높다.

비시냅스성 신호 전달 메커니즘은 현실이다. 이 메커니즘은 축삭 사이에서뿐만 아니라 세포체 사이에서, 심지어 뉴런과 신경아교세포처럼 뉴런의 작용을 돕는 세포 사이에서도 작동할 수 있다.[24]

간과되어 온 소화기관의 역할

몸과 뇌의 관계에서 수많은 기묘한 점들이 지금까지 잘 알려지지 않거나 간과되었다는 사실은 자못 놀랍다. 가장 놀라운 측면은 신경계의 거대한 일부로서 인두에서 식도, 그 아래의 모든 위장관의 활동을 조절하는 장 신경계enteric nervous system의 역할이 간과되었다는 사실이다. 이 신경계는 얼마 전까지만 해도 의학 교육에서 거의 다루어지지 않았다. 다룬다고 하더라도 신경계의 '지엽적' 요소 중 하나로 다루어졌을 뿐이다. 이 신경계에 관해 상세한 연구가 이루어지기 시작한 것은 최근의 일이다. 그동안 장 신경계는 항상성·느낌·정서에 관한 과학에서 사실상 배제되었고 이 분야에 관한 나의 연구에서도 마찬가지였다. 장 신경계의 역할에 관해 나 역시 과도하게 신중한 입장을 취해 왔다.

그런데 사실 장 신경계는 말초적이라기보다는 중추적이다. 장 신경계는 거대한 구조를 갖고 있고 필수적인 기능을 수행한다. 장 신경계를 구성하는 뉴런의 수는 1억~6억 개로 신경계를 구성하는 뉴런 대다수는 내재intrinsic 뉴런이다. 상위 뇌 뉴런이 대부분 내재 뉴런인 것과 비슷하다. 내재 뉴런이란 다른 부위에서 뻗어 온 것이 아니라 원래 그 구조 안에서 발생한 뉴런을 말한다. 또한 내재 뉴런은 다른 곳으로 뻗어 나가기보다는 그 구조 안에서 기능을 수행한다. 장 신경계의 작은 일부만이 외재 뉴런이고 이들은 대부분 그 유명한 미주신경을 통해 중추신경계로 뻗어 있다. 외재 뉴런 한 개당 내재 뉴런 2000개꼴로 존재하며 이 비율은 장 신경계가 진정한 독립적 신경 구조임을 말해 준다. 따라서 장 신경계의 기능은 대체로 자율적이다. 중추신경계는 장 신경계에 무엇을 어떻게 하라고 명령을 내리지는 않지만 그 작동을 조절할 수는 있다. 간단히 말해서 장 신경계와 중추신경계 사이에는 끊임없이 대화가 오고 가지만 소통의 흐름을 차지하는 대부분은 장에서 뇌로 향하는 메시지이다.

최근에는 장 신경계를 '제2의 뇌'라고 부른다. 이처럼 영예로운 지위에 오른 것은 장 신경계가 차지하는 커다란 부피와 이것이 수행하는 자율적 기능 때문이다. 진화의 현 시점에서 장 신경계가 구조적으로나 기능적으로 상위 계급인 뇌 바로 다음 자리를 차지하고 있음은 의심할 나위가 없다. 그런데 역사적으로는 장 신경계가 중추신경계보다 앞서 발달했음을 보여 주는 증거들이 있다.[25] 그럴 만한 많은 이유들 중 대부분은 항상성과 관련되어 있다. 다세포동물에서 에너지를 처리하는 핵심적인 역할을 맡고 있는 것이 바로 소화 기능이다. 필요한 영양소를 먹고, 소화시키고, 추출하고, 찌꺼기를 배출하는 일은 동물의 생명을 유지하는 데 꼭 필요하고도 복잡한 활동이다. 소화만큼 필수적이지만 그보다 훨씬 단순한 기능으로는 호흡이 있다. 그러나 기도에서 산소를 얻고 이산화탄소를 공기로 내보내는 일은 소화기가 수행하는 업무에 비해서는 사소하고 단순하다.

진화 과정에서 위장관의 출현을 찾아보면, 앞서 언급한 자포동물문(Cnidaria, 발생 과정에서 중배엽이 형성되지 않고 성체가 방사 대칭을 이루는 수서 생물로 해파리, 말미잘, 산호 등이 이 문에 속한다-옮긴이)에 속하는 원시 동물에서 위장관과 흡사한 것을 찾을 수 있다. 자포동물은 이름이 암시하듯 주머니처럼 생겼다. 그리고 물에 둥둥 떠다니면서 생명을 영위해 나간다. 자포동물의 신경계는 신경계의 가장 오래된 형태로 간주되는 신경망이다. 이들의 신경망은 두 가지 점에서 오늘날의 장 신경계와 비슷하다. 첫째, 신경망은 연동운동을 수행해서 영양분을 함유한 물이 동물의 체내로, 주위로, 밖으로 흘러가기 쉽게 한다. 둘째, 형태학적으로 이 동물들의 신경망은 놀라울 정도로 포유류 동물의 장 신경계, 즉 아우어바흐의 근육신경총myenteric plexus of Auerbach과 비슷하게 생겼다. 자포동물은 선캄브리아기에 속하는 생명체인데, 캄브리아기의 편형동물문의 동물에게서 나중에 중추신경계가 되는 구조와 비슷한 것이 처음 나타났다. 어쩌면 역사적으로는 장 신경계야말로 **제1의** 뇌라고 불러야 마땅하다.

앞에서 언급한 수초에 관한 지식에 따르면, 장 신경계의 뉴런들이 무수신경섬유라는 사실이 그다지 놀랍지 않을 것이다. 장 신경계의 축삭들은 여러 개가 다발로 존재하며 장 신경교 세포enteric glia에 의해 다발 전체가 불완전하게 둘러싸여 있다. 이런 구조는 연접 전도에 의한 전기 연접전달을 가능하게 해 줄 것으로 보인다. 즉 앞에서 살펴본 말초신경계의 무수 뉴런에서 설명한 축삭들 사이에 수직적인 상호작용이 가능하게 해 준다. 적은 수의 축삭에서 일어난 활동이 함께 다발로 묶여 있는 구조에서 주위의 섬유로 퍼져 나가 신호를 증폭시키는 효과를 낸다. 인접한 신경섬유를 신호 전달에 참여시킴으로써 자극을 주위로 확산시킨다. 그 결과 한정된 부위에 모호한 느낌이 생성되는데, 그 느낌은 위장관의 활동에서 비롯된 것이다.

위장관과 장 신경계가 느낌과 기분에 중요한 역할을 수행한다는 증거를 제시하는 몇 가지 연구들이 있다.[26] 나는 '보편적인 global' 행복을 느끼는 정도가 장 신경계의 기능과 밀접한 관련이 있다는 결과가 나와도 놀라지 않을 것이다. 메스꺼움은 또 다른 사례이다. 장 신경계는 복부의 내장에서 뇌로 향하는 신호의 주된 도관인 미주신경의 주요 지류이다. 그런데 이 주장과 관련된 또 다른 흥미로운 사실이 존재한다. 소화관의 질병은 기분과 관련된 질병과 상관관계를 보인다는 것이다. 예를 들어 흥미롭게도 장 신경계가 우리 몸에 있는 세로토닌의 95퍼센트를 생산한다. 세로토닌은 감정의 장애와 그것을 회복하는 데 핵심적인 역할을 하는 신경전달물질이다.[27] 아마도 무엇보다 흥미로운 새로운 사실은 박테리아 세계와 우리 위장과의 밀접한 관계일 것이다. 박테리아 대부분은 우리와 행복한 공생을 누리고 있다. 그들은 우리의 피부와 점막, 특히 피부나 점막이 접힌 곳에 아주 풍부하게 자리 잡고 살아가고 있다. 그러나 우리 몸에서 가장 많은 세균을 보유하고 있는 곳이 위장관이다. 우리의 위장관에는 어마어마한 수의 세균이 살고 있으며 그 수는 인간의 몸 전체의 세포 수보다 많다. 이들이 느낌의 세계에 직간접적으로 어떻게 영향을 주는지는 21세기 과학이 풀어야 할 흥미로운 비밀 중 하나이다.[28]

느낌이라는 경험은 어디에 위치하는가

정신적 영역을 구성하는 대상을 살펴볼 때, 과연 느낌은 어디에 있는 것일까? 이 질문에 대한 답은 쉽다. 우리의 느낌(감정)은 우리의 마음에 표상되는 것으로 우리 몸에 존재한다. 많은 경우에 그 표상은 마치 위성항법 시스템GPS처럼 완벽한 좌표를 갖고 있다. 감자를 깎다가 손을 베였다면 우리는 즉시 자신의 손가락이 베였다는 것을 느낀다. 즉 고통의 생리적 기전이 정확히 어디가 베였는지(왼손 검지의 피부와 살이 베였음을) 자신에게 알려 준다. 앞서 언급한 것과 같은 통증을 일으키는 복잡한 기전이 처음에는 국소적으로 일어났다가 사지의 위쪽을 담당하는 배근 신경절에 신호가 도착함에 따라 계속해서 이어진다. 그런데 여기서도 마찬가지로 전적으로 신경만 이 작용에 관여하는 것은 아니다. 혈액 안에서 순환하는 분자들이 뉴런에 직접 영향을 줄 수 있다는 의미이다. 그러면 배근 신경절 안에 있는 이른바 가성 단극 뉴런pseudo-unipolar neuron이 척수로 신호를 전달하고, 척수의 등 쪽과 배 쪽의 뿔에서 각각의 층위에 따라 복잡한 방식으로 신호가 혼합된다. 비로소 이곳에서부터 전통적 의미의 신호 전달이 일어나서 신호는 위쪽의 뇌간핵, 시상, 대뇌피질로 이동한다.

손을 베였을 때 일어난 일을 일반적으로 설명하자면, 마치 거대한 공장의 제어실이나 비행기의 조종실과 비슷한 일종의 GPS와 같은 뇌의 시스템에서 상처가 난 부위를 확인한다. Y라는 계기판의 X라는 위치에 불이 들어온다. 그것은 X 위치에 문제가 생겼다는 의미이다. 제어실에서 근무하는 사람은 신호에 의미를 부여할 수 있는 마음을 갖고 있기 때문에 그 의미를 인지할 수 있다. 계기판을 감시하는 임무를 지닌 사람이나 감시 기능을 수행하는 로봇은 그에 맞추어 경보음을 내고 필요한 조치를 취할 것이다. 그러나 우리의 몸과 뇌 복합체는 그런 식으로 작동하지 않는다. 우리는 물론 통증이 일어난 위치를 인지한다. 그것은 물론 유용한 기능이다. 그러나 그 못지않게 중요한 것은 통증에 대한 정서적 반응이 일상적 상태를 잠시 멈추고 그것을 **느끼게** 한다는 사실이다. 우리는 통증을 부분적으로 느낌에 의존해 해석할 뿐만 아니라, 그 통증에 대해 대부분 느낌에 의존해 반응을 보인다. 우리는 할 수 있는 한 느낌에 따라 반응하고 심지어 그것을 의식한다.

흥미로운 점은 우리의 뇌 역시 공장의 제어실이나 비행기의 조종실과 마찬가지로 계기판을 갖고 있다는 사실이다. 대뇌피질의 체성감각 영역이 바로 그 계기판이다. 이 영역은 머리·몸통·팔다리와 그 각각의 근골격 구조를 포함한 우리 신체 구조의 다양한 측면을 지도화해서 나타낸다. 그러나 이 **뇌의 계기판에서** 통증을 느끼는 것은 아니다. 마치 공장에서 일어난 문제가 제어실의 계기판에서 일어난 것이 아니듯 말이다. 통증의 **근원**, 즉 신체의 **말단 부분**에서 통증을 느낀다. 그리고 바로 이곳에서 정서가가 만들어지기 시작한다. 이런 유익한 구조가 작용하기 위해서는 한편으로 **느낌을 경험하는 데 관여하는 뇌의 영역이 필요하다. 뇌간의 일부 핵들, 섬엽과 대상 피질과 같은 영역들이 신체에 대한 전체적인 신경 지도 안에서 신체의 각 부분에서 일어나는 작용의 정확한 위치를 표시하는 뇌의 영역, 즉 체성감각 피질과 함께 활성화된다.** 마음의 작용은 느낌과 그 작용의 기원이 되는 장소와 관련된 내용을 **동시에** 활성화시킨다. 이 두 가지 측면이 꼭 동일한 신경 공간에 위치할 필요는 없으며 실제로 동일한 위치에 존재하지도 않는다. 이 측면들은 신경계의 각기 다른 부위에 존재하며 대체로 같은 시간대에 빠른 속도로 순차적으로 활성화된다. 그뿐만 아니라 서로 다른 이 두 부분은 하나의 시스템을 구성하는 신경적 연결에 의해 기능적으로 연관되어 있다.

감자 칼에 베인 경험으로 되돌아가자면, 몸에 일어난 이 손상의 세부적 특성을 알아차릴 수 있었던 것은 내 몸의 화학·감각·운동 시스템에 교란이 일어나면 어떤 식으로든 문제에 관여할 때까지 나를 가만히 놓아두지 않기 때문이다. 나는 그 사건을 무시할 수도 잊어버릴 수도 없다. 왜냐하면 내 느낌 작용의 부정적 정서가가 다른 것들로부터 내 주의를 돌려놓아서 이 사건을 인식하도록 강렬하게 이끌었기 때문이다. 또한 내가 사건의 세부 사항을 매우 효율적으로 알아차릴 수 있게 해 주었다. 우리가 정신적으로 경험하는 내용에는 그 어떤 것도 우리 몸과 관련이 없거나 분리되어 있는 측면이 없었다. 나는 앞으로 다시는 감자 깎기를 시도하지 않을 작정이다.

느낌을 설명할 수 있을까

그렇다면 지금 이 시점에 우리가 느낌에 관해 자신 있게 말할 수 있는 것은 무엇일까? 우리는 이 독특한 현상이 그것이 맡고 있는, 항상성이라는 중요한 역할과 밀접한 관련이 있다고 말할 수 있다.

이렇게 말할 수 있는 까닭은 오래전부터 느낌이 다른 종류의 감각적 현상과 근본적으로 달랐기 때문이다. 신경계와 몸의 관계는 매우 독특하다. 신경계가 몸 **안에** 들어 있는데 단순히 인접해 있는 것이 아니라 어떤 측면에서 둘은 연속적이고 끊임없이 상호작용을 한다. 앞에서 설명했듯 몸과 신경은 신경계의 말단에서 중추신경계의 대뇌피질, 그리고 바로 그 아래에 있는 대규모의 핵에 이르기까지 여러 층위에서 융합되어 있다. 그에 더하여 몸과 신경계가 항상성 요구에 의해 끊임없이 소통한다는 사실은 느낌이 생리적으로 볼 때 전적으로 신경에 속하거나 전적으로 몸에 속하는 것이 아니라, 신경과 몸에 양다리를 걸치고 있음을 암시한다. 이것이 방정식의 양변에 있는 사실과 상황들이다. 우리가 느낌이라고 부르는 정신적 경험이 한 변에 그리고 상황적으로 느낌과 연결된 몸과 신경 작용이 다른 한 변에 있다. 신경과 몸의 생리적 절차를 한층 더 깊이 탐구해 나가다 보면 방정식의 다른 변, 즉 정신적 측면 역시 점점 밝혀질 것이다.

지금까지 느낌을 항상성의 정신적 표현이자 생명을 관리하는 데 도움이 되는 것이라고 설명했다. 또한 진화의 과정에서 느낌을 둘러싼 감정이라는 기구가 만들어졌고 그것이 종종 우리의 삶에 관여하게 되었음을 살펴보았다. 따라서 느낌을 고려하지 않고서 인간의 사고·지능·창조성에 관해 의미 있는 논의를 하는 것은 불가능하다. 느낌은 우리의 의사 결정에 중요한 영향을 주고 우리의 존재에 깊숙이 뿌리내리고 있다.

느낌은 우리를 화나게 하거나 기쁘게 한다. 그러나 목적론적 측면에서 볼 때 그것이 느낌의 존재 이유는 아니다. 느낌은 생명 조절을 **위해** 존재하며 기본적 항상성이나 우리 삶의 사회적 조건에 관한 정보를 우리에게 제공한다. 느낌은 우리에게 회피해야 할 위험과 위기를 알려 준다. 한편으로 우리가 잡아야 할 기회를 알려 주기도 한다. 느낌은 우리의 전반적인 항상성을 향상시킬 수 있는 행동으로 우리를 유도하고 그 과정에서 우리를 더 나은 인간, 우리 자신의 미래와 다른 이들의 미래에 더욱 큰 책임감을 갖는 존재가 되도록 만든다.

우리의 삶에서 좋은 느낌을 주는 사건들은 유리한 항상성 상태를 촉진한다. 우리가 누군가를 사랑하고 사랑받는다고 느낄 때, 우리가 이루고자 했던 목표를 이루었을 때, 우리는 스스로 행복하다거나 운이 좋다고, 또는 둘 다라고 생각한다. 그럴 때면 특별한 행위 없이도 우리의 전반적인 생리학적 변수 중 일부가, 이를테면 면역반응과 같은 것들이 좋은 쪽으로 움직인다. 느낌과 항상성 사이의 관계는 너무나 밀접하기 때문에 쌍방향으로 영향을 주고받는다. 생명 조절에 문제가 일어난 상태, 이른바 질병 상태는 고통스럽게 느껴진다. 질병에 의해 변화된 몸을 표상하는 느낌은 불쾌한 느낌으로 나타난다.

한편 일차적인 항상성의 문제가 아니라 외부 사건에 의해 유도된 불쾌한 느낌이 실제로 생명 조절에 교란을 일으키기도 한다. 예를 들어, 상실로 촉발된 슬픔이 지속될 경우 면역반응이 떨어지거나 일상의 상해로부터 몸을 피하도록 하는 기민성을 떨어뜨리는 등 다양한 방식으로 건강을 해칠 수 있다.[29]

좋은 측면에서든 나쁜 측면에서든 느낌은 문화의 도구와 관습의 발달을 촉발하는 역할에 최적화되어 있다.

과거 느낌을 추억하기

기억과 느낌에 관해 내가 특별히 흥미롭게 생각하는 것이 있다. 우리는, 모두는 아니더라도 적어도 일부는, 과거의 좋은 순간을 한층 더 **멋진** 순간으로, 심지어 **엄청나게 특별한** 순간으로 기억한다. 좋은 기억에서 멋진 기억으로, 멋진 기억에서 특별한 기억으로의 변신은 놀랍고도 흥미롭다. 기억의 소재는 재분류되고 재평가된다. 기억은 윤색되고 조미료가 더해진다. 세부 사항은 더욱 생생해지고 더욱 섬세하게 그려진다. 예를 들어서 시각적·청각적 이미지가 강화되고 그와 관련된 느낌은 더욱 따뜻하고, 풍부한 색조를 띠며 너무 행복한 경험이어서, 그 과거의 경험 자체는 너무나 긍정적이지만 회상을 멈추는 것을 생각만 해도 고통스러울 정도이다.

이런 기억의 변신을 어떻게 설명해야 할까? 나이가 듦에 따라 이런 현상이 더욱 두드러지기는 하지만 단순히 나이 드는 것이 그 원인이라고 생각하지는 않는다(내 경우에는 항상 이런 식으로 기억이 작동해 왔다). 좋은 경험을 하는 빈도가 실제로 나이가 듦에 따라 늘어나서 그것을 회상하는 것이 멋진 경험이 된다는 것일까? 그럴 가능성은 낮다. 아무튼 이처럼 기억을 더 좋은 쪽으로 탈바꿈시키는 현상은 여러 사건을 뭉뚱그리거나 세부 사항을 건너뛰기 때문에 나타나는 결과물은 아니다. 반대로 회상된 사건의 세부 사항은 더욱 증가한다. 기억을 구성하는 많은 이미지들이 더 오랫동안 마음에 머무르고 더욱 강렬한 정서적 반응을 생성한다. 어쩌면 바로 그 점이 이 현상을 설명해 줄 수도 있다. 특정 핵심 이미지들이 우리 마음속에서 더 긴 시간 동안 상영되고, 그 결과 더 좋은 쪽으로 정서적 반응을 불러일으키며 그것이 더욱 강렬한 느낌을 생성하는 식으로 기억이 주의 깊게 편집되기 때문에 기억이 더 좋은 쪽으로 변하는 것일지도 모른다. 한 가지는 확실하다. 회상에 수반되는 풍부한 긍정적인 느낌은 회상되는 기억의 재료에 포함되지 **않는다**는 점이다. 느낌은 회상이 불러일으킨 강렬한 정서적 반응의 결과로 새롭게, 신선하게 만들어진다. 느낌 그 자체는 결코 기억되지도 않고 따라서 회상될 수도 없다. 느낌은 기억을 회상할 때마다 어느 정도 재현성 있게 새로 생성되어 회상된 사실을 보충한다.

나쁜 기억들이 저장되지 않거나 회상되지 않는 것은 아니다. 단지 기억들이 현재의 마음에서 얼마나 많이 상영되는지의 문제이다. 나쁜 기억도 회상될 수 있고 그에 따라 엄청나게 고통스러운 느낌도 생성될 수 있다. 그러나 좋은 기억들은 과거의 사실보다 점점 더 좋은 쪽으로 기억되는 데 반해, 그리 좋지 않은 기억들은 시간이 흐름에 따라 힘이 약해질 수 있다. 그것은 나쁜 기억의 세부사항이 억제되기 때문이 아니라 우리가 그 기억에 덜 머무르고 그에 따라 부정적 특성 역시 감소되기 때문이다. 그리고 그 결과 우리의 전반적인 행복은 매우 적응력이 높아진다는 것이다.[30] 대니얼 카너먼Daniel Kahneman과 아모스 트버스키Amos Tversky가 주창한 피크엔드 효과peak-end effect 역시 적용된다(사람들이 어떤 경험을 그 경험 전체의 평균이나 총합이 아니라 정점의 순간과 마지막 순간의 경험으로 기억한다는 이론-옮긴이). 과거의 장면 중 흐뭇하고 보상이 되는 측면

들은 강한 기억을 형성하고 나머지는 희미해지는 경향이 있다. 기억은 불완전하다.[31]

모든 사람들이 이처럼 기억을 긍정적인 감정 쪽으로 재구성하는 것은 아니다. 어떤 사람들은 자신의 기억이 실제보다 더 좋아지지도, 더 나빠지지도 않으며 있는 그대로 정확하다고 주장한다. 또한 비관적인 사람들은 기억을 실제보다 더 나쁜 쪽으로 재구성할 수도 있다. 그러나 이 모든 사실들은 측정하거나 판단하기 어렵다. 왜냐하면 사람들의 삶의 경로는 제각기 다르며 그 이유의 상당 부분은 각자의 감정적 양식과 관련이 있다.

그와 같은 현상을 고려하는 것이 왜 중요할까? 그 이유 중 하나는 미래에 관한 예측과 관련이 있다. 우리가 미래에 관해 희망하거나 미래의 삶을 마주하는 방식은 과거를 어떻게 살아왔는지에 의존한다. 객관적이고 입증할 수 있는 과거뿐만 아니라 각자의 기억 속에서 재구성된 경험 역시 중요하다. 기억은 우리를 독특한 개인으로 만들어 주는 모든 것에 의존한다. 우리 성격의 양식은 여러 측면에서 특정한 인지적·감정적 태도, 개인의 경험에 대한 감정적 균형, 문화적 정체성, 성취, 운 등과 관련되어 있다. 우리가 문화적으로 무엇을, 어떻게 만들어 내느냐, 우리가 문화적 현상에 어떻게 반응하느냐는 느낌에 의해 조작된 우리의 불완전한 기억에 달려 있다.

9

의식

의식에 대하여

일반적인 상황, 즉 깨어 있거나 정신이 또렷한 상태(명료한 상태)에서, 마음 안에 흐르는 이미지는 우리가 수선을 떨거나 깊게 생각하지 않아도 일종의 관점을 갖는다. 바로 우리 자신의 관점이다. 우리는 자연스럽게 자신을 정신적 경험의 주체subject로 인식한다. 내 마음속에 있는 것은 내 것이고, 자동적으로 여러분의 마음 안에 있는 것은 여러분의 것이라고 생각한다. 우리는 모두 서로 다른 관점에서 정신적인 내용을 인식한다. 내 관점이거나 여러분의 관점이다. 우리가 똑같은 장면을 같이 보고 있다고 해도 가지는 관점은 서로 다르다는 것은 바로 알 수 있다.

'의식consciousness'이라는 말은 앞에서 언급한 특성들로 설명되는 매우 자연스럽지만 뚜렷이 구분되는 정신적 상태를 일컫는 말이다. 이 정신적 상태로 인해 그 의식의 주인은 주변 세계를 개인적으로 경험한다. 또한 그만큼 중요한 것은 이 정신적 상태로 인해 의식의 주인이 자신의 존재 특성들을 경험할 수 있게 된다는 사실이다. 실제로, 마음 안에서 과거에 형성됐고 현재도 형성되고 있는 지식의 우주(Universe of knowledge, 지식의 총량. 현재 생성되고 있는 지식과 미래에 생성될 지식 또한 지식의 우주의 일부다-옮긴이)는 그 주인이 자신만의 관점으로 마음 안의 내용을 살펴볼 수 있을 정도의 의식이 있을 때만 주인에게 나타난다. 이 관점이라는 요소는 의식의 전 과정에서 매우 중요하다. 따라서 '의식'이라는 말과 그 말이 일으킬 수 있는 혼란을 피하기 위해 '주관성subjectivity'이라는 말만 쓰고 싶은 유혹에 빠질 정도이다. 하지만 우리는 이 유혹을 떨쳐 내야 한다. '의식'이라는 말은 의식 상태를 이루는 또 다른 구성 요소를 포함하고 있기 때문이다. 바로 '통합된 경험integrated experience'이다. 통합된 경험은 정신적 내용을 어느 정도 통합된 다차원 파노라마에 위치시키는 과정을 말한다. 결론적으로, 주관성과 통합된 경험은 의식의 핵심적인 구성 요소라고 할 수 있다.

이 장의 목적은 주관성과 통합된 경험이 문화적 마음을 가능하게 만드는 핵심적인 요소가 되는 이유를 분명하게 설명하는 데 있다. 주관성이 존재하지 않는다면 문제가 될 것은 아무것도 없다. 또한 통합된 경험이 어느 정도 존재하지 않는다면 창의성에 필요한 성찰과 분별은 불가능해진다.[1]

의식의 관찰

의식적인 마음 상태에는 몇 가지 중요한 특징이 있다. 잠들지 않고 깨어 있다는 것이다. 이 상태는 졸리거나(기면 상태이거나) 혼란스럽거나 산만한 상태가 아니라 정신이 또렷하고 집중된 상태이다. 또한 이 상태는 시간과 공간을 기준으로 한다. 마음 안의 이미지들, 즉 소리·시각 이미지·느낌 등은 적절하게 형성되고, 분명하게 드러나며, 확인이 가능한 것들이다. 이 이미지들은 알코올이나 환각성 약물 같은 '정신 활성psychoactive' 물질의 영향을 받는다면 존재할 수 없다. 당신의 마음이라는 극장, 즉 당신만의 데카르트적 극장(Cartesian Theater, 객석 한가운데에 앉아 있는 관객 앞에서 의식 상태가 연기를 하는 무대. 마음은 외적 대상을 있는 그대로 반영하는 충실한 거울이며, 마음의 내용과 작용은 환경과는 비교적 독립적으로 인간의 머릿속이라는 하나의 무대에서 이루어진다는 생각을 말한다-옮긴이)에서는 막이 오르고, 배우들이 무대에 올라 말을 하면서 움직이기 시작하고, 조명이 켜지고, 음향 효과가 실행되면 가장 중요한 요소인 관객, 즉 당신이 존재하게 된다. 당신은 당신 자신을 **보는** 것이 아니다. 당신이 그 극장의 무대 앞에 앉아 있다는 것을 **지각하거나 느끼는** 것뿐이다. 당신은 무대 앞에 쳐진, 제거할 수 없는 네 번째 벽을 마주 보는 공간에서 공연을 보는 관객인 동시에 공연하는 주체이다. 훨씬 더 이상한 얘기를 하자면, 당신은 당신의 또 다른 부분이 공연을 보고 있는 당신을 지켜보는 것 같은 느낌을 실제로 받을 수도 있다.

어떤 독자들은 이 시점에서 내가 복잡한 비유를 들어 무대로도 기능하고 정신적 경험이 이뤄지는 광장으로도 기능하는 뇌의 특정한 부분이 실제로 존재한다고 말함으로써 덫에 빠지지 않을까 걱정할 수도 있다. 그럴 일은 없을 테니 안심해도 된다. 나도 우리들 각자의 뇌 속에 그런 경험을 하는 작은 인간이 존재한다고 생각하지 않는다. 호문쿨루스는 존재하지 않는다. 호문쿨루스 안의 더 작은 호문쿨루스, 그 더 작은 호문쿨루스 안에 그보다 더 작은 호문쿨루스처럼, 철학적 전설 같은 무한 후퇴 현상도 존재하지 않는다. 하지만 부정할 수 없는 사실은 마치 극장이나 거대한 파노라마 스크린이 있는 **것처럼**, 마치 관객 중에 나나 당신이 있는 **것처럼** 이 모든 현상이 벌어진다는 것이다. 이런 현상 뒤에 확실한 생물학적 과정이 있고, 그 과정을 이용해 이런 현상을 설명할 수 있다는 것을 우리가 인정한다면 이 현상을 환상이라고 불러도 무방하다. 우리는 환상이 중요하지 않다고 해서 이 현상을 무시할 수는 없다. 인간이라는 유기체, 구체적으로는 신경계와 그 신경계와 상호작용하는 몸은 실제 극장이나 관객이 필요 없다. 뒤에서 다루겠지만, 인간이라는 유기체는 몸과 뇌의 파트너십에 기초하는 속임수를 사용해 이와 같은 결과를 만들어 내기 때문이다.[2]

우리는 의식적인 마음의 주체로서 또 다른 어떤 것들을 관찰하게 될까? 예를 들어, 우리의 의식적인 마음은 단일체가 아니라는 것을 관찰하게 될 수도 있다. 의식적인 마음은 여러 부분들로 구성되기 때문이다. 그 부분들은 너무나 잘 통합돼 있으며 그 부분들 일부는 서로가 서로에게 맞물려 있기도 하다. 그래도 부분은 부분일 뿐이다. 관찰을 어떤 방식으로 하는지에 따라 어떤 부분들은 다른 부분보다 더 핵심적으로 보이기도 한다. 우리의 의식적인 마음 중 가장 핵심적이며 전체 절차를 지배하는 구성 부분은 시각·청각·촉각·미각·후각 **이미지**를 저장하는 대부분의 대뇌 감각 피질과 관련이 있다. 이 이미지 대부분은 우리를 둘러싼 세계에 존재하는 대상과 사건에 대한 이미지이다. 이 이미지들은 어느 정도 집합 단위로 통합돼 있으며, 어떤 이미지가 많이 존재하는지는 그 순간에 우리가 어떤 활동을 하는지와 연결돼 있다. 특정 순간에 음악을 듣고 있다면 소리 이미지가 지배적인 이미지가 될 것이고, 저녁을 먹고 있다면 미각 이미지와 후각 이미지가 특히 두드러질 것이다. 그 이미지들 중 일부는 서사 또는 서사의 일부를 형성한다. 현재 지각되는 이미지들은 그 자리에서 떠올라 재구성되는 과거의 이미지들과 섞일 수도 있는데, 그 이유는 그 과거의 이미지들이 현재 진행되고 있는 일과 관련이 있기 때문이다. 이 재구성되는 이미지들은 물체, 행동 또는 사건에 대한 기억의 일부로, 과거의 이야기 안에 묻혀 있었거나 독립된 항목으로 저장된 이미지들이다. 의식적인 마음에는 또한 이미지들을 연결하는 스키마 또는 그 이미지들을 기초로 이뤄지는 추상화도 포함되어 있다. 개인의 정신적 유형에 따라 다르지만, 사람들은 이런 스키마와 추상화를 어느 정도 분명하게 감지해 낼 수 있다. 예를 들어, 공간에서의 물체 움직임, 즉 물체들 사이의 공간적 관계에 대한 2차적인 이미지를 희미하게 만들어 낼 수 있다.

이렇게 뇌 안에서 상영되는 영화에는 여러 가지 상징이 포함된다. 그리고 이 상징들의 일부는 사물과 행동을 단어와 문장으로 번역하는 언어의 경로를 형성한다. 사람들 대부분에게 이 언어의 경로는 주로 청각에 의해 이루어지며 완전할 필요도 없다. 대화의 모든 부분을 다 옮기거나 보이는 모든 것에 대해 다 서술할 필요는 없다는 뜻이다. 우리의 마음은 대화의 모든 부분이나 보이는 모든 것에 대한 서술에 자막을 달지 않기 때문이다. 언어의 경로는 외부 세계로부터 오는 이미지들을 번역할 뿐만 아니라, 앞에서 설명했듯이, 내부에서 오는 이미지들도 당연히 번역을 한다.

이런 언어의 경로가 존재한다는 사실은 거의 사라져 가는 인간 예외주의를 정당화하는 확고한 수단 중 하나로 지금도 건재하다. 인간이 아닌 생명체들은 그 자체로 존중을 받아야 마땅하다. 그러나 그들의 마음은 인간이 할 수 있거나 할 수 없는 현명한 일들은 수없이 해도 이미지를 말로 번역하지는 않는다.

언어의 경로는 또한 인간의 마음 중 서사 부분을 공동으로 책임지며, 대부분의 사람들에게 서사는 언어의 경로를 통해 조직되는 것으로 보인다. 어느 정도 영화 같은 비언어적인 방식과 언어를 섞어 사용하면서 우리는 아주 은밀하게 우리 자신에게 그리고 남들에게 쉬지 않고 이야기를 한다. 심지어 우리는 수없이 많은 이야기를 함으로써 이야기를 이루는 서로 다른 구성 요소들의 의미를 넘어서 새로운 의미를 만들어 내기도 한다.

의식적인 마음의 다른 요소들은 어떨까? 그 요소들은 유기체 자체의 이미지라는 것이 밝혀지고 있다. 그 이미지의 집합 중 하나는 오래된 내부 세계, 즉 화학과 내부 장기의 세계로부터 온 이미지들로 구성된다. 이 세계는 인간 마음의 독특한 특성인 느낌, 즉 정서가가 부여된 이미지들을 지원하는 세계이다. 기저의 항상성 상태에서 그리고 외부 세계 자체의 이미지들에 의해 생성된 수많은 정서적 반응에서 기원하는 느낌은 우리의 의식적 마음을 형성하는 데 가장 큰 역할을 맡고 있다. 느낌은 의식의 문제에 대한 전통적인 논의 대상 중 일부인 감각질 요소를 제공하기도 한다. 마지막으로, 새로운 내부 세계인 근골격계와 감각의 관문으로 이루어진 세계에서 오는 이미지들이 있다. 신체 골격의 이미지는 다른 모든 이미지들이 놓이고 고정되는 인체 모형을 형성한다. 이 모든 정교한 이미지화 작용은 대규모 연극 한 편이나 교향곡, 영화 정도에 그치지 않는다. 이것은 대서사시 규모의 멀티미디어 쇼이다.

이런 마음의 요소들이 우리의 정신생활을 얼마나 많이 지배하는지, 즉 얼마나 많은 주의를 끄는지는 나이·기질·문화·시기·정신적 유형을 비롯해 수없이 많은 요소에 의해 결정된다. 우리는 외부 세계의 측면들이나 감정의 세계에 어느 정도 신경을 쓰는 경향이 있기 때문이다.

일반적인 상황에서 주관성이라는 기능의 강도는 다양하게 나타나며 이미지 통합의 정도도 역시 그렇다. 우리가 열정적으로 서사를 경험하거나 심지어 서사를 다시 쓰고자 할 때 주관성 기능은 절묘한 역할을 할 수 있다. 주관성 기능은 엄연히 존재하고 언제든지 이용할 수 있으며, 중심적 역할을 맡을 수 있기 때문이다.

예를 들어, 영화에 등장하는 인물들에게 어떤 일이 일어나는지에 완전히 몰입할 때 우리는 자신에 대해서는 잘 생각하지 않으며 즐거움을 우리 자신의 존재에 연결시키지도 않는다. 그럴 때 굳이 '나'한테 신경을 쓸 필요가 뭐가 있겠는가? 준거가 되는 '내가' 안정적으로 존재하면 충분한 것이다. 하지만 어떤 순간에 영화 속의 대사나 사건이 우리의 특정한 과거 경험과 연결돼 반응, 즉 생각과 정서적 반응 그리고 특정한 느낌을 자극한다면, 우리 '주체'가 전면으로 튀어나온다. 우리는 순간적으로 등장인물과 똑같이 영화 내용을 경험하게 되고, 우리의 의식적인 마음에서 우리의 존재는 더 두드러지게 된다. 이런 현상은 시간 여유를 갖고 느긋하게 내용을 감상할 때 훨씬 더 발생하기 쉽다. 소설이나 흥미진진한 논픽션을 읽을 때 이런 현상이 발생한다. 책을 읽을 때 우리는 내용을 받아들여 머릿속으로 번역하는 속도를 마음대로 조절할 수 있다. 우리가 관객의 자세를 포기하고 스크린으로부터 일부러 멀리 떨어져 있지 않는 한 영화를 볼 때는 이런 현상이 나타나지 않는다. 영화를 보면 내용을 수용하는 속도를 조절할 수 없다. 음악 감상이나 현실 경험이 그렇다. 수용하고 번역하는 속도를 마음대로 하고 싶다면 문학 작품 읽기를 권한다.

마지막으로, 내부의 이미지들이 두 가지 역할을 한다는 점을 짚고자 한다. 한편으로 이 이미지들은 의식의 멀티미디어 쇼에 기여한다. 의식이 펼치는 장관의 일부가 되는 것이다. 다른 한편으로 이 이미지들은 느낌을 형성하는 데 기여하고, 그럼으로써 애초에 우리를 관객으로 만들어 주는 의식의 속성인 주관성 자체를 생성하는 데도 도움을 준다. 처음에는 혼란스럽고 역설적으로 들리겠지만 사실은 그렇지 않다. 이 과정은 각 요소들이 서로 포개지는 과정이다. 느낌은 주관성에 포함된 감각질 요소를 제공하고, 주관성은 다시 느낌이 의식 경험에서 특정한 객체로 검토되도록 만든다. 역설적으로 보이는 이 과정은, 느낌을 빼고는 우리가 의식의 생리학에 대해 논할 수 없고, 그 반대도 불가능하다는 사실을 잘 보여 준다.

주관성: 첫 번째이자 없어서는 안 될 의식의 요소

의식적인 마음의 가장 중요한 이미지들, 즉 이야기 내용을 구성하는 대부분의 이미지들은 제쳐 두고, 의식을 가능하게 하는 가장 중요한 요소인 주관성을 만드는 이미지들에 집중해 보자. 내 마음속에 떠올라 '내 의식 속에 있다'고 말하는 모든 것을 기술할 수 있는 이유는, 내 마음에 있는 이미지들이 자동적으로 나의 이미지가 되기 때문이다. 이 이미지들은 내가 얼마나 노력을 기울여 선명하게 떠올릴 수 있는지 조절할 수 있고 자세히 살펴볼 수 있는 이미지들이다. 손가락을 까딱할 필요도, 도움을 청할 필요도 없이 내가 글을 쓰고 있는 지금, 나는 그 이미지들이 내 마음과 그 마음이 만들어지고 있는 몸의 주인인 내게 속해 있다는 것을 안다. 나는 내가 자리 잡고 있는, 살아 있는 유기체의 주인이다.

주관성이 사라질 때, 즉 주인/주체가 마음속의 이미지들에 대한 소유권을 주장하지 않을 때 의식은 정상적인 작동을 멈춘다. 우리가 주관적인 관점에서 마음속의 분명한 내용들을 소유하는 것을 방해받는다면 그 내용들은 밧줄에서 풀려 떠돌게 되고 누구의 소유라고 딱히 말할 수 없게 된다. 그 내용들이 존재한다는 것을 누가 알겠는가? 의식은 사라질 것이고, 그 순간의 의미도 역시 사라질 것이다. 존재 의식이 중단되는 것이다.

재미있는 것은 주관성에 간단한 속임수(소유권에 대한 속임수라고 부를 수도 있겠다)를 쓰면 마음이 만들어 내는 이미지들은 의미 깊고 흥미로운 것이 될 수 있으며, 그 반대로 주관성을 없애면 모든 마음의 작용은 거의 쓸모없어지기도 한다는 사실이다. 의식이 어떻게 만들어지는지 알려면 먼저 주관성이 어떻게 만들어지는지 알아야 한다.

주관성은 실체가 아니라 과정이다. 그리고 이 주관성이라는 과정의 두 가지 핵심 요소는 마음속의 이미지들을 보는 **관점**의 구축, **느낌**과 이미지들의 연결이다.

1) 정신적 이미지를 보는 관점의 구축

'보인다'는 것은 우리 마음속의 명확한 시각적 내용이 우리의 시각의 관점, 구체적으로는 우리 눈이 보는 대략적인 관점으로 머리 안에서 설정된 대로 나타나는 것을 말한다. 마음속의 청각 이미지에 대해서도 똑같은 일이 발생한다. 이 이미지들은 우리의 맞은편에 있는 어떤 사람의 귀가 가진 관점이 아니라 우리 귀의 관점에서 형성되는 것이다. 눈의 경우도 그렇다. 촉각 이미지도 마찬가지이다. 촉각 이미지는 우리 손, 얼굴 등 직접 접촉을 하는 신체 부분의 관점을 정확히 반영한다. 또한, 사람이 자신의 코로 냄새를 맡고 자신의 미각 유두로 맛을 본다는 것은 확실한 사실이다. 곧 다루겠지만, 이런 사실은 주관성을 이해하는 데 핵심적인 역할을 한다.

주관성을 구축하는 데는 외부 세계에 대한 이미지를 만들어내는 기관이 위치한 감각 관문의 작용이 중요한 역할을 한다. 모든 감각이 지각하는 초기 단계는 감각 관문에 의존하기 때문이다. 눈 그리고 눈과 관련된 시스템이 대표적인 예이다. 눈구멍은 몸, 머리 그리고 심지어는 얼굴 안에서도 특정하고 한정된 위치를 차지한다. 눈구멍은 우리 몸의 3차원 지도 안에서 특정한 GPS 좌표를 가진다. 이 지도는 우리의 근골격계에 의해 정의되는 인체 모형이라고 생각하면 된다. 무엇을 보는 과정은 단순히 빛의 패턴을 망막에 쏘는 것보다 훨씬 복잡한 과정이다. '고급' 시력은 망막에서 시작해 신호 전달과 처리를 위한 몇 단계를 거쳐 시력을 관장하는 대뇌피질에 이르는 과정이다. 하지만 뭔가가 보이려면 먼저 **바라보아야** 한다. 쳐다보는 것은 수많은 행위로 구성되는 과정이며, 이런 행위들은 망막이나 시각피질에 의한 것이 **아니라** 눈 안과 눈 주위의 복잡한 장치들에 의해 이루어진다. 카메라처럼 눈에는 망막에 흡수되는 빛의 양을 조절하는 셔터와 조리개가 있다. 카메라의 렌즈 같은 역할을 하는 수정체도 있다. 수정체는 사물에 초점을 맞추도록 자동적으로 조정된다. 인간 고유의 자동초점 기능이다. 마지막으로, 두 눈은 다양한 방향으로 움직인다. 두 눈은 복합적인 방식으로 위아래 좌우로 움직이면서, 우리가 머리나 몸을 움직이지 않고도 눈앞에 있는 것들만이 아닌 전 방향의 사물들을 살피고 시각적으로 포착해 낸다. 이 모든 장치들은 몸 감각 기관somatosensory system에 계속 감지돼 그에 상응하는 몸 감각 이미지를 만들어 낸다. 우리가 이런 시각 이미지를 만들어 냄과 동시에 우리의 뇌는 이 정교한 장치들을 통해 수많은 움직임들도 이미지로 만들어 낸다. 이 장치들은 최대한 자기 지시적인 방식으로 이미지를 통해 뇌와 몸이 무엇을 처리하고 있는지 마음에 알려 주고, 인체 모형 안 어디에서 그런 활동이 일어나고 있는지를 '찾아낸다.' 인체 모형 이미지는 쇼의 관객 역할을 하는 미묘한 부분이다. 이 이미지는 우리가 의식 쇼에서 설명한 이미지들만큼 선명하지는 않다. '바라보는'

과정을 가능하도록 만드는 데 필요한 움직임과 조정에 관한 정보를 받아들이는 뇌 체계는 시각 이미지 자체, 즉 '보임'의 기초적 정보를 받아들이는 뇌 체계와는 완전히 다르다. '쳐다보는 것'에 관계된 장치는 시각 피질에 위치하지 **않기** 때문이다.

이제 특이한 상황 하나를 생각해 보자. 주관성이라는 과정의 일부가 주관성 안에 있는 명백한 내용, 즉 **이미지**를 구축하는 데 쓰이는 것과 똑같은 종류의 소재로 만들어지는 상황이다. 소재의 종류는 같지만 그 소재들의 출처는 서로 다르다. 이 특정한 이미지들은 일반적으로 의식을 지배하는 물체·행동·사건에 해당하는 이미지가 아니라, **다른 이미지들을 만드는 와중에 형성된, 우리 몸 전체에 대한 일반적인 이미지**에 해당한다. 이 새로운 이미지들은 다른 이미지들과 함께 교묘하고 조용하게 삽입되어 마음에 선명한 내용을 만드는 과정을 부분적으로 드러내 준다. 이 새로운 이미지들은 그 선명한 내용을 소유하고 있는 같은 몸 안에서 생성되며, 현재 우리 뇌 안의 멀티플렉스 스크린에서 상영되고 있다. 또한 의식이 우리에게 소유하고 누리도록 허용한 이미지들이기도 하다. 이 새로운 이미지들은 **다른** 이미지들을 얻는 과정에 있는 소유주의 몸을 있는 그대로 기술하도록 도와주지만, 주의를 기울이지 않는다면 그 이미지들의 존재는 거의 눈치챌 수 없다.

전체적인 과정을 요약하자면 이렇다. (1) 우리가 우리 마음속에 살고 있는 순간에 핵심적인 것으로 경험하고 해석하는 근본적인 이미지와 (2) 그 이미지들을 구축하는 과정에서 형성된 우리 몸의 이미지를 합쳐 놓은 콜라주라고 할 수 있다. 우리는 후자에는 관심을 거의 기울이지 않는다. 그 이미지들이 **주체**를 형성하는 데 핵심적인 역할을 하고 있음에도 그렇다. 우리는 마음의 근본적인 내용을 기술하는, 갓 만들어진 이미지들에만 주의를 기울인다. 그 내용은 우리가 계속 생존하려면 반드시 처리해야 하는 내용이기 때문이다. 주관성, 더 넓은 의미에서는 의식의 과정이 미스터리로 남아 있는 이유 중 하나가 바로 이것이다. 꼭두각시에 달려 있는 줄이 편의에 의해 숨겨져 있는 것이다. 이것은 그래야 하기 때문이지, 호문쿨루스나 신비한 마술에 의한 것이 전혀 아니다. 이 과정은 너무나 자연스럽고 단순하기 때문에, 우리가 할 수 있는 최선은 존경을 담은 미소로 이 과정의 기발함에 찬사를 보내는 것밖에는 없다.

우리 마음속에 흐르는 이미지가 현재를 지각하는 데서 온 것이 아닌, 기억이나 회상에서 온 것이라면 어떤 일이 발생할까? 똑같은 설명이 가능하다. 기억된 소재들이 마음의 내용에 삽입될 때 그 소재들은 그 순간 진행되고 있는 지각들과 섞이게 되고, 현재 지각하는 것들은 어떤 틀에 갇히고 개인화되어 개별적인 관점을 형성하는 데 필요한 '닻'을 제공한다.

2) 느낌: 주관성의 또 다른 요소

근골격계와 감각 관문에 의해 생성된 관점만으로는 충분한 주관성이 구축되지 않는다. 관점이 형성되려면 감각이 있어야 하지만, 이외에도 관점 형성에 결정적인 기여를 하는 요소로 연속적인 느낌이 필요하다. 느낌이 풍부하면 감정성feelingness이라고도 말할 수 있는 비옥한 배경이 형성된다.

지난 장들에서 우리는 느낌이 구축되는 과정을 다루었다. 여기서는 어떻게 느낌이 감각 관점과 결합해 주관성을 만들어 내는지 다룰 것이다. 느낌은 의식의 명백한 구성 요소에 담겨 있는 이미지들에 자연스럽고 풍부하게 수반된다. 느낌의 풍부함은 두 가지 원천에서 나온다. 정도가 어떻든 항상성 수준으로 인해 행복하거나 불안한 현재 삶에 대한 상태가 한 가지 원천이다. 자연적인 항상성 느낌은 고조와 저하를 반복하면서 항상 존재하는 배경 역할을 한다. 명상을 수행하는 사람들이 경험하고 싶어 하는, 존재에 대한 순수한 자각이 이와 비슷한 상태일 것이다. 느낌의 또 다른 원천은 우리 마음속에서 내용의 흐름을 이루는 이미지 여러 개를 처리하는 과정에 있다. 이 이미지들은 정서적인 반응과 그에 해당하는 각각의 느낌 상태를 일으키기 때문이다. 7장에서 설명했듯이, 이 나중 과정은 우리 마음속에서 흐르는 모든 대상, 행동, 생각에 대한 이미지들의 특정한 성질의 존재에 의존한다. 정서적 반응을 촉발해 느낌을 만들어 내는 것이 바로 이 이미지들이기 때문이다. 이런 방식으로 생성된 수많은 감정은 현재 존재하는 항상성 느낌의 흐름에 합류해 그 흐름을 계속 타고 간다. 그 결과로 모든 이미지는 어느 정도 느낌과 항상 같이 움직이게 된다.

결론적으로 주관성은 의식의 일부가 되는 이미지들이 몸 어디서 생성되는지에 대한 유기체의 관점과, 근본적인 이미지들에 의해 촉발돼 그 이미지들에 동반되는 유발 느낌provoked feeling과 자연 발생적인 느낌spontaneous feeling이 끊임없이 구축되는 현상이 합쳐진 것이라고 할 수 있다. **정신적 경험**은 그 이미지들이 유기체의 관점에 제대로 배치되는 **동시에** 느낌에 적합하게 함께 나타나는 것이다. 뒤에서 다루겠지만, 엄밀한 의미에서 의식은 이런 정신적 경험이 더 넓은 범위에서 적절히 통합될 때 발생한다.

따라서 의식을 구성하는 정신적 경험은 정신적 이미지, 그런 이미지들을 우리 이미지로 만드는 주관성 **둘 다**에 의존한다. 주관성에는 이미지를 만드는 관점과 이미지 처리에 수반되는 광범위한 감정성이 필요하다. 이 두 요소는 몸 자체에서 직접 비롯되는 것이다. 또한 이 요소들은 신경계가 유기체 주위뿐만 아니라 유기체의 내부에서 끊임없이 대상과 사건을 감지하고 지도로 만드는 경향에 의해 생성된다.[3]

의식의 두 번째 구성 요소: 경험의 통합

관점과 느낌이라는 구성 요소를 가진 정교한 작용인 주관성으로 우리가 이번 장의 처음 부분에서 다룬 의식을 충분히 설명할 수 있을까? 답은 '아니요'이다. 나는 앞에서 **당신** 또는 내가 쇼를 관람하면서 다시 자신이 그 쇼의 주인공이 되기도 하는 멀티미디어 공연을 보는 경험에 대해 이야기했다. 주관성이 아무리 정교하다고 해도 그것만으로는 충분하지 않다. 의식을 충분히 설명하려면 또 다른 구성 과정이 필요하다. 이미지들과 각각의 주관성들을 더 넓은 범위에서 통합시키는 과정이다.

엄밀한 의미에서 의식은 주관성이 주입된 정신적 이미지들이 어느 정도 통합된 방식으로 광범위하게 드러나고 경험되는 특정한

마음의 상태이다.[4]

주관성과 이미지의 통합이 일어나는 곳은 **어디**일까? 뇌의 어떤 특정 부위일까, 아니면 관련된 과정이 일어나는 특정 시스템이 있는 부위일까? 내가 아는 한 둘 다 정답이 아니다. 지난 장들에서 살펴봤듯이, 마음은 신경계와 그 각각의 신경계들**과** 상호작용하는 몸의 결합 작동 과정에서 아주 복잡한 형태로 나타난다. 이 결합 작동은 항상성을 지켜야 한다는 명령에 근거하며, 모든 세포·조직·기관·시스템 그리고 각각의 표현에서 보통 명백하게 드러난다. 의식은 생명과 연관된 쌍방향 속박에서 비롯되며, 생명과 연관된 의식은 우리의 생존이 이루어지는 공간인 유기체의 기질을 형성하는 화학적·물리적 요소들과도 당연히 연결되어 있다.

의식·주관성의 구성 요소인 관점·느낌·의식의 통합에 필요한 모든 조건을 만족시키는 뇌의 특정한 부분이나 시스템은 존재하지 않는다. 의식을 관장하는 뇌의 특정한 한 지점을 찾으려는 지금까지의 시도가 모두 실패했다는 사실은 별로 놀랍지도 않다.[5] 한편, 앞에서 언급했듯이, 이 과정의 주요 구성 요소들인 관점·느낌·통합된 경험의 생성과 분명하게 관련된 뇌의 몇몇 부위나 시스템들을 찾아내는 것은 가능하다. 이 부위들과 시스템들은 질서 정연하게 생산 라인에 들어왔다 나가면서 조화롭게 이 과정에 참여한다. 역시 뇌의 이 부위들도 독립적으로 기능하지는 않으며, 몸과 긴밀한 협력을 하면서 작동한다.

그렇다면 내 가설은 이렇다. 이 과정에 기여하는 요소들이 따로따로 생성되어 순차적·병렬적 또는 심지어 겹쳐지는 방식으로 투입된다는 것이다. 즉, 시각과 청각 부분에 지배되는 장면에 대한 주관성이 생성되려면 뇌간 구조와 대뇌피질의 시각과 청각 시스템의 여러 부분에서 작용이 일어나야 한다. 기억에서 소환된 관련 이미지들은 그 장면의 주요 이미지들과 서로 섞이게 될 것이다. 이미지들의 흐름으로 생성되는 느낌과 관련된 작용은 상부 뇌간, 시상하부hypothalamus, 편도체amygdala, 기저전뇌basal forebrain, 섬 피질과 대상피질의 핵이 주관하며 몸의 다양한 부분과의 상호작용으로 일어나기도 한다. 감각 관문/근골격계와 관련된 작용은 뇌간 덮개(중뇌 상구·하구)와 몸 감각 피질, 전두 안구 영역에서 일어난다. 마지막으로, 이 모든 작용의 조절 중 일부는 내측 피질 영역, 특히 피질후내측부posteromedial cortices에서 시상핵thalamic nuclei의 도움을 받아 일어난다.

경험 통합과 관련된 과정이 일어나려면 이미지들은 이야기 형식으로 정렬되고 주관성 과정에 의해 조절되어야 한다. 그러기 위해서는 뇌의 양쪽 반구의 연합 피질이 대규모 네트워크 형태로 정렬되어야 하는데, 그 네트워크 형태 중에서 가장 잘 알려진 것이 바로 초기 설정 상태 네트워크이다. 서로 접해 있지 않은 뇌의 영역들은 이 대규모 네트워크에 의해 꽤 긴 양방향 경로로 연결된다.

간단히 말해, 몸과 밀접하게 연결되어 작동하는 뇌의 다양한 부분들은 이미지를 만들고, 그 이미지들에 대한 느낌을 생성하며, 관점 지도에서 그 이미지들에 해당하는 것을 찾아낸다. 그렇게 함으로써 주관성의 두 구성 요소를 만들어 내는 것이다. 뇌의 다른 부분들은 이미지들을 순차적으로 조명하는 역할을 한다. 이 부분들은 각각 감각 원천**에서** 조명함으로써 이미지들이 장소가 아닌 시간 기준으로 넓게 보이도록 해 준다. 이 이미지들은 뇌 안에서 여기저기 돌아다닐 필요가 없다. 이 이미지들은 부분적이고 순차적인 조명에 의해 주관성 과정에 유입되어 통합된다. 각각의 시간 단위마다 처리되는 이미지와 서사의 수는 다를 수 있으며, 그 차이가 그 순간의 통합 범위를 결정한다. 뇌의 서로 떨어진 영역들과 그 영역들을 돕는 몸의 많은 영역들은 실제로 신경 경로에 의해 서로 연결되어 있으며, 신경 해부학적 구조와 시스템 수준으로까지 추적할 수 있다. 그럼에도 불구하고, 내가 이 장 서두에서 언급한 파노라마적인 통합 경험은 하나의 뇌 구조에서 발견되는 것이 아니라, 시간을 두고 단편적으로 활성화되는 수많은 프레임 형태로 나타난다. 마치 수많은 스틸 사진들이 모여 영화 필름이 되는 것과 같다. 하지만 앞에서 내가 뇌 안의 극장이라는 비유를 들었을 때는 이야기 안에 들어가는 평범한 이미지들을 만들고 정렬하는 것만 생각했다는 점에 주목해 보자. 나는 그 이미지들에 주관성을 주입해, 통합의 범위를 훨씬 더 넓은 다차원 캔버스, 즉 공간이 시간에 의존하는 캔버스로 확장하는 더 복잡한 과정은 고려하지 않았다.

이 가정에서 떠오르는 그림은 이 과정의 상부 층위가 각각의 신경계, 그 신경계들을 서로 연결하는 경로, 신경계들과 몸과의 상호작용에 처음부터 끝까지 의존한다는 것이다. 그 과정은 전체적으로는 시간에 따라 펼쳐지지만, 과정 자체는 특정한 개개의 유기체들의 작동에 깊게 뿌리를 둔 절묘한 기여의 결과물이다. 이 과정은 말초신경계와 중추신경계에서 일어나는 직접적 화학작용을 통한 유기체의 신경 말초의 기여 없이는 생각도 할 수 없는 일이다.

이 과정에는 뇌간 핵과 종뇌 핵이 상당량 필요하다. 또한 진화가 얼마나 진행되었든 대뇌피질이 필요하다. 의식의 형성 과정에서 이런 신경 부분의 하나가 다른 부분의 우위에 선다는 것은 우스운 일일 것이다. 또한 몸의 존재를 무시하는 것도 마찬가지일 것이다. 신경계는 몸을 위해 존재하기 때문이다.[6]

감각에서 의식으로

살아 있는 수많은 종들이 넓은 의미에서 의식이 있다는 생각에는 장점이 있다. 물론 문제는 인간이 아닌 다른 종들이 보이는 의식의 '종류'와 양일 것이다. 박테리아와 원생동물이 감각을 가지고 있고 환경 조건에 반응한다는 것에는 별 의심의 여지가 없다. 짚신벌레도 그렇다. 식물은 뿌리를 천천히 자라게 하거나 잎·꽃의 방향을 바꿈으로써 온도·수분·태양광에 반응한다. 이 생물체들은 다른 생물체들 또는 환경의 존재를 계속해서 **감지한다**. 하지만 나는 이 생물체들이 전통적인 의미에서 의식이 있다고는 생각하지는 않는다. 전통적인 의미의 의식은 마음과 느낌이라는 개념과 밀접하게 연결되어 있으며 지금까지 나는 마음과 느낌을 신경계의 존재와 연결시켜 왔기 때문이다.[7] 앞에서 말한 생물체들은 신경계가 없다. 정신적 상태가 있다는 증거도 전혀 없다. 요컨대, 정신적 상태, 즉 마음은 전통적인 의미에서 의식적인 경험이 존재하기 위한 기본 조건이다. 그 마음이 관점, 즉 주관적인 관점을 가질 때에야 비로소 엄밀한 의미의 의식이 시작될 수 있다.

의식의 시작 이야기는 그만하자. 앞에서 살펴봤듯이, 의식은 매우 높은 곳, 즉 주관성이 작용해 복잡하게 통합된 다중 감각 경험이라는 성층권에서 끝난다. 이 경험은 주체가 겪고 있는 현재의 외부 세계와 복잡한 옛날 세계, 즉 주체가 떠올린 기억으로부터 조합된 과거 경험 세계 모두를 이르는 말이다. 이 경험은 또한 주체에 대한 현재 몸 상태의 세계이기도 하다. 그리고 그 상태는 앞에서 말했듯이 주관성 과정의 닻이며 의식의 명확하고도 핵심적인 구성 요소이다.

식물, 단세포생물의 자극 감응성과 감각 사이에, 정신적 상태와 의식 사이에 생리학적·진화론적으로 거대한 간극이 있다고 해서 감각·정신적 상태·의식이 서로 연관이 없다고 말할 수는 없다. 오히려 그 반대이다. 정신적 상태와 의식은 신경계가 있는 생물체들 안에서 이루어지는 정교한 작용에 의존하며, 그 작용은 신경계가 없는 간단한 생물체에서 나타나는 전략과 메커니즘들의 복잡한 조합이라고 할 수 있다. 진화론적으로 보면 이 작용은 신경 다발, 신경절, 중추신경계 안의 핵에서 시작된다. 엄밀한 의미에서 이 작용은 결국 뇌에서 이루어지는 것이다.

이런 자연적인 과정에서 기초 수준의 세포 감응cellular sensing 현상과 최고 수준에 도달한 정신적 상태 사이에는 중간 단계의 임계 수준이 존재한다. 정신적 상태 중에서 가장 근본적인 상태인 느낌으로 이루어진 단계이다. 느낌은 핵심을 이루는 정신적 상태로, 구체적이고 기본적인 내용, 즉 **의식이 속한 몸의 내부 상태를 담고 있는 바로 그 정신적 상태**일 것이다. 또한 느낌은 몸 안 생명 상태의 다양한 특성과 관련되어 있기 때문에 필연적으로 **정서가**가 있을 수밖에 없다. 다시 말해, 느낌은 좋거나 나쁘고, 긍정적이거나 부정적이고, 욕구가 있거나 회피적이고, 즐겁거나 고통스럽고, 유쾌하거나 불쾌한 것이라는 뜻이다.

생명의 **현재** 내부 상태를 기술하는 느낌이 **유기체 전체의 현재 관점 안으로** '놓이거나' 심지어는 '위치가 정해지면' 주관성이 출현한다. 그때부터 우리를 둘러싸는 사건들, 우리가 참여하는 사건들, 우리가 떠올리는 기억들에는 새로운 가능성이 주어진다. 이런 것들이 실제로 우리에게 **중요해질** 수 있다는 뜻이다. 이런 사건과 기억들은 우리 삶의 과정에 영향을 미칠 수 있기 때문이다. 인간의 문화적 발견에는 이 단계가 필요하다. 사건이 중요해지고, 그 사건이 속한 개인들에게 이로운지 아닌지 자동적으로 분류가 되는 단계이다. 의식에 의한 느낌, 주인이 있는 느낌은 인간의 상황에 문제가 있는지 아닌지 가장 먼저 진단할 수 있게 해 준다. 느낌은 상상을 활발하게 하고 상황이 문제가 있을지, 잘못된 경보일지 판단하는 추론 과정을 자극한다. 주관성은 문화적 표현물을 만드는 창의적인 지능에 동력을 공급하기 위해 필요하다.

주관성은 이미지·마음·느낌에 새로운 성질을 부여할 수 있었다. 이런 현상이 일어나는 특정한 유기체와 관련된 소유 의식, 즉 개체성의 우주로 진입하는 것은 '**내 것임**mineness'이라는 성질이다. 정신적 경험은 마음에 새로운 영향을 미쳤는데, 이는 현존하는 수많은 생물체들에게 이득을 주는 일이었다. 또한 인간에게는 정신적 경험이 의도적으로 문화를 구축할 수 있게 해 준 직접적인 열쇠 역할을 했다. 아픔, 고통, 즐거움이라는 정신적 경험은 인간이 원하는 것의 기초가 되었으며, 인간이 발명을 할 수 있도록 징검다리를 놓았다. 자연선택과 유전정보 전달 작용에 의해 행동들이 축적되어 그 정도 수준까지 올라가는 것과는 극명한 대조를 이룬다. 이 두 과정, 즉 생물학적 진화와 문화적 진화 사이의 간극은 너무나 크기 때문에 항상성이 둘 다를 이끄는 힘이라는 사실은 종종 간과되곤 한다.

이미지는 유기체와 관련된 특정한 이미지들을 포함하는 **맥락** context의 일부가 되기 전까지 이미지 자체로는 **경험될** 수 없다. 그 **특정한 이미지들**은 **유기체의 감각 장치**가 특정한 대상을 가지고 개입함에 따라 유기체가 어떻게 상태가 바뀌는지 자연스럽게 말해주는 이미지들이다. 그 대상이 외부 세계에 있든 몸 안에 있든, 유기체의 내부 또는 외부에 있는 어떤 것을 이전에 이미지로 만듦으로써 생성된 기억에서 소환된 것이든 중요하지 않다. **주관성은 끊임없이 만들어지는 이야기이다**. 이 이야기는 특정한 뇌의 부분들을 가진 유기체의 주변 상황에서 시작된다. 이 뇌의 부분들이 주변 환경, 과거 기억의 세계, 내부의 세계와 상호작용하기 때문이다.[8]

이것이 바로 의식 뒤에 숨은 신비의 정수이다.

의식이라는 어려운 문제에 대한 여담

철학자 데이비드 차머스David Chalmers는 의식 연구의 두 가지 문제를 찾아내 의식의 탐구에 집중한 사람이다.[9] 실제로 이 두 가지 문제는 신경계의 유기 물질이 어떻게 의식을 만들 수 있었는지에 대한 이해와 관련이 있다. '쉬운' 문제로 생각된 첫 번째 문제는 뇌가 이미지, 이미지를 조작할 수 있는 기억·언어·추론·의사 결정 등의 도구들을 만들도록 해 주는 복잡하지만 해독 가능한 메커니즘에 관한 것이다. 차머스는 독창성과 시간이 있으면 문제를 풀 수 있다고 생각했다. 차머스의 생각이 옳았다고 생각한다. 그는 지도 만들기나 이미지 만들기에 대해서는 이의를 제기하지 않았다. 현명한 생각이었다고 나는 믿는다.

우리 정신 활동의 '쉬운' 부분들이 왜 그리고 어떻게 의식이 되는지를 이해하는 것은 차머스가 찾아낸 '어려운' 문제였다. 차머스는 "왜 이런 정신적 기능들(쉬운 문제를 설명할 때 언급했던 기능)이 경험에 수반되는지" 알고 싶어 했다. 따라서 어려운 문제는 정신적 경험과 정신적 경험이 어떻게 구축되는지에 관한 것이었다. 우리가 어떤 지각 대상에 대해 의식할 때, 예를 들어, 내 앞에 앉아 있는 여러분 또는 형태와 색깔 그리고 입체감이 있는 그림 이미지에 대해 의식할 때, 나는 자동적으로 이 두 이미지가 다 내 것이라는 것을, 나에게 속해 있고 다른 사람에게는 속해 있지 않다는 것을 안다. 앞에서 언급했지만 정신적 경험의 이런 측면은 주관성으로 알려져 있다. 하지만 주관성에 대한 언급만으로는 내가 말한 주관성을 구성하는 기능적 요소들이 만들어지지는 않는다. 중요한 것은 **정신적 경험의 질, 감정성, 그리고 유기체의 관점적 틀 안에 감정성을 위치시키는 과정**이다.

차머스는 왜 경험에 느낌이 '동반되는지' 알고 싶어 한다. 감각 정보에 동반하는 느낌이 애당초 왜 존재하는가?

나는 경험 자체가 부분적으로 느낌으로부터 형성된다고 설명하고 싶다. 따라서 이 문제는 동반에 관한 문제가 아니다. 느낌은 우리 같은 유기체의 항상성 유지에 필요한 작용들의 결과이다. 느낌은 절대적으로 존재한다. 느낌은 마음의 다른 측면들과 같은 옷감으로 만들어진 것이다. 초기 유기체들의 형성 과정에 침투한 항상성 명령은 유기체의 완결성을 확실히 하는 화학적 경로들과 특정한 행동 프로그램들을 선택하게 만들었다. 신경계를 갖추고 이미지를 만들 수 있는 능력을 가진 유기체들이 나타나자 뇌와 몸은 협력해 완결성 유지라는 복잡한 다단계 프로그램을 다차원으로 그리기 시작했고 그 결과로 느낌이 출현한 것이다. 느낌은 다양한 대상들, 그 대상들의 구성 요소들, 상황에 비교할 때 화학적 경로들과 행동 프로그램이 가지는 항상성 면에서의 이익 또는 결핍에 대한 해석자로서, 마음으로하여금 현재의 항상성 상태를 알게 해 줌으로써 매우 유용한 조절 수단이라는 또 하나의 층을 추가했다. 느낌은 자연이 반드시 선택해 정신적 과정에 늘 동반시키는 결정적인 장점이었다. 차머스의 질문에 대한 대답은 "**유기체는 감정이 나타내는 정신적 상태를 가지는 것이 유리하기 때문에 정신적 상태는 자연스럽게 어떤 것으로든 느껴진다**"는 것이다. 그렇게 되어야만 정신적 상태는 유기체가 항상성 유지 면에서 가장 적합한 행동을 하도록 도움을 줄 수 있다. 실제로, 우리 같은 복잡한 유기체는 느낌이 부재한 상황에서 생존할 수 없다. 자연선택으로 느낌은 정신적 상태의 항구적인 속성이 된 것이다. 생명체와 신경계가 느낌 상태를 어떻게 만들어 내는지에 대한 자세한 설명을 보려면, 지난 장들을 다시 읽으면서 느낌이 몸과 관계된 점진적인 과정들로부터 상향식으로 발생한 뒤 간단한 화학물질과 행동 현상들이 축적되어 진화를 거치면서 유지되었다는 사실을 다시 떠올려 보길 바란다.

느낌은 우리 같은 탄소 기반 유기체들의 진화 과정을 변화시켰다. 하지만 느낌의 영향이 극대화된 것은 진화 후반에 이르러서였다. 주체가 가진 더 넓은 관점에 느낌 경험이 삽입되어 가치를 발하고 개인에게 중요해지기 시작한 시점이다. 이때가 되어서야 느낌은 상상·추론·창의적인 지능에 영향을 미치기 시작했다. 독립적으로 존재하던 느낌 경험이 이미지로 만들어진 주체 안에 자리를 잡고서야 이런 일이 일어난 것이다.

어려운 문제는, 마음이 유기 조직에서 발생한다면 정신적 경험, 즉 **느껴지는** 정신적 상태가 어떻게 만들어지는지 설명하는 것은 어렵거나 불가능할 수 있다는 사실이다. 이에 관해, 관점적 입장perspectival stance과 느낌을 혼합하면 어떻게 정신적 경험이 발생하는지 그럴듯하게 설명할 수 있다는 것이 내 제안이다.

3부

문화적 마음의 작용

The Strange Order of Things

10

문화에 대하여

인간의 문화적 마음의 작용

모든 정신적 기능이 인간의 문화적 과정에 개입하지만, 제2부에서는 이 중에서 이미지를 만드는 능력·감정·의식을 특히 강조했다. 문화적 마음cultural mind은 이런 정신적 기능 없이는 생각할 수 없기 때문이다. 기억·언어·상상·추론은 문화적 과정의 주요 구성요소이지만, 이 요소들은 이미지 생성 작용을 필요로 한다. 문화를 구체적으로 실행하고 문화적 산물을 생성하는 창의적인 지능도 감정과 의식 없이는 작동할 수 없다. 하지만 이 감정과 의식 또한 어찌된 일인지 합리주의 혁명과 인지 혁명이라는 혼란을 겪으면서 사라지고 망각된 기능이 되어 버렸다는 것은 매우 기이한 일이다. 감정과 의식은 특별한 관심을 받을 가치가 있다.

19세기 말, 찰스 다윈, 윌리엄 제임스, 지그문트 프로이트, 에

밀 뒤르켐Émile Durkheim 같은 학자들은 문화적 사건을 형성하는 데 생물학이 차지하는 역할을 인식하기 시작했다.[1] 거의 비슷한 시기 그리고 20세기 초반 몇십 년 동안, (허버트 스펜서Herbert Spencer와 토머스 맬서스Thomas Malthus를 포함한) 수많은 학자들은 생물학적 사실을 동원해 다윈의 이론을 사회에 적용하기 시작했다. 사회진화론으로 알려진 이런 시도들 때문에 유럽과 미국에서는 우생학적 권고가 이루어지기 시작했다. 그 뒤, 제3제국(나치 독일) 시기에는 급진적인 사회문화적 변환을 목적으로 생물학적 사실들을 잘못 해석해 인간 사회에 적용하기도 했다. 그 결과는 끔찍했다. 민족적인 배경, 정치적·행동적 정체성 때문에 특정한 인간 집단들이 대량 학살의 대상이 되었다. 이런 비인간적인 이상 행동의 근거로 생물학이 비난을 받은 것은 부당하지만 이해할 수 있는 일이었다. 그 후로 몇십 년이 지나서야 생물학과 문화 사이의 관계를 학문 연구 주제로 받아들였다.[2]

20세기의 마지막 25년에 접어들자, 사회생물학과 그에 따른 진화심리학은 문화적 마음에 대한 생물학적 관점뿐만 아니라 문화와 관련된 속성의 생물학적 유전 현상에 대한 효용성을 입증하기 시작했다.[3] 후자에 관한 연구는 문화와 유전적 복제 과정 사이의 관계에 집중되었다. 느낌과 이성의 세계가 서로 끊임없이 상호작용을 하고, 문화적 사고·대상·행위들이 불가피하게 느낌과 이성의 상호 수용과 모순에 갇혀 있을 수밖에 없다는 사실은 이런 연구의 주요 대상이 아니었다(진화심리학자들이 정서 같은 감정 세계의 행동 요소를 연구에 포함시키긴 했다). 이 책에서 내가 주목한 주제에 대해서도 마찬가지이다. 그 주제는 문화적 마음이 인간의 드라마를 다루고 인간의 가능성을 이용하는 방법, 문화적 선택이 문화적 마음의 임무와 유전적 전달을 완수하는 방법에 관한 것이다. 나는 문화적 과정의 다른 구성 요소를 배제하고 오직 감정과 인간의 드라마만을 고집하려는 것이 아니다. 감정, 특히 느낌에 특별한 관심을 두고 있을 뿐이다. 감정이 문화의 생물학을 설명하는 데 좀 더 분명하게 개입되길 바랄 뿐이다. 그러기 위해서는 문화 과정에서 항상성의 역할, 항상성의 의식 대리자인 느낌의 역할을 강조해야만 한다. 문화의 세계를 설명하기 위해 그동안 생물학이 수없이 동원되어 왔지만, 항상성이라는 개념은 생명 조절이라는 전통적이고 좁은 의미에서조차 문화를 설명하는 데 쓰이지 않았다. 앞에서 언급했지만, 탤컷 파슨스는 시스템의 관점에서 문화를 고려하면서 항성성을 언급했지만 그의 설명에서 항성성은 느낌이나 개인과는 관계가 없는 것이었다.[4]

항상성 상태와 항상성 결핍 상태를 바로잡을 수 있는 문화적 도구의 생성을 어떻게 연결할 수 있을까? 앞에서 제안했듯이, 그 연결 고리는 느낌, 즉 항상성 상태의 정신적 표현이다. 느낌은 현재의 가장 중요한 항상성 상태를 정신적으로 나타내고 격변 상태를 만들어 내기 때문에, 창의적인 지능을 동원하는 동기로 작용한다. 또한 창의적 지능은 문화적 행위나 도구를 실제로 가능하게 하는 연쇄반응에서 연결 고리 역할을 한다.

항상성과 문화의 생물학적 뿌리

이 책의 앞부분에서 인간의 문화적 반응의 몇몇 중요한 측면이 우리보다 간단한 살아 있는 유기체들의 행동에서 이미 나타났음을 살펴보았다. 하지만 이런 유기체들의 놀라울 정도로 효과적인 사회적 행동은 강력한 지능이 아니라 우리의 느낌을 닮은 유기체의 느낌으로 촉발되었다. 이 사회적 행동들은 생명 작용이 항상성 명령에 대처하는 자연스럽고도 놀라운 방식에 기인한다. 항상성 명령은 개인적·사회적으로 유리한 행동을 하는 맹목적인 투사라고 할 수 있다. 인간의 문화적 마음에 대한 생물학적 뿌리를 나는 이렇게 생각한다. 인간을 포함한 간단하고 복잡한 유기체에서 항상성은 생명을 유지하고 번성시키는 행동 전략과 장치들을 만들어내는 역할을 해 왔다는 것이다. 초기 유기체에서 항상성은 느낌의 **전구체**와 정신적 작용이 없는 상태에서 주관적 관점을 만들어 냈다. 그것은 느낌도 주관성도 없는 상태, 신경계와 마음이 나타나기 전에 생명 작용에 필수적인 도움을 줄 정도의 메커니즘만 있는 상태에서 일어난 일이다.

이 모든 메커니즘은 내분비계와 면역 체계의 전구체 안에서 자연선택된 분자들과 자연선택된 행동 프로그램 덕분에 가능했다. 이 메커니즘의 대부분은 오늘날까지 잘 보존되어 있으며, 우리는 이 메커니즘을 정서적 행동이라고 부른다.

후기의 유기체들에서 신경계가 나타나자 마음이 작용하기 시작했다. 그리고 그 마음 안에서 외부 세계, 외부 세계와 유기체와의 관계를 나타내는 모든 이미지들과 함께 느낌이 작용하기 시작했다. 이 이미지들은 주관성, 기억, 추론 그리고 결국에는 음성 언어와 창의적 지능의 지원을 받게 되었다. 전통적인 의미에서 문화와 문명을 구성하는 도구와 행위는 그 후에 출현했다.

항상성은 개인의 생존과 번성을 이루었고 개인이 계속 생존하고 번식할 수 있는 조건을 만드는 데 도움을 주었다.[5] 살아 있는 유기체들은 처음에는 신경계와 마음에 의지하지 않고 이 목적을 이루었지만 나중에는 마음과 의지를 이용하게 되었다. 이용할 수 있는 수많은 방법 중에서 가장 편리한 방법이 진화 과정에서 선택되었고, 그 결과로 수많은 세대에 걸쳐 그 유전자가 유지되었다. 간단한 유기체들에서는 자율적 자기 조직화 작용을 통해 자연적으로 형성된 것들 중에서 선택이 이루어졌다. 복잡한 유기체들에서는 선택 과정이 문화적인 성격을 띠게 되었다. 즉, 주관적으로 의도된 발명에 의해 만들어진 것들 가운데 선택이 이루어졌다는 뜻이다. 복잡성의 수준은 천차만별이었지만, 언급되지 않았을 뿐 기본적인 항상성 목표는 언제나 같았다. 생존과 번성 그리고 번식이다. 이는 어떤 식으로든 '사회문화적' 특성을 드러내는 행위와 도구들이 진화 과정에서 초기에 여러 번 출현하게 된 이유를 잘 설명해 준다.

박테리아 같은 단세포 유기체가 생각을 하지 않고도 사회적 행동을 풍부하게 나타내는 것을 보면 다른 유기체들의 행동이 박테리아 집단이나 개체의 생존에 도움이 될지 아닐지를 박테리아가 판단한다는 것을 알 수 있다. 박테리아는 '마치' 판단력이 있는 것처럼 행동한다. 이는 '문화적 마음' 없이 이루어진 초기 '문화'라고 할 수 있다. 여기서 우리는 완전히 형성된 마음이 본질 면에서 위와 비슷한 문제를 끝까지 생각한 후 지혜와 명징한 이성이 스키마적 인 해결 방법을 채택해 처방하는 방식의 초기 형태를 볼 수 있다.

정교한 신경계를 가진 다세포 생명체인 사회적 곤충에서 '문화적' 행동은 고도로 복잡해진다. 이 곤충은 행동 관습이 더 복잡하며 구체적인 도구를 만들어 내기도 한다. 건축 구조를 닮은 군집 같은 물리적 실체가 그 예이다. 정교한 둥지, 간단한 도구 같은 것들을 만들어 내는 종들은 이 밖에도 수없이 많다. 물론 중요한 차이는 있다. 인간이 창조하지 않은 문화적 표현물들은 잘 구축된 프로그램이 적절한 환경에서 대부분 정형화된 방식으로 쓰인 결과이다. 이 프로그램들은 수십억 년 동안 자연선택에 의해, 항상성의 통제를 받으면서 형성되어 유전자를 매개로 전달되어 온 것들이다. 뇌가 없고 핵이 없는 박테리아의 경우 이 프로그램을 배치하는 통제 센터는 세포의 세포질에 위치한다. 곤충 같은 다세포 후생동물 종들에서는 통제 센터가 신경계에 위치한다. 이 경우 통제 센터는 신경계에서 유전체에 의해 형성된다.

진화와 그 가지들에 대해 잘 들여다보면 마음이 생기기 전의 유기체와 마음이 생긴 유기체 사이의 경계에 있는 종들을 볼 수 있다. 이 경계는 어느 정도는 '문화 이전pre-cultural' 행동, '진짜 문화적인truly cultural' 행동과 마음 사이의 경계라고 볼 수 있다. 순수한 유전적 진화는 전자에, 좀 다른 것들이 섞여 있긴 하지만 대체적으로 문화적인 진화는 후자에 해당한다는 사실이 흥미롭다.

인간 문화의 특이함

인간의 문화적 마음과 문화에 대해 우리가 그릴 수 있는 그림은 수없이 다양하다. 지배적인 명령, 즉 항상성 명령은 여전히 동일하지만 결과를 내는 방법에는 더 많은 단계들이 있다. 첫째, 계통에서 우리 전에 존재한 많은 종들은 박테리아가 처음 발생한 이후 확립된 간단한 반응들의 집합체, 즉 경쟁, 협력, 간단한 정서 표출, 미생물막biofilm 같은 방어 도구의 집단적 생성 등을 이용하면서 진화해, 복잡하고 항상성 친화적인 정서적 반응이자 대개는 사회적 반응이기도 한 반응을 만들어 낼 수 있는 일단의 **중간 메커니즘**intermediate mechanism을 유전적으로 전달했다. 이런 메커니즘의 핵심적 요소는 7장에서 설명한 감정이라는 장치 안에 자리하고 있고, 욕구와 동기 배치를 관장하며 다양한 자극과 시나리오에 정서적으로 반응한다.

둘째, 중간 메커니즘이 복잡한 정서적 반응과 그에 따른 정신적 경험인 느낌을 생성한다는 사실을 이용해 항상성은 더 분명하고 투명하게 작용할 수 있게 되었다. 느낌은 인간 특유의 풍부한 창의적 지능과 운동 능력에 의해 새로운 형태의 반응들이 일어나는 동기가 되었다. 이 새로운 형태의 반응들은 생리적 변수들을 통제하고, 항상성에 필수적인 일종의 양의 에너지 균형을 구축할 수 있었다. 이 새로운 형태의 반응들은 또 다른 측면에서도 혁신적이었다. 인간 문화의 사고·관습·도구가 문화적으로 전달되어 문화적 선택의 대상이 된 것이다. 유기체가 특정 상황에서 특정하게 반응하도록 해 주는 유전적 전구물질처럼 문화적 산물도 항상성과 항상성이 결정하는 가치들의 인도를 받아 부분적으로 나름의 고유한 색깔을 가지면서 쓸모 여부에 따라 살아남거나 사라졌다. 이 혁신적인 과정은 느낌-문화 관계의 세 번째 특징이자 첫 번째와 두 번째 특징만큼 중요한 특징이 나타나도록 한다. **느낌은 그 과정의 중재자로도 작용했던 것이다**.

중재자와 협상자로서 느낌

살아 있는 유기체는 생명 조절이라는 자연스러운 과정을 통해 생명체를 유지하고 번성하기에 적당한 변수들의 범위 안에서 적응한다. 생명 유지라는 영웅적인 과정에는 개개의 세포 단위와 유기체 전체 단위 양쪽에서 정밀하고 지난한 조절 과정이 필요하다. 복잡한 유기체들의 경우, 느낌은 그 조절 과정의 두 단계에서 핵심적인 역할을 한다. 첫째 단계는, 앞에서 살펴본 것처럼, 유기체가 잘 존재할 수 있는 범위 밖에서 작동해야 할 때, 즉 질병 상태에 진입해 죽음으로 흘러가는 상태이다. 그 단계에서 느낌은 바람직한 항상성 범위에 남아 있고자 하는 노력을 사고 과정에 주입하는 강력한 교란 요소가 된다. 두 번째 단계에서 느낌은 걱정과 강렬한 생각·행동을 일으키는 것 외에도 반응의 균일성을 중재하는 역할을 한다. 궁극적으로 느낌은 문화적 창조 과정의 판관 역할을 하는 것이다. 문화적 발명cultural invention이 결국 쓸모 있는지 아닌지는 대부분 느낌의 간섭에 의해 판명 나기 때문이다. 고통의 느낌이 고통을 사라지게 만들 방법을 만들게 할 때, 고통이 줄어드는 느낌을 받고 고통이 감소된다. 이 느낌은 고통을 사라지게 만드는 노력이 효과가 있는지 없는지 보여 주는 핵심적인 신호가 된다. 느낌과 이성은 분리할 수 없고 서로 연결되어 있으며 함께 하나의 고리를 이루고 있다. 이 고리는 느낌이나 이성 중 하나를 선호하긴 하지만 둘 다를 포함하고 있다.

요약하면, 오늘날의 문화적 반응 전체의 일부인 다양한 문화적 반응들은 잘못된 항상성 상태를 수정해 유기체를 이전의 항상성 범위 안으로 돌려놓았을 것이다. 이런 문화적 반응들이 지금까지 살아남은 것은 이 반응들이 유용한 기능적 목표를 성취하고 그에 따라 문화적 진화 과정에서 선택되었기 때문이라고 할 수 있다. 신기한 것은 이 유용한 기능적 목표가 특정 개인들의 힘을 강화시키고, 더 나아가서 특정 개인들로 구성된 집단들의 힘을 다른 집단들에 비해 더 강화시켰을 가능성이 존재한다는 것이다. 이 가능성을 뒷받침하는 좋은 예는 기술이다. 항해·무역·회계·인쇄 기술 그리고 현재의 디지털 미디어 같은 것들을 생각해 보면 된다. 확실한 것은 힘이 늘어날수록 그 힘을 통제하는 사람들이 이득을 본다는 사실이다. 하지만 힘을 얻으려면 야망에 대한 적절한 자극이라는 원동력이 있어야 하고 감정의 보상이 그 뒤를 따라야 한다. 문화적 도구와 관습이 만들어진 이유는 감정을 관리하기 위해서, 더 나아가 항상성 이상을 수정하기 위해서라는 생각이 가능하다. 또한 유용한 도구와 관습을 문화적으로 선택한 결과가 유전자의 빈도에 영향을 미치는 것은 말할 필요도 없이 당연하다.

생각의 장점에 대한 평가

문화적 마음이 작용한다는 이런 생각은 인간의 문화가 실제로 나타나는 것에 어떻게 맞아 들어갈까? 의심의 여지없는 최초의 문화적 표현물 중 일부인 다양한 초기 기술에 대해 생각해 보면 답이 쉽게 나온다. 사냥·방어·공격을 위한 도구 제작, 주거, 옷은 지능에 의한 발명이 기본적인 욕구에 어떻게 반응하는지 보여 주는 좋은 예이다. 각각의 인간들이 처음 이런 욕구들에 대해 알게 된 것은 배고픔, 목마름, 극심한 추위나 더위로 인한 느낌, 불안감, 고통 같은 자연 발생적인 항상성 느낌을 통해서였다. 이런 느낌들은 **개인적인** 삶의 상태들에 대한 관리와 관련이 있고 항상성의 결핍을 나타낸다. 에너지를 상당히 빠르게 만들어 낼 수 있는 음식에 대한 욕구와 고기 같은 음식의 원천을 찾고자 하는 욕구, 험악한 날씨로부터 보호받고 유아와 어린이들을 위한 안전한 피난처를 만들고자 하는 주거의 욕구, 포식자와 적들로부터 자신과 집단을 방어하고자 하는 욕구, 이 모든 욕구들은 부모-자식 간 애착과 유대, 공포와 관련된 느낌들에 의해 효율적으로 표현되었다. 이 느낌들은 지식·이성·상상에 의해, 요컨대 창의적인 지능에 의해 바로 행동으로 옮겨졌다. 같은 맥락에서 상처, 골절, 감염 같은 질병 상태도 주로 항상성 느낌에 의해 감지되고, 점점 더 효율적이 된 새로운 기술, 즉 나중에 역사가 의학이라고 부르는 기술에 의해 대처되었다.

대부분의 느낌은 고립된 개인뿐만 아니라 **다른 사람들과 관계를 맺고 있는 개인**과도 관련된 정서를 개입시킴으로써 유발된다. 누군가가 죽는 상황은 슬픔과 절망을 낳고, 그 상황의 존재는 공감과 동정심을 불러일으키며, 공감과 동정심은 창의적인 상상력을 자극해 슬픔과 절망에 대처하게 한다. 그 결과는 보살펴 주는 몸짓들, 육체적 접촉을 통한 보호처럼 단순할 수도 있고, 노래나 시처럼 복잡할 수도 있다. 그 뒤를 이어 항상성 상태가 다시 시작되면 감사나 희망 같은 더 복잡한 느낌 상태가 늘어나고, 그 복잡한 느낌 상태들은 이성에 의해 더욱 정교해진다. 유익한 형태의 사회성과 긍정적 감정 사이에는 밀접한 관계가 있으며, 이 둘은 모두 내인성 아편 물질처럼 스트레스와 염증을 조절하는 화학 분자들과 동일한 정도로 밀접한 관계가 있다.

의학이 된 반응이나 감정적 맥락과 이어진 현상 외의 다른 예술적 표현과 현상의 기원을 찾는 것은 쉬운 일이 아니다. 아픈 환자, 버려진 연인, 부상당한 군인, 사랑에 빠진 음유시인은 **느낄** 수 있었다. 이들의 상황과 느낌은 이들 자신 안에서 그리고 그런 상황에 있는 다른 사람들에게서 지적인 반응을 불러일으켰다. 유익한 사회성은 보상을 수반하고 항상성을 개선시키는 반면, 공격적인 사회성은 그 반대의 효과를 낸다. 하지만 분명히 말하건대 오늘날 예술이 치료 효과에 한정된다고 주장하고 싶지는 않다. 예술 작품에서 얻을 수 있는 즐거움은 여전히 치료의 기원과 관련이 있지만, 그 즐거움은 복잡한 사고, 의미와 결합되는 새로운 지적 영역으로 솟구칠 수 있기 때문이다. 그렇지만 나는 모든 문화적 반응이 원래의 그 반응이 기원한 어려운 상황에 언제나 실질적인 답을 제공하는 지적이고 깔끔한 재주라고 주장하는 것도 아니다.

긍정적인 측면에서 본 정서적 반작용과 문화적 반응의 다른 예는 다른 사람들의 고통을 덜어 주고자 하는 욕망, 그렇게 할 수 있는 방법을 발견하면서 얻는 즐거움, 행복을 줄 수 있는 물질적인 재화의 제공으로부터 재미있는 발명에 이르기까지 다른 사람들의 삶을 개선할 수 있는 방법을 찾는 데서 얻는 기쁨, 자연의 신비에 대해 생각하면서 그 신비를 풀어내는 데서 얻는 즐거움 등이 있다. 문화적 생각·도구·관습·제도의 대부분은 이렇게 적당한 규모로, 작은 집단 단위로 생겨났을 것이다. 시간이 지나면서 이런 문화적 생각·도구·관습·제도는 예배 장소, 지혜를 주는 책, 훌륭한 소설, 교육기관, 기본적인 원칙, 헌법 등의 형태가 되었다.

부정적인 측면에서 보면, 다른 인간들을 대상으로 한 그리고 다른 인간들에 의한 폭력은 지나치게 많은 역할을 했다. 폭력은 주로 정서라는 신경 장치의 개입으로 일어났다. 정서는 대형 유인원류에서 최고조로 발달했을 것이며, 그 정서의 그림자는 인간의 상태 전반에 걸쳐 지금도 드리워져 있다.

이런 폭력은 주로 수컷들이 행사했으며, 배고픔이나 집단이 관련된 영토 싸움이라는 명분으로 정당화될 수가 없는 것이었다. 폭력은 다른 성체 수컷들뿐만 아니라 암컷과 어린 개체들을 대상으로 행사되기도 했다. 인간이 조상으로부터 물려받은 이런 행동 양식은 인간의 역사를 통틀어 뛰어난 적응성을 보였으며, 생물학적 진화 과정을 거친 지금도 이런 행동을 할 가능성은 완전히 제거되지 않은 상태이다.[6] 실제로는 문화적 진화가 인간의 창의성에 힘입어 폭력의 표현 범위를 확장해 온 상태이다. 이탈리아 피렌체의 전통 축구인 캘리코 스토리코(Calico Storico, 공을 상대방의 골에 넣는 것은 축구와 비슷하지만 럭비처럼 공을 손으로 잡는 것이 허용되며 수비수들은 상대를 막기 위해 이종격투기를 방불케 하는 수단을 사용할 수 있다-옮긴이) · 럭비 · 축구가 좋은 예다. 육체적인 폭력은 고대 로마의 검투사 경기의 적장자인 몇몇 운동경기에 남아 있으며, 영화 · TV · 인터넷에서 다양한 형태의 오락 거리로 끊임없이 재현되고 있다. 육체적인 폭력은 또한 현대전, 테러 공격 등에서 국부 공격(특정 목표에 대한 신속 · 정확한 공격) 형태로도 흔하게 관찰된다. 한편, 비육체적 · 심리적 폭력은 권력을 마구 남용하는 형태로 존재한다. 현대 기술을 이용한 사생활 침해가 대표적인 예이다.

문화의 역할 중 하나는, 너무나 자주 나타나 우리의 기원을 상기시키면서 현재도 살아남은 야수들을 길들이는 것이다. 사무엘 폰 푸펜도르프Samuel von Pufendorf는 문화에 대해 "인간이 인간 본래의 야만적인 성향을 극복하고 기술을 통해 완전히 인간이 되기 위한 수단"이라고 정의했다.[7] 푸펜도르프는 항상성을 언급하지 않지만, 그의 정의에 대한 내 해석은 야만적 성향이 고통과 항상성 교란을 야기하는 반면, 문화와 문명은 고통을 줄이는 것이 목표이며, 그로 인해 유기체가 영향을 받는 과정을 재조정하고 제약을 가해 항상성을 회복한다는 것이다.

오늘날 문화적 도구와 관습은 대부분 불만과 권리 침해에 대한 반응인 것으로 드러났다. 그 반응은 특정한 곤경과 상황에 대한 사실적인 묘사로, 분노와 반감 같은 강력하고 활발한 정서와 그에 따른 느낌 상태로 나타난다. 여기서 우리는 감정과 이성이 사회적 움직임의 두 가지 구성 요소라는 것을 알 수 있다. 피투성이가 되면서 적을 격파한 것을 축하하는 노래와 시의 이면에는 역사의 일부분이 숨어 있다.

종교적 믿음에서 도덕성·정치적 관리 체계까지

초기 의술의 목적은 인간 영혼의 외상을 치료하는 것이 아니었다. 하지만 종교적 믿음, 도덕 체계와 정의, 정치적 관리 체계의 주 목표는 그런 외상을 치료하고 그 외상으로 인한 결과에서 회복시키는 것이었다. 종교적 믿음은 개인적인 상실의 슬픔과 가장 밀접한 관련을 갖고서 발생했다고 생각한다. 이런 슬픔 때문에 인간은 죽음의 불가피성과 죽음이 닥치는 수없이 많은 방식들과 마주하게 되었기 때문이다. 죽음의 원인은 사고, 질병, 타인이 가한 폭력, 자연재해 등이었지만 노령은 그 원인 중 하나가 아니었다. 선사시대에는 나이가 들어 죽음을 맞는다는 것이 극히 드문 일이었다. 하지만 인간 영혼이 입는 대부분의 외상은 사회적 공간에서 공적인 사건 때문에 일어났고, 종교적 믿음은 여러 가지 면에서 발생할 수밖에 없는 적절한 반응이었다.[8]

상실, 폭력을 당한 다음 느끼는 비통함에 대한 반응은 다양했으며, 주체에 따라 다르지만 그 반응에는 공감과 동정심뿐만 아니라 분노와 더 큰 폭력도 포함되어 있었다. 대규모 갈등을 해결하고 고도의 폭력을 끝낼 능력이 있는, 초인간적인 힘을 가진 신이라는 적응적인 개념을 생각해 냄으로써 비통함을 극복했을 것이라고 이해할 수 있다. 애니미즘 문화 시대animistic period of cultures에 이런 신들은 개인적인 고통을 호소하는 대상이자 개인과 공동체의 자산, 즉 곡물, 가축, 생사가 걸린 영토를 보호해 달라고 부탁하는 대상이기도 했다. 그 뒤 일신교 문화에서는 이런 신적인 존재에 대한 믿음이 유일신 신앙의 형태를 띠게 되었다. 이를테면 이 유일신은 상실에 대해 그럴듯하게, 심지어는 받아들일 수 있는 방식으로 설명할 수 있는 존재였다. 궁극적으로, 죽음 뒤 생명이 연속될 것이라는 약속은, 모든 상실이 가진 부정적인 효과를 완전히 없애고 그 부정적인 효과에 새로운 의미를 부여했다.

종교적 믿음과 관습 측면에서 느낌과 항상성의 동기부여가 가장 두드러진 종교는 불교이다. 불교의 창시자이자, 통찰력 있고 박식하고 철학적으로 친절한 왕자 고타마는 고통이 인간 속성을 갉아먹는다고 생각해 고통의 가장 흔한 원인을 줄임으로써 고통을 없애려 했다. 그 원인으로 그는 어떤 수를 써서라도 쾌락에 탐닉하고자 하는 욕망과 그런 쾌락을 지속적으로 얻을 수 없는 상태를 지목했다. 고타마는 존재의 경험 자체를 얻기 위해 자아를 완전히 부정함으로써 구원을 얻을 수 있다고 주장한다. 여기서 구원이란 노력해도 안 된다는 것을 알면서도 영원을 추구하는 항상성이 불안정한 상태로부터 자유로워지는 상태를 말한다.

냉철한 이성은 보초병 역할을 하는 느낌들을 동원해 기여하기도 한다. 도둑질, 거짓말, 배신, 일관성 없는 징계로 발생한 반복적인 고통은 행동 규범이 만들어진 강력한 계기가 되었으며, 그 행동 규범을 권고하거나 실천함으로써 고통은 줄어들게 되었다.

초기 인간 부족의 평등주의적인 제도로부터 시작해 청동기 시대 왕국 또는 그리스·로마 시대 제국들의 복잡한 행정 방식으로 이어진 도덕 체계, 사법 체계, 정치적 관리 체계는 느낌과 연결되고 느낌을 통해 항상성과 연결된 종교적 믿음의 발생과 밀접한 관련이 있다고 본다. 신들 그리고 궁극적으로 유일신은 인간의 **일정하**

지 않은 관심을 초월하는 도구, 공평하고 믿을 수 있으며 존경받는 **객관적인** 권위를 추구하는 수단이기 때문이다. 흥미로운 것은 지난 20년 동안 도덕성, 종교에 관련된 신경 현상과 인지 현상에 대한 연구들이 느낌과 정서를 다루어 왔다는 사실이다. 조너선 하이트Jonathan Haidt, 조슈아 그린Joshua Greene, 리앤 영Lianne Young 같은 사람들의 연구를 보면 알 수 있다. 이 연구 결과들은 도덕철학의 관점에서 특히 마크 존슨Mark Johnson, 마사 누스바움Martha Nussbaum 같은 학자들의 주목을 받았다.[9]

종교적 관습의 발생에 이르는 또 다른 중요한 항상성 경로는 대규모 위협과 재해라는 상황이다. 그 예로는 홍수나 가뭄 같은 대규모 기후 재앙, 지진, 전염병, 전쟁을 들 수 있다.[10] 이런 위협과 재해들은 사회적 동기를 부여해 강력하고 협력적인 집단적 행동을 일으켰다. 공포, 두려움, 분노는 그 직접적인 결과였으며 그로 인해 항상성이 교란되었다. 하지만 집단의 협력적인 지원이 그 뒤를 따랐고 상황을 이해하고, 정당화하고, 그 상황에 건설적으로 반응하기 위한 시도도 동시에 이루어졌다. 이런 반응 중에는 나중에 종교적 관습, 예술적 관습, 관리 체계의 관습에 편입되는 행동들이 포함되었다. 전쟁은 특별한 경우였다. 건설적인 치료와 폭력이 폭력을 낳는 무한 사이클을 모두 촉발시키기 때문이다. 호메로스의 작품, 마하바라타(Mahabharata, 인도의 고대 서사시), 셰익스피어의 역사 희곡을 보면 잘 알 수 있다.

항상성에 대해 위로와 위안 차원에서 접근하든, 집단 조직과 사교성에 의해 생성되는 이익 차원에서 접근하든 종교와 항상성은 그 기원과 역사적 지속성 측면에서 서로 연결되어 있다고 할 수 있다. 역사적 지속성은 강력한 문화적 선택이 있었다는 사실을 암시한다. 종교의 기원이 개인이나 소규모 집단의 고통을 덜어 주는 것이 아니라 부족민들의 집단적 의식에 있다고 주장한 에밀 뒤르켐도 여기에 동의하리라 생각한다. 이런 집단적 행동은 뒤르켐이 말했듯이 강력하고 만족스러운 정서와 느낌을 방출했다. 하지만 뒤르켐이 언급한 부족민들의 집단적인 행동은 애초에 불안정한 항상성 상태에 의해 촉발되었을 것이다. 따라서 집단적 행동은 집단 내 개인들의 항상성을 안정시키는 효과도 당연히 있었을 것이다.

카를 마르크스Karl Marx는 종교를 '대중의 아편'이라고 말한 것으로 알려졌다(하지만 마르크스는 실제로 그렇게 말하지는 않았다. 마르크스는 종교가 '인민의 아편'이라고 말했다. '대중'이라는 말은 레닌 사후에 추가된 말로 보인다). 인간의 아픔과 고통을 해결하기 위해 아편을 처방한다는 것보다 항상성을 더 많이 떠올리게 하는 말이 있을까?

또한 마르크스는 이 유명한 문장 바로 앞에 "종교는 억압받는 피조물들의 한숨이며, 심장 없는 세상의 심장이며, 영혼 없는 상황의 영혼이다"라고 썼다. 사회적 분석과 문화적 마음에 대한 심층적인 탐구가 흥미롭게 섞인 문장이다. 또한 종교에 대한 마르크스의 거부감과, 종교는 비인간화되고 영혼이 없는 세상에서 혼이 담긴 피난처가 될 수 있다는 실용적인 인식이 결합된 문장이기도 하다. 여기서 주목할 만한 것은 마르크스가 세상이, 특히 마르크스 자신이 영감을 주려고 한 세상이 어느 정도로 비인간화되고 영혼이 없는 세상이 될지 몰랐다는 사실이다. 무엇보다도 생명 상태, 느낌, 문화적 반응은 투명하게 서로 연결되어 있기 때문에 더 이 부분에

주목해야 한다.[11]

종교적 믿음이 고통, 폭력, 전쟁, 인간적으로 바람직하다고 볼 수 없는 결과를 초래해 왔음을 종교의 역사에서 어렵지 않게 찾아볼 수 있다. 그 사실은 이런 종교적 믿음이 가졌던, 지금도 상당히 많은 인류가 가진 항상성 가치와 결코 모순되지 않는다.

마지막으로, 예술적인 노력의 경우에서처럼, 나는 종교가 치료적인 반응에 불과하다고 생각하지 않는다는 것을 확실히 하고 싶다. 종교적 믿음과 관습이 처음 시작된 것이 항상성 보상과 연관이 있다는 생각은 그럴듯하기도 하고 실제로 사실일 가능성도 높다. 이런 초기의 시도들이 어떻게 진화했는지는 별개의 문제이다. 그 뒤를 이은 지적 창조물들은 위로 목적을 뛰어넘어 탐구와 의미 생성의 도구로서 기능하기 시작했다. 이 단계에서 보상 요소의 존재는 희미해졌다. 실용적인 목적이 달성되자 인간과 우주의 의미에 대한 철학적 탐구가 시작된 것이다.

예술·철학적 탐구·과학

예술, 철학적 탐구, 과학은 특히 광범위한 느낌과 항상성 상태를 이용한다. 한 개인의 느낌이든, 다른 누군가의 느낌이든, 느낌 때문에 발생한 문제를 어떤 개인이 추론을 통해 풀어내는 것을 머릿속에 떠올리지 않고 어떻게 예술의 탄생에 대해 상상할 수 있을까? 음악·춤·시·희곡·영화는 이 과정을 통해 탄생했다는 것이 내 생각이다. 이 모든 예술 형태는 강렬한 사회성과도 연결되어 있었다. 왜냐하면 종종 집단은 동기를 부여하는 느낌을 주고, 예술의 효과는 개인을 초월하기 때문이다. 예술 창조자의 감정적 욕구를 충족시키는 단계를 넘어서 예술은 종교적인 예식에서 전쟁 준비에 이르기까지 집단의 구조와 긴밀성에 중요한 역할을 한다.

음악은 느낌의 강력한 유도 인자이며, 인간은 특정한 도구의 소리, 음계, 조調, 만족스러운 감정 상태를 만드는 음악 작품 쪽으로 끌리게 되어 있다.[12] 다양한 경우와 목적으로 창작된 음악은 사람들에게 뭔가를 느끼게 해 주었다. 음악을 통해 개인과 다른 사람들의 고통을 효과적으로 없애 주고 위로를 제공한다는 느낌을 주었다. 음악이 생성하는 느낌은 이성을 유혹하고 단순한 개인적 재미와 만족을 얻기 위해서도 사용되었을 것이다. 인간이 구멍 다섯 개 뚫린 플루트를 처음 만든 것은 자그마치 약 5만 년 전의 일이었음이 확실하다. 쓰임새가 없었다면 왜 인간이 굳이 플루트를 만들었겠는가? 왜 이 새로운 도구를 다듬느라 시간을 소비하고, 효과를 테스트한 후에 어떤 것은 버리고 어떤 것은 썼겠는가? 처음에 음악을 만들 때 인간은 도구에서 나든 인간의 목에서 나든, 기분을 좋게 하거나 나쁘게 하는 효과를 내는 특정한 종류의 소리들을 발견했을 것이다. 다시 말하면, 목소리든 플루트 소리든, 바람 소리가 일으키는 정서적 반응과 그에 따른 느낌이 진정 효과나 유혹 효과를 가진다는 반가운 발견을 한 것이다. 돌에 막대기를 문질렀을 때 나는 거칠고 귀에 거슬리는 소리와는 달랐다. 게다가 다른 소리들이 더해지면서 그 소리들은 기분 좋은 느낌을 연장시키고 다른 층위의 효과를 만들어 냈다. 예를 들어, 대상과 사건을 적절한 순서로 모방함으로써 이야기를 들려주기 시작한 것이다.

소리와 연결된 특정한 정서는 색깔·모양·표면 감촉이 주는 정서와 비슷하다. 이런 자극의 물리적 속성은 물체를 이루는 물리적 요소들을 일반적으로 드러내는 **전체** 대상의 좋거나 나쁨을 말해 주는 상징적인 신호가 된다. 이런 물체들은 긍정적 생명 상태 또는 부정적 생명 상태와 함께 진화 과정에서 계속 연관 관계를 가졌다. 부정적 생명 상태란 위험과 위협을, 긍정적 생명 상태란 행복과 기회가 있는 생명 상태를 말하며, 각각 고통과 즐거움의 기반이 되는 상태들이다. 우리 인간은 우리의 생물학적 조상이었던 생명체들과 함께 생물·무생물 대상과 사건이 감정적으로 중립적이지 않은 우주에 살고 있다. 반면, 그 우주의 구조와 작용의 결과로서, 모든 대상과 사건은 개별적인 경험자의 생명에 자연스럽게 **호의적이거나 호의적이지 않은 방식으로 존재한다**. 대상과 사건은 항상성에 긍정적이거나 부정적 영향을 미치며, 그 결과로 긍정적이거나 부정적인 느낌을 만들어 낸다. 또한 그만큼 자연스럽게 대상과 사건의 서로 다른 **특징**들, 즉 소리·모양·색깔·질감·운동 방식·시간 구조 등은 **학습**으로 서로 **연결**된다. 긍정적이거나 부정적인 정서/감정이 대상/사건 전체와 연결되는 것이다. 나는 이 과정을 통해 특정한 소리의 음향적 특성이 '유쾌한' 또는 '불쾌한'으로 기술된다고 생각한다. 대상/사건의 일부인 소리의 특성은 **전체** 사건이 개인에게 미친 감정적 중요성을 획득하게 되는 것이다. 하나의 특징과 감정적 정서가 사이의 이런 시스템적인 결합은 그 결합을 이루게 한 원래의 연결 상태와 상관없이 계속된다. 사람들이 첼로 소리가 아름답고 따뜻하다고 말하는 이유가 여기에 있다. 특정 소리의 음향적 특성은 전혀 다른 물체가 일으켰던 유쾌한 경험의 일부였던 것이다. 트럼펫이나 바이올린에서 나는 고음이 불쾌하거나 무섭게 들릴 수 있는 이유도 바로 이것이다. 우리는 오래전에 형성된 연결에 의존해 음악 소리를 분류하고, 그 연결들의 대부분은 인간이 출현하기 전에 형성된 것이며, 현재는 우리의 표준 신경 장치의 일부가 된 상태이다. 소리에 관한 이야기를 만들고 모든 종류의 소리 결합 법칙을 정하면서 인간은 이런 연결에 대해 탐구할 수 있었다.[13]

플루트를 만들 때 인간은 이미 최초의 악기, 즉 인간의 목소리와 아마도 두 번째 악기였을 인간의 가슴을 잘 활용하고 있었을 것이다. 가슴은 드럼 소리를 내기 알맞은 자연적 동공이 있는 곳이기 때문이다. 세 번째 악기는 속이 빈 실제 드럼이었을 것이다.

위로를 하건 유혹을 하건, 두 개인이나 공동체 행사를 위해 모인 집단이 참여하는 활동, 즉 출산, 장례, 식량 확보, 종교적·비종교적 축하, 유흥, 부족 간 전쟁 출정 등의 활동에서 음악은 초기부터 거의 언제나 다면적인 항상성 효과를 제공했다. 느낌이 층층이 싸여 생각이 형성되는 효과다.[14] 음악의 보편성과 뛰어난 지속성은 모든 분위기와 상황에서, 지구 어디서나, 사랑을 하건 전쟁을 하건, 개인들 사이에서나 크고 작은 집단 사이에서나 모두 어울려 빠르게 사람들을 결속시키는 불가사의한 능력에서 비롯된 것으로 보인다. 음악은 옛날 집사처럼 조용하게 또는 헤비메탈 밴드처럼 시끄럽게 모든 주인에게 봉사한다.

춤은 음악과 밀접한 관련이 있었다. 또한 춤의 움직임은 동정심·욕망·유혹·사랑·공격·전쟁에 성공했을 때의 기쁨 같은 감정을 표현했다.

동굴벽화에서 시작한 시각예술과 시·연극·정치 연설의 구전 이야기 전통에 항상성 기능이 있다는 것은 입증하기 어렵지 않다. 이런 표현물들은 대부분 삶을 살아가는 모습들을 나타냈다. 식량 원천, 사냥, 집단의 조직, 전쟁, 동맹, 사랑, 배신, 시기, 질투가 묘사됐으며, 표현물을 만든 사람에게 닥친 문제에 대한 폭력적인 해결도 꽤 자주 소재가 됐다. 그림과 그 훨씬 뒤에 나타난 글은 심사숙고, 경고, 유희, 향락을 위해 잠시 멈추라고 알리는 이정표로 기능했다. 그림과 글은 현실과 혼란스럽게 대립했을 것이 분명한 것들을 확실하게 하려는 시도를 가능하게 했으며, 지식을 분류하고 체계화하는 데 도움을 주었다. 그림과 글이 의미를 제공한 것이다.

철학적 탐구와 과학은 동일한 항상성 배경에서 비롯되었다. 철학과 과학이 대답하고자 하는 질문은 다양한 느낌들에 의해 촉발되었다. 고통은 두말할 나위 없이 눈에 잘 띄는 존재였지만 현실의 수수께끼 때문에 오랫동안 겪은 곤혹스러운 상황에 대한 동요와 걱정도 역시 마찬가지였다. 그 수수께끼란 기후변화와 변동, 홍수, 지진, 별들의 움직임, 동식물과 다른 인간들에서 관찰되는 생명주기, 수많은 인간들의 행동에서 나타나는 호의적 행동 양식과 파괴적 행동 양식의 기묘한 조합 등을 말한다. 결과가 대부분 전쟁으로 나타나는 파괴적 느낌은 과학과 기술에서 주요한 역할을 했다. 역사를 통틀어 전쟁이 시도되거나 좌절되는 것은 무기 개발에 필요한 과학과 기술이 성공하는지에 달려 있었다.

다른 느낌들도 있었다. 우주의 수수께끼를 풀기 위해 시도하는 과정 자체와 그 수수께끼를 풀었을 때 받을 보상에 대한 기대에서 비롯되는 즐거운 느낌이 대표적이다. 정확히 같은 종류의 문제들과 같은 종류의 항상성 욕구는 다른 시대와 다른 공간에 존재한 다른 인간들이 자신들에게 닥친 곤경에 대해 종교적으로나 과학적으로 설명할 수 있게 만들었다. 궁극적인 목표는 고통을 줄여 항상성 욕구를 감소시키는 것이었다. 그 반응의 형태와 효율성은 별개의 문제이다.

철학적 탐구와 과학적 관찰이 제공하는 항상성 이익은 끝이 없다. 의학은 말할 것도 없고 물리학과 화학에서 우리 세계가 오랫동안 의존해 온 기술들을 가능하게 한 것이다. 불의 이용, 바퀴의 발명, 문자의 고안 그리고 그에 따라 머릿속에서 떠올린 것을 외부에 기록으로 남긴 것도 이 이익에 포함된다. 르네상스 시대로부터 시작해 계속해서 근대성을 만들어 낸 후기의 혁신적인 생각들과 종교개혁, 반종교개혁, 계몽주의 시대와 더 일반적인 의미에서의 근대에 좋은 쪽으로든 나쁜 쪽으로든 제국과 나라들의 체제에 영향을 미친 생각들도 역시 이 이익에 포함된다.

문화적 성취의 핵심은 다양한 문제들에 대한 특정한 해결 방법을 지적으로 발명하는 데 사용되지만, 감정이라는 장치로 조정되는 자동화된 항상성 수정 시도도 그 자체로 유익한 생리학적 결과를 만들어 낼 수 있다는 사실에 주목해야 한다. 사회화라는 간단한 욕구는 고립 상태를 깨뜨리고 개인들을 한데 묶음으로써, 개인의 항상성을 개선하거나 안정화시킬 기회를 만들어 낸다. 포유류 동물들이 서로 털을 골라 주는 행위는 항상성 효과가 중요한 문화 이전pre-cultural의 본능을 표현하는 방식의 예라고 할 수 있다. 엄밀하게 감정적인 측면에서 본다면 털을 골라 주는 행위는 기분 좋은 느낌을 준다고 할 수 있다. 건강 측면에서 털 고르기는 스트레스를 줄여 주고 진드기 감염과 그로 인한 질병을 예방한다고 할 수 있다.

집단적 문화 표현물에 의해 생성된 유대감은 정확하게 똑같은 경로를 따라 그리고 고도로 잘 보존된 신경화학 메커니즘을 이용해 스트레스를 줄이고, 쾌감을 만들어 내고, 인지적 유동성을 높인다. 그리고 더 넓은 의미에서는 건강에 유익한 효과를 미친다.[15]

문화가 항상성 유지 장치라는 주장에 대한 반론

내가 주장하는 일반 가설에는 이의가 있을 수 있다. 내 생각과 모순되는 상황을 들어 그 모순이 실제로 존재하는 모순인지 모순으로 보이는 것뿐인지 판단을 내리면 된다. 예를 들어, 종교 자체가 너무나 많은 고통을 유발하는데 어떻게 종교적 믿음이 항상성에 도움을 준다고 할 수 있을까? 자해나 극단적인 체중 늘리기를 유도하는 문화적 관습은 또 어떤가?[16]

종교적 믿음이라는 문제는 생각해 보아야 할 중요한 문제다. 종교적 믿음의 긍정적인 항상성 효과는 개인에 따라 다르다. 이 효과는 고통과 절망을 줄일 수도 늘릴 수도 있으며, 이 효과로 인한 행복과 희망의 정도도 다 다르다. 생리학적으로도 검증이 가능하다.[17] 세계 많은 지역의 사람들이 다양한 종교를 믿고 있으며, 종교적 믿음을 가지고 있는 사람의 수는 줄어들지 않고 유지되거나 늘어나고 있는 것이 사실이다. 강력한 문화적 선택이 일어나고 있다는 증거이다. 이 가설은 믿음에 대한 특징이나 내부 구조, 외부적 영향을 다루는 것이 아니다. 오히려 개인이나 집단이 만나는 상실, 고통에 수반되는 항상성 교란이 종교적 믿음 같은 문화적 반응으로 감소할 수 있다는 사실만을 다루고 있다. 종교적 믿음이 고통 **또한** 유발할 수 있다는 사실은 이 가설과 모순되지 않는다. 게다가 종교적 믿음은 사회적 집단의 일원이 될 수 있다는 두드러진 혜택을 포함해 다른 혜택도 준다. 사회적 집단의 일원이 되는 측면은 항상성 이익의 아주 분명한 결과이다. 종교적 믿음, 관련된 종교 조직을 직접 근원으로 하는 음악·건축·미술도 마찬가지이다. 중재자 역할을 하는 느낌은 항상성에 유익한 수많은 생각들을 계속 떠올릴 수 있도록 도움을 주었다. 문화적 선택은 관련된 생각과 제도가 확실히 선택되도록 만들었다.

어떤 문화적 도구들은 항상성 조절을 실제로 방해하거나 조절 장애의 주요 원인이 되기도 한다. 광범위한 사회적 고통에 건설적으로 반응하기 위해 선택한 정치·경제적 관리 체계가 오히려 인간에게 재앙이 되는 것을 그 대표적인 예라고 할 수 있다. 공산주의 체제가 정확하게 이 경우라고 할 수 있다. 공산주의라는 생각이 항상성을 목표로 한다는 것은 부인할 수 없으며 내가 제시한 가설에도 잘 들어맞는다. 하지만 발명의 결과는 단기적으로도 장기적으로도 전혀 다른 것이었다. 어떤 경우에는 빈곤이 더 심화되고 공산주의 체제의 확산을 부추긴 제1·2차 세계대전의 사망자보다 훨씬 많은 폭력적인 희생을 초래하기도 했다. 불평등을 거부하는, 이론적으로 항상성에 우호적인 과정이 의도와는 다르게 더 큰 불평등과 항상성 감소를 초래한 자기모순적인 경우이다. 하지만 내 일반 가설에는 항상성 자극이 항상 성공한다는 내용은 없다. 항상성 자극의 성공은 우선 문화적 반응이 얼마나 잘 표현되는지에 의존하며, 다음으로 문화적 반응이 적용되는 상황, 실제 행동으로 옮겼을 때 나타나는 특징들에 의존한다.

이 가설은 반응의 성공 여부가 그 반응에 동기를 부여한 동일한 시스템, 즉 느낌에 의해 감시된다는 사실을 분명히 한다. 공산주의 사회체제가 야기한 비참함과 고통이 공산주의 몰락의 원인이라는 주장에는 이의가 있을 수 있다. 하지만 그렇다면 공산주의가 몰락하는 데 왜 그렇게 오랜 시간이 걸렸을까? 우선, 문화적 반응을 선택하거나 거부하는 것은 문화적 선택에 달려 있다. 이상적으로 말하면, 문화적 반응의 결과는 느낌의 감시를 받고, 집단적으로 그것을 평가해서 이성과 느낌 사이의 협상에 의해 이로운지 해로운지 판단을 받는다. 하지만 진짜로 이로운 문화적 선택은 현실에서는 실패할 수도 있는 특정한 조건들을 가지고 있다. 예를 들어, 관리 체계와 도덕 체계에는 반응에 대한 선택이나 거부를 강요받지 않게 하는 민주적인 자유가 있다. 또한 지식, 추론, 분별력 면에서 일종의 평평한 운동장도 존재한다. 공산주의와 파시스트 정권들의 경우 문화적 선택이 일어나기 위해서는 때를 기다려야 했고 지금도 여전히 때를 기다리고 있다.

전체 주장의 요약

과감하게 말하면, 우리가 현재 진정한 문화라고 생각하는 것은 항상성 명령에 의한 효율적인 사회적 행동이라는 외피를 쓴 간단한 단세포 생명체에서 조용히 시작되었다고 할 수 있다. 문화가 그 이름에 완벽하게 어울리는 역할을 하기 시작한 것은 수십억 년 후 문화적 마음, 즉 지금도 같은 종류의 강력한 항상성 명령의 지배를 받는 탐구적이고 창의적인 마음에 의해 생기가 불어넣어진 인간이라는 복잡한 유기체가 활동을 하면서부터였다. 마음이 없던 초기의 생명체들이 그런 조짐을 보이기 시작하는 현상과 문화적 마음이 번성한 후기 생명체들 사이를 잘 살펴보면 항상성의 요구와 일치하는 것으로도 보일 수 있는 일련의 단계들이 존재한다.

첫째, 마음은 이미지의 형태로 두 개의 서로 다른 데이터 집합을 나타낼 수 있어야 했다. 그것은 사회조직의 일부인 **다른** 사람들이 두드러지고 쌍방향적으로 나타나는, 개별적인 유기체 외부의 세상 **그리고** 느낌으로 경험되는, 개별적인 유기체 내부의 상태에 대한 데이터이다. 이 능력은 중추신경계의 혁신에 의존한다. 그 혁신이란 신경 회로 안에서 신경 회로 바깥에 위치한 대상과 사건에 대한 지도를 만들 수 있는 가능성을 말한다. 이 지도는 대상과 사건의 '유사성'을 잡아낸다.

둘째, 개인의 마음은 앞서 언급한 표상들로 이루어진 두 가지 집합과 관련된 유기체 전체에서 정신적 관점을 만들어 내야 했다. 유기체의 내부와 유기체를 둘러싼 세계의 표상이다. 이 관점은 유기체가 유기체의 전체적인 틀과 비교해 자신과 주변 환경을 감지하는 동안 만들어 낸 이미지들로 구성된다. 의식의 결정적인 구성요소라고 생각하는 주관성의 핵심 요소인 것이다. 문화가 구성되려면 사회적·집단적 의도가 있어야 하며, 먼저 다수의 개별적 주관성들이 자신의 편의, 즉 자신의 이익을 위해 작동하고 궁극적으로는 이익의 범위가 확장되면서 집단의 이익을 증진시켜야 한다. 그렇지 않으면 문화는 구성되지 않는다.

셋째, 일단 마음이 시작되었어도 그것이 오늘날 우리가 인식할 수 있는 문화적 마음이 되려면 그 마음에 인상적이고 새로운 기능을 더해 풍성하게 만드는 작업이 필요했다. 그 기능 중 하나는 배우고, 기억하고, 특별한 사실과 사건들을 서로 연결시킬 수 있는 강력한 이미지 기반 기능이었다. 상상을 확장하는 기능, 추론 기능, 비언어 서사를 만들 수 있는 상징적 사고 능력도 필요했다. 또한 비언어 이미지와 상징을 암호화된 언어로 번역하는 능력도 있어야 했다. 이 능력은 문화 형성을 위한 결정적인 도구, 즉 언어 서사라는 평행선을 만들 수 있는 길을 열었다. 알파벳과 문법은 언어 서사의 '유전적' 도구였으며 해로워 보이지만 받아들일 수 있는 존재였다. 결국 글쓰기의 발명은 창의적인 지능, 즉 느낌에 의해 움직여 항상성 위협과 그 위협이 발생할 가능성에 반응하는 지능이라는 도구 상자에서 최고의 위치를 차지하게 되었다.

넷째, 문화적 마음의 핵심적인 도구는 대체로 무시되고 있는 기능, 즉 **유희**play이다. 유희는 실제 형태로든 장난감 형태로든 세계의 실제 부분들이 움직이는 것, 춤을 추거나 악기를 연주하는 것처럼 그 세계에서 우리의 몸이 움직이는 것, 실제 이미지이건 만들어진 이미지이건 마음속의 이미지들이 움직이는 것을 포함해 겉으로 쓸모없어 보이는 동작들에 참여하고자 하는 욕망을 말한다. 물론 이런 노력과 상상력은 밀접한 관계가 있지만, 상상력만으로는 유희의 자연스러움, 즉 야크 판크세프가 이 기능에 대해 이야기할 때 대문자로 썼던 유희PLAY의 범위와 반경을 완전히 설명할 수는 없다. 무한한 소리, 색깔, 모양을 가지고, 즉 무한한 레고 블록 같은 조립식 장난감이나 컴퓨터 프로그램을 가지고 즐길 수 있는 유희를 생각해 보자. 단어의 의미와 소리를 무한하게 결합하면서 즐길 수 있는 유희를 생각해 보자. 하려고 하는 것이 무엇이든 그것을 하기 위해 실험하거나 생각해 볼 수 있는 설계들을 하면서 즐길 수 있는 유희를 생각해 보자.

다섯째, 확실한 공동의 목표를 이루기 위해 다른 개체들과 **협력적으로** 일하는 능력이다. 특히 이 능력은 인간에게서 발달되었다. 협력성은 인간에게서 잘 발달한 또 다른 능력인 공동 주시joint attention에 의존한다. 이 현상에 대해서는 마이클 토마셀로Michael Tomasello가 선도적인 연구를 한 바 있다.[18] 유희와 협력은 그 자체로는 각각의 활동, 즉 항상성 면에서 유리한 활동의 결과와는 무관하다. 유희와 협력은 '유희를 즐기는 사람/협력자'에게 기분 좋은 느낌으로 보상하기 때문이다.

여섯째, 문화적 반응은 정신적 표현물로 시작되지만 움직임이라는 은총에 의해서 실제로 존재하게 된다. 움직임은 문화적 과정에 깊숙이 자리 잡고 있다. 문화적 개입을 자극하는 느낌은 우리 유기체 내부에서 일어나고 있는 정서와 관련된 움직임으로부터 만들어진다. 문화적 개입은 정서와 관련된 움직임에서 비롯되는 경우가 많다. 눈에 매우 잘 띄는 손, 발성기관, (의사소통을 가능하게 해 주는 핵심적 요소인) 얼굴 근육 또는 몸 전체의 움직임이 대표적이다.

마지막으로, 생명이 시작되어 인간 문화의 발전을 이루고 문화적 전달까지 행진이 가능했던 유일한 원인은 항상성에 의해 또 다른 발전이 가능했기 때문이다. 항상성은 세포 내의 생명 조절을 표준화시키고 생명을 새로운 세대들에게 전파할 수 있게 한 유전적 장치이다.

인간 문화의 발생은 의식적인 느낌과 창의적인 지능이 둘 다 작용한 결과로 보아야 한다. 초기 인간에서는 부정적이거나 긍정적인 느낌이 없었고, 예술, 종교적 믿음, 철학적 탐구, 도덕 체계, 정의, 과학 같은 문화적 활동의 상위층을 발생시킬 수 있는 요소도 없었을 것이다. 고통의 뒤에 존재하는 과정을 **경험하지** 않았다면 그 과정은 단순한 몸의 상태, 즉 유기체라는 시계태엽 장치의 작동 패턴 중 하나에 불과했을 것이다. 행복·기쁨·두려움·슬픔도 마찬가지였을 것이다. 경험이 되기 위기해서는 고통이나 쾌락에 관련된 작동들의 패턴이 느낌으로 변해야 했다. 즉, 그 패턴들이 **정신적인** 얼굴을 획득했어야 한다는 뜻이다. 또한 다시 그 얼굴을 가진 유기체가 그 정신적인 얼굴을 소유해 **주관적**, 다시 말해서 **의식적**이 되었어야 한다는 뜻이다.

경험이 불가능한 고통과 쾌락 메커니즘, 즉 **비의식적이고 비주관적인** 고통과 쾌락 관련 메커니즘은 분명히 자동화되고 비의도적인 방식으로 초기의 생명 조절을 도왔을 것이다. 하지만 주관성이 없는 상태에서 그런 메커니즘이 일어나는 유기체는 그 메커니즘이나 그 메커니즘으로 인한 결과에 대해 생각할 능력이 없었을 것이다. 각각의 몸 상태를 **조사할** 수는 없었을 것이다.

문제의 종합·설명·위로·조정·발견·발명 등 인간 역사의 가장 고귀한 부분을 이루기 위해서는 동기가 필요했다. 아픔과 고통의 느낌은 그 자체로도 마음을 움직이고 행동을 불러일으켰지만, 특히 쾌락과 번성의 느낌과 대조되었을 때는 더욱 그랬다. 물론 마음속에 움직일 수 있는 무엇인가가 있다는 전제하에서지만, 특히 **호모 사피엔스**가 나타나면서 마음속에는 앞에서 언급한 인지능력과 언어능력의 형태로 무엇인가 움직일 수 있는 것이 분명히 존재하게 되었다. 가장 실용적인 측면에서 생각했을 때 그 움직일 수 있는 무엇인가는 즉각적으로 감지되는 것을 넘어서 **생각할** 수 있는 능력과 인과관계를 이해해 상황을 **해석하고 진단하는** 능력이었다. 수많은 세월 동안 그 해석과 진단이 얼마나 정확했는지는 중요하지 않다. 실제로 그 해석과 진단은 맞지 않았을 때가 아주 많았음이 분명하다. 중요한 것은 맞았든 그렇지 않든 상관없이 긍정적이거나 부정적인 강한 느낌에 의해 확실히 촉발된 해석이 있었다는 점이다. 사회적인 성향이 매우 강한 인간들은 이를 기초로 그 전에는 존재하지 않았던 반응을 개인적이거나 집단적인 공간에서 발명해 낼 수 있었다. 이 움직일 수 있는 정신적인 무엇인가에는 지금 여기서 우리가 현실로 감지하는 것뿐만 아니라 일어날 수도 있었던 것이나 일어날 것으로 예상되었던 것도 포함된다. 나는 **기억되는** 현실, 우리의 상상에 의해 변화될 수 있는 기억된 연쇄적인 이미지들 형태로 처리된 현실의 사슬을 말하고 있다. 그 이미지들은 조각으로 잘려서 움직일 수 있는 시각·청각·촉각·후각·미각 이미지들이며 재조합되어 새로운 상황을 만들고 도구 제작·관습·설명 같은 특정한 목적에 부합하도록 재조합된다. 이 모든 현상은 석기 같은 제한된 특정한 문화적 표현물 중 일부가 **호모 사피엔스**가 출현하기 전에 나타난 것과 모순을 이루지 않는다.[19]

이 움직일 수 있는 그 무엇은 특정한 대상, 사람들, 사건, 생각 그리고 고통이나 기쁨의 시작 사이의 관계를 분명히 했다. 또한 고통과 쾌락의 직접적인 선행 사건 또는 그렇게 직접적이지 않은 선행 사건을 인식하도록 해 주었으며, 고통과 쾌락에 대한 가능하고 그럴듯한 원인을 확실하게 식별해 냈다. 이런 사건의 규모는 매우 컸으며 그 결과 또한 그만큼 컸다. 우리는 역사에서 유대교·불교·유교 같은 주요 종교적 믿음 체계가 발생하기 전에 일어난 사회적 격변을 통해 이런 선행 사건을 찾아볼 수 있다. 엄청난 지진, 가뭄, 경제적·정치적 붕괴를 포함해 기원전 12세기 지중해 문명을 무너뜨린 '바다 민족'(Sea Peoples, 기원전 18세기에서 기원전 12세기경의 기록에 등장하여 당시 강대국이었던 히타이트를 멸망시키고 일대 오리엔트 문명·그리스·이집트를 공격해 막대한 피해를 입힌 뒤 사라진 정체불명의 민족들-옮긴이)의 폭력 행위, 파괴적인 전쟁들이 그 예이다. 하지만 황금시대로 알려진 '축의 시대Axial Age'(독일 철학가 칼 야스퍼스에 의해 고안된 표현으로 기원전 8세기부터 기원전 3세기까지를 일컫는다. 야스퍼스는 이 시기에 새로운 사상과 철학들이 중국·그리스·인도·페르시아에서 동 시기에 직접적 문화 교류 없이 발생했다고 주장한다-옮긴이)가 시작되기 수천 년 전에 이미 인간은 느낌에 대한 반응으로 모든 종류의 사회적 창작품을 만들어 내고 있었다. 축의 시대란 기원전의 약 600년 동안을 가리키는 말로 아테네 철학과 연극이 폭발적으로 번성했던 시대를 말한다. 이 느낌은 상실·아픔·고통 또는 기대하던 쾌락에 대한 느낌에 한정되지 않았다. 처자식, 핵가족 등 애착의 대상에 대한 보살핌으로 시작한 느낌들이 사회적 공동체에 대한 열망과 찬탄·경외감·숭고한 느낌을 자아낼 수 있는 물체, 사람, 상황을 향한 욕망에 대한 반응 등으로 더 폭넓게 확장되었다.

느낌에 의해 촉발되는 발명에는 음악, 춤, 시각예술과 의식, 주술 행위, 일상생활의 수수께끼들을 설명하고 풀기 위해 인간이 의존하는 다양한 역할을 하는 신들이 포함되었다. 또한 인간은 아주 간단한 부족의 제도에서 시작해 청동기시대 이집트, 메소포타미아, 중국의 전설적인 왕국들의 복잡하고 구조적인 문화로 진보하면서 정교한 사회조직 제도를 구축하게 되었다.

복잡한 문화적 발전을 가능하게 만든 이 움직일 수 있는 정신적인 무엇에는 놀라운 깨달음을 포함하고 있다. 고통이나 쾌락의 선행 사건이 무엇인지 확실하게 밝혀지지 않는 경우가 있을 수 있다는 것이다. 고통이나 쾌락이 존재하는 이유를 전혀 설명할 수 없는 상태에서 미스터리의 상태가 계속될 수도 있다는 것이다. 그 결과로 발생하는 무기력함, 심지어는 절망 또한 인간의 노력 뒤에 존재하는 꾸준한 원동력이었을 것이며, 초월 같은 개념에 도달해 그 개념을 발전시키는 데 기여했을 것이다. 과학의 눈부신 발전에도 불구하고 아직도 수많은 미스터리가 남아 있는 상황에서 이러한 원동력은 전 세계 대부분의 문화에서 지속적으로 작용하고 있다.

이런 식으로 느낌은 특정한 목적들을 이루기 위해 지능을 집중시키고, 지능의 범위를 넓혀 나가고, 지능을 갈고닦음으로써 결국 인간의 문화적 마음을 발생하게 만들었다. 좋든 나쁘든 느낌과 느낌이 촉발한 지적 능력은 인간을 유전자의 절대적인 폭정으로부터 어느 정도 해방시켰지만 항상성은 여전히 우리를 전제적으로 지배하고 있다.

피로에 지친 날 밤

우리는 모두 저녁의 마법에 익숙하다. 해가 지면서 황혼이 물들어 오고 다시 밤과 별과 달에게 자리를 양보하는 저녁의 마법 말이다. 우리 인간은 이런 황홀한 시간에 모여 이야기를 나누면서 술을 마시고, 아이들이나 강아지들과 놀기도 하며, 저무는 하루에 일어났던 좋고 나쁜 일들에 대해 의견을 나누기도 하고, 가족이나 친구 또는 정치 문제에 대해 언쟁을 벌이기기도 하며, 다음 날 계획을 세우기도 한다. 우리는 진짜 불 옆에 앉아서나 조명을 켜 놓고, 겨울을 포함한 모든 계절에 이런 일을 한다. 아주 옛날부터 우리는 이랬을 것이다. 저녁의 복잡한 문화적 활동은 이런 식으로 야외의 모닥불 주위에서 별빛을 조명 삼아 처음 시작되었을 가능성이 높다.

불을 처음으로 이용하기 시작한 것은 100만 년이 채 되지 않았을 것이다. 로빈 던바Robin Dunbar와 존 고릿John Gowlett에 따르면 모닥불을 피우기 시작한 것은 몇십만 년 전이었다. 아마도 **호모 사피엔스**가 등장하기 전이었을 것이다.[20] 불을 통제하는 것이 왜 그렇게 중요했을까? 답은 익혀 먹는 행위에 있었다. 불을 이용하기 시작함으로써 요리가 발명되고 소화 가능하고 영양분이 많은 고기를 빠르게 먹을 수 있게 되었기 때문이다. 반면 식물은 한 번에 몇 시간 동안 천천히 씹어 먹어도 에너지를 별로 얻을 수 없었다. 몸과 몸의 일부인 뇌는 충분한 필수 단백질과 동물 지방 섭취로 작동 속도가 빨라졌으며, 이 단백질과 지방은 이런 모든 미식가적인 섭취를 지원하는 데 필요한 수많은 작용들을 책임지는 마음을 예리하게 갈고닦았다. 불로 음식을 익혀 먹게 됨에 따라 먹기 위한 특정한 장소가 정해졌으며, 음식을 씹는 시간이 줄어들었고, 그로 인해 다른 일을 할 수 있는 시간이 늘어났다. 그리고 숨겨진 불의 가능이 여기서 발견된다. 새로운 활동을 할 수 있는 특정한 환경의 조성이다. 부족 전체가 모닥불 주위에 모여 고기를 익히고 먹는 일만 하는 것이 아니라 서로 어울릴 수 있게 된 것이다. 그전까지는 어두워지면 보통 뇌에서 멜라토닌 호르몬이 분비되어 잠이 오기 마련이었지만 불빛으로 인해 멜라토닌 분비가 지연됨에 따라 이용할 수 있는 하루 시간이 길어진 것이다. 초저녁에 사냥이나 채집을 하는 사람은 없었다. 그리고 나중에 농경이 시작되어서도 초저녁에 땅을 가는 사람은 없었다. 낮이 연장된 상태에서 하루에 할 일이 다 끝났지만 공동체는 여전히 잠이 들지 않고 깨어 있는 상태를 유지했다. 진정한 의미의 휴식과 충전을 할 준비를 할 수 있게 된 것이다. 어려운 일과 잘한 일, 친구와 적, 일하면서 이루어지는 관계, 연애에 관한 대화가 이루어졌을 것이다. 그 대화들이 아무리 간단한 대화라고 해도 과거 호모 사피엔스들의 대화만큼 간단한 대화는 아니었을 것이다. 낮 시간 동안에 깨진 관계를 회복하고 낮 시간 동안 새롭게 맺어진 관계를 강화하는 데 이보다 더 좋은 시간이 있었을까? 말 안 듣는 아이들을 훈육하는 데 이보다 더 좋은 시간이 있었을까? 드넓은 하늘과 별들을 보면서 땅거미, 깜빡이는 빛들, 은하수, 하늘에서 움직이면서 변덕스럽지만 예상할 수 있는 형태로 모습을 바꾸는 달 그리고 새벽이 무엇을 의미하는지 생각하지 않았을까? 노래를 부르고 춤을 추었을 것이고, 주술도 행했을 것이라고 상상하기는 어렵지 않다.

폴리 위스너Polly Wiessner는 남아프리카의 주호안시족에 대한 연구를 바탕으로 불빛 모임에 대한 설득력 있는 설명을 했다.[21] 위스너는 낮 동안 해야 할 일이 끝나면 불빛이 이른 밤 시간을 생산적으로 사용하도록 길을 열어 준다고 주장했다. 대화, 이야기 들려주기, 수다 떨기, 낮에 힘들게 일하는 동안 받은 마음의 상처 치유, 소규모 인간 집단에서 사회적 역할의 강화 등이 이 이른 밤 시간에 할 수 있는 일이다.

다음에 모닥불가에 앉게 되면 생각해 보자. 왜 인간은 아직도 현대식 집에 대부분 쓰지도 않는 구식 벽난로 같은 걸 설치하고 싶어 할까? 아마도 답은 벽난로가 과거에 그랬던 것처럼 지금도 매우 문화적인 방식으로 작동하고 있으며, 잠재적으로 이로운 환경에 대한 생각은 여전히 기대감이라는 상당히 밝은 느낌을 자아내기 때문일 것이다. 그냥 마법이라고만 해 두자.

II

의학, 불멸성 그리고 알고리즘

현대 의학

인간의 문화적 관습 대부분에서 항상성과의 관련성을 찾아내는 것은 어렵지 않다. 하지만 의학만큼 그 관련성이 두드러진 분야는 없다. 몇천 년 전 의학이 정식으로 시작되었을 때부터 모든 의술 행위는 병이 든 과정, 조직, 계통을 고치는 활동이었으며, 마법·종교와 종종 연관성을 가지다가 결국에는 과학기술과 연관을 맺게 되었다.

현재 의학과 관련된 과학기술의 범위는 매우 넓으며 그 목적 역시 전통적인 목적에서부터 착각을 일으키기 위한 목적까지 다양하다. 전통적인 목적은 최근의 과학기술 진보에 따라 동원할 수 있는 약학적 도구 또는 외과적 도구를 이용해 잘 알고 있는 병의 치료법을 찾는 것이다. 전염병의 역사를 살펴보면 잘 알 수 있다.

인간은 한때 치명적이었던 전염병을 항생제나 백신 또는 그 둘 다로 제압했다. 이 전쟁은 끝없이 계속되고 있다. 새로운 감염원이 나타나거나 그전의 감염원이 주로 항생제 요법의 결과로 모습을 크게 바꿔 마치 새로운 감염원처럼 치명적으로 행동하기 때문이다. 이런 감염원에 대항하는 전쟁은 끝이 없다. 자연은 적당하게 방어적이거나 회피적이지만 의학은 언제나 기발하고 지속적이다. 예를 들어, 질병의 원인이 특정한 곤충 종이 옮기는 위험한 바이러스라면 그 곤충의 유전체를 변화시켜 매개체로서 역할을 못 하게 만들 수 있다. 유전체 내부를 변화시키는 크리스퍼-카스9CRISPR-Cas9이라는 기술의 발견으로 가능해진 대담하고 새로운 방법이다.[1] 물론 해당 바이러스가 유전적 방해자에 대한 반응으로 돌연변이를 일으켜 악성을 강화함으로써 자신에게 닥친 새로운 장벽을 극복하지 말라는 법은 없다. 이런 식으로 계속되는 것이다. 항상성은 이렇게 쫓고 쫓기는 게임을 하는 방법을 알고 있으며 우리도 그럴 때가 있다.

우리는 똑같은 첨단 기술을 이용해 인간 유전체에 수정을 가하는 방법으로 특정 유전병을 제거할 수 있을 것이다. 이 방법은 감탄할 만하고 잠재적 가치가 높지만 결코 쉽지는 않다. 인류를 괴롭히는 유전병 대부분은 하나의 유전자에 의한 것이 아니라 여러 개 또는 수없이 많은 유전자들에 의해 생기기 때문이다. 유전자는 대부분 집단적으로 작용한다. 부채 상환이 한꺼번에 닥쳐오는 것과 비슷하다고도 할 수 있다. 또한 유전적 개입을 확실히 할 수 있다고 해도 그 유전적 개입으로 위험하고 원하지 않는 결과가 닥치지 않으리라고 장담할 수는 없다.

더 문제가 되는 것은 의학적으로 독특한 분야의 기술 발전이 이루어질 가능성이다. 예를 들어, 좋은 지적·물리적 특징을 발현시키거나, 지적장애를 일으키거나, 죽음을 없애 버리는 것을 목표로 유전자 변이를 유도하는 것이다. 여기서도 개입의 대상은 인간의 생식세포(germline, 생식세포란 유전정보를 다음 세대에 전하는 역할을 하는 세포를 말한다-옮긴이) 계열이며, 앞에서 언급한 새로운 기술로 개입이 가능해진다.

이 프로젝트를 현실화시킬 때 생각해야 할 심각한 문제들이 있다. 실제로 유전물질의 조작 과정에는 현재 기술로서는 대처하기 힘든 중요한 위험 요소가 존재한다. 더 근본적으로는 진화라는 자연적 과정을 인위적으로 조작했을 때 순수하게 생물학적인 측면과 사회문화적·정치적·경제적 측면에서 인류의 미래에 영향을 미칠 전대미문의 결과가 발생해 왔다는 사실을 생각해야 한다. 고통을 일으키는 질병을 제거하면서 그 어떤 이익과도 연관되지 않는 것이 목적이라면 계속해서 연구를 진행할 명분은 충분하다. 의학의 고전적인 명령은 "우선 해를 가하지 않는 것"이다. 그리고 그 명령이 조심스럽게 준수된다면 그 조작은 찬사의 대상이 될 것이다. 하지만 애초에 질병에 대해 손을 대는 것이 아니라면? 지적인 수수께끼를 푸는 연습을 통하지 않고 유전학적인 방법으로 기억능력이나 지적 역량을 개선하는 것에 정당성을 부여할 수 있는 근거는 무엇인가? 눈 색깔, 피부 색깔, 얼굴 형태, 키 같은 육체적인 특성은 또 어떤가? 성비 조작은 또 어떤가?

이런 시도가 '성형 목적'의 변형이고, 지난 수십 년 동안(문신, 피어싱, 할례 등을 이 범위에 포함하면 실제로는 몇천 년이라고 할 수 있다) 성형수술이 행해졌지만 소비자들에게는 해는 거의 미치지 않았고 대부분 만족을 주었다고 주장할 수도 있다. 하지만 얼굴 성형이나 다른 부위 성형을 유전체에 대한 개입과 비교할 수 있을까? 유전체에 대한 개입은 그것을 원하는 개인에게만 한정되지 않는데도 말이다. 또한 그런 측면에서 미래의 부모들은 자식들의 육체적 또는 정신적 화장에 대해 결정할 권리를 가질까? 부모들이 보장하거나 기피하려고 하는 것은 도대체 무엇인가? 자라나는 인간이 의지와 타고난 재능이나 결함을 결합해 자신의 운명을 펼쳐 나가고 새롭게 정의하는 행운을 갖는 것이 뭐가 그렇게 문제인가? 발생 면에서의 불운을 극복하거나 타고난 재능이 우월할 때 겸손을 보임으로써 성품을 개발하는 것이 뭐가 그리 잘못된 일일까? 이런 주장에 틀린 점은 전혀 없다. 물론 이 부분을 읽은 동료가 나에게 부족함을 너무 쉽게 인정하는 것이 아니냐고 지적했다. 사실 나는 키가 작지만 그래도 상관없다. 내 동료는 나의 태도가 일종의 스톡홀름 신드롬Stockholm syndrome이라고 했다. 단점의 인질이 되자 그런 단점과 친해졌다는 것이다. 어쨌든 나는 반론을 들을 준비가 되어 있고 의견을 바꿀 용의도 있다.

인공지능과 로봇공학 분야에서도 중요한 진전이 있었다. 그 진전 중 일부는 문화적 진화를 지배하는 항상성 명령 안에도 깊숙이 각인되어 있다. 지각과 지능에서 운동 수행 능력까지 인간의 인지를 보강하는 것은 항상성에 의한 오래된 관습이다. 돋보기, 쌍안경, 현미경, 보청기, 지팡이, 휠체어를 생각해 보자. 또는 그 문제에 관해 계산기나 사전을 생각해 보자. 인공기관과 인공사지는 새롭지도 않고 노년의 우중충함을 연상하게 만들지도 않는다. 올림픽

선수들과 투르 드 프랑스(Tour de France, 프랑스에서 매년 7월 3주 동안 열리는 세계적인 프로 도로 사이클 경기-옮긴이) 챔피언들을 곤경에 빠뜨리는 경기력 향상 약물도 그렇다(랜스 암스트롱은 고환암 수술 이후 처절한 재활을 거쳐 투르 드 프랑스 7연패를 달성하며 인간 승리의 대명사격 존재가 되어 많은 사람들의 주목과 존경을 받으며 세계적인 인기를 누렸지만, 도핑으로 모든 기록이 말소되었다-옮긴이). 동작을 빠르게 하거나 지적인 능력을 개선하는 전략과 장치를 이용하는 것은 경기에 참가할 때를 제외하면 거의 문제가 되지 않는다.

의학 진단용 인공지능은 매우 전망이 밝다. 질병의 진단과 진단 과정의 해석은 의학의 핵심적인 요소이며 패턴 인식에 의존한다. 기계 학습 프로그램은 이 분야에서 자연스러운 도구이며 현재까지 믿을 만한 결과를 내 왔다.[2]

현재 연구되고 있는 유전학적 개입 방법의 일부와 비교했을 때 이 일반적인 영역에서의 진전 결과는 대체로 양호하고 잠재적인 가치가 높다. 가장 실현 가능성이 높고 바로 접목할 수 있는 시나리오는 상실된 기능을 보충할 뿐만 아니라 인간의 지각을 강화하거나 보강할 수 있는 인공 강화 장치의 탄생이다. 실명한 사람을 위한 인공 망막 이식, 생각으로 조정할 수 있는 인공사지가 그 예이다. 이 두 가지 예 모두 실제로 존재하며 가까운 미래에 더 완성된 형태가 나올 것이다. 이 예들은 인간-기계 하이브리드화 부분에서 중요한 위치를 차지하고 있다. 하반신마비 환자나 사지 마비 환자를 위한 인공 외골격도 이 기술을 이용한다. 외골격은 말 그대로 척추에 고정되어 마비된 사지를 둘러싸는 두 번째 인공 골격을 말한다. 이 인공물들은 외부의 조작자나 착용한 환자 자신이 작동하는 컴퓨터를 통해 움직인다. 실제로 컴퓨터가 움직이고자 하는 환자의 **의도**대로, 즉 움직이고자 하는 환자의 의지와 연결된 뇌의 전기적 신호를 잡아내 작동하는 것이다.[3] 우리는 살아 있는 유기체와 공학적으로 만들어진 인공물의 하이브리드, 즉 우리가 좋아하는 SF의 사이보그와 비슷한 존재를 만들어 내는 데 상당한 진전을 이룬 상태이다.

불멸성

언젠가 우디 앨런Woody Allen은 죽지 않음으로써 불멸을 이루고 싶다는 농담을 한 적이 있다. 앨런은 죽음을 없앤다는 생각이 언젠가 단순한 농담 차원을 벗어날 것이라고는 생각도 못 했을 것이다. 인간은 이제 그 가능성이 실제로 존재한다고 생각하고 있으며 지금까지 그 목적을 위해 조용히 노력해 왔다. 안 될 이유가 없지 않은가? 생명을 무한하게 연장하는 것이 실제로 가능한데도 그 선택을 포기해야 할까?

이 질문에 대한 실제적인 답은 매우 분명하다. 다른 계획을 가지고 있을 수도 있는 창조자를 대면할 필요가 없다면, 장수에 따른 암이나 치매 같은 질병에 걸리지 않고 그 영원한 생명을 잘 살아 낼 수 있다면 시도해 볼 가치가 있다. 이 프로젝트는 숨을 멎게 할 정도로 대담한 동시에 오만하다. 하지만 일단 평정심을 되찾게 되면 그리고 스톡홀름 신드롬이라는 구덩이에 다시 빠지는 것에 진절머리가 난다면 괜찮을 수도 있다. 하지만 여기서 몇 가지 질문을 던져 보자. 이런 프로젝트가 개인과 사회에 미치는 장·단기적 결과는 어떨까? 인간을 영원히 살도록 만들려는 노력에는 인간에 대한 어떤 생각이 영향을 미칠까?

기본적인 항상성 측면에서 불멸은 완성이다. 자연이 꿈꾸지 못했던 영원한 생명이라는 꿈이 실현되는 것이다. 항상성의 초기 상태는 진행되고 있는 생명을 촉진하고 그 의도와는 상관없이 미래로 그 생명을 연장시키는 것이었다. 미래의 생명을 보장하는 장치로 예정에 없이 나타난 것 중 하나가 유전적 장치였다. 미래를 상상해 보면 불멸은 삶에서 궁극적인 단계가 될 것이며, 인간의 창의성을 통해 그것이 이루어질 것이라는 사실 때문에 한층 더 흥미롭고 훌륭한 성취가 될 것이다. 실제로 창의성 자체가 항상성의 결과라는 사실을 고려하면 창의성은 자연스러워 보인다. 하지만 부정적인 면은 없을까? 자연스럽다고 해서 항상 좋은 것만은 아니며, 자연스러운 일들이 거침없이 일어나도록 방치하는 것도 바람직한 일은 아니다.

불멸은 느낌이 주도하는 항상성의 가장 강력한 엔진을 제거할 것이다. 죽음은 피할 수 없다는 깨달음과 그 깨달음이 주는 괴로움이 바로 그 엔진이다. 이런 엔진이 없어지는 것에 대해 걱정해야 하지 않을까? 물론 그래야 한다. 항상성 과정의 백업 엔진으로 우리는 앞에서 언급한 죽음 외의 것들이 원인이 되는 아픔과 고통, 쾌락도 가지고 있다고 주장할 수도 있다. 하지만 진짜 그럴까? 불멸의 꿈이 허락된다면 아픔과 고통을 근본적으로 제거하는 것도 멀지 않았다고 상상할 수 있지 않을까? 쾌락은 또 어떤가? 우리는 항상 쾌락을 누리면서 세상을 에덴동산으로 만들게 될까? 아니면 쾌락조차도 없애 버리고 불멸의 전사들이 사는 것에 개의치 않는 좀비들의 세상에서 살게 될까?

훌륭한 미래학자들과 공상가들의 상상에도 불구하고 이 모든 상상이 곧 현실화될 것 같지는 않다. 예를 들어, 트랜스휴머니즘 transhumanism의 핵심은 인간의 마음을 컴퓨터에 '다운로드'받아 영원한 생명을 보장한다는 생각이다.[4] 현재로서는 불가능한 시나리오이다. 트랜스휴머니즘은 생명의 실체가 무엇인지 제대로 파악하지 못하고 진짜 인간이 정신적 경험을 하는 조건들도 제대로 이해하지 못한 결과이다. 트랜스휴머니스트들이 다운로드하려고 하는 것이 실제로 무엇인지도 여전히 미스터리이다. 정신적 경험은 확실히 아닐 것이다. 이 정신적 경험이 인간 대부분이 자신들의 의식적인 마음에 대해 설명하는 내용과 내가 앞에서 언급한 장치와 메커니즘을 필요로 하는 설명에 부합한다고 해도 그럴 것이다. 이 책의 핵심 아이디어 중 하나는 마음이 뇌에서만 발생하는 것이 아니라, 몸과 마음과 뇌의 상호작용으로 발생한다는 것이다. 트랜스휴머니스트들은 몸도 다운로드하려고 하는 걸까?

나는 대담한 미래 예측을 받아들이는 데 거부감이 없으며, 그런 과학적 상상들이 실현되지 못하는 걸 보면 슬픈 마음이 들기까지 한다. 하지만 트랜스휴머니즘에 대해서는 다음에 어떤 생각이 뒤따를지 전혀 상상도 할 수 없다. 문제의 핵심은 살아 있는 시스템에 코드와 알고리즘을 적용하는 것에 왜 분명한 한계가 있는지 보여 줌으로써 가장 잘 설명할 수 있다. 지금부터 그 이야기를 할 셈이다.

인간에 대한 알고리즘적 설명

20세기 과학이 이룬 두드러진 진전 중 하나는 코드를 이용하는 알고리즘을 기초로 생각의 물리적 구조와 소통을 모두 조합할 수 있다는 사실을 알게 된 것이다. 유전암호는 핵산이라는 알파벳을 이용해 살아 있는 유기체들이 살아 있는 다른 유기체들의 기본 구성 요소들을 조합해 그 구성 요소들이 발달하도록 돕는다. 비슷한 방식으로 언어는 우리에게 알파벳과 단어들의 순서를 지배하는 문법을 제공하고, 우리는 그 알파벳을 가지고 무한한 수의 물체, 행동, 관계, 사건의 이름이 되는 무한한 수의 단어를 조합해 낸다. 또한 이 방식으로 우리는 사건의 전개를 말해 주거나 생각을 설명해 주는 문장과 이야기를 만들어 낸다. 진화의 이 시점에서 자연적 유기체들의 조합, 소통의 조합을 이루는 많은 요소들은 알고리즘과 코딩에 의존한다. 수많은 컴퓨터 연산의 요소들, 인공지능과 로봇공학의 모든 것이 알고리즘과 코딩에 의존하는 것과 비슷하다. 하지만 이 사실은 자연적 유기체를 어떤 방식으로든 알고리즘으로 환원시킬 수 있다는 지배적인 생각을 낳았다.

인공지능, 생물학, 심지어는 신경 과학조차 이런 생각에 물들어 있다. 유기체는 알고리즘이고 몸과 뇌도 알고리즘이라고 말해도 무비판적으로 다 받아들여지고 있다. 다시 말하면, 이는 부분적으로는, 우리가 인공적으로 알고리즘을 작성하고 그 알고리즘을 자연적인 종에 연결시키고, 알고리즘들을 섞을 수 있다는 사실에 의해 가능해지는 특이점이 존재한다는 주장이다. 이 이야기에서 특이점은 단지 가까이 있는 정도가 아니다. 특이점은 이미 도달한 상태이다.

특이점이라는 개념과 그 개념의 사용은 과학기술계에서 어느 정도 인기를 누리고 있으며 문화적 트렌드의 일부이기도 하다. 하지만 이 개념은 과학적으로는 옳지 않으며, 인간성의 기준으로 보면 결함이 많은 개념이다.

살아 있는 유기체가 알고리즘이라는 주장은 아무리 좋게 말해도 오해의 소지가 있으며, 엄밀하게 말하면 잘못된 주장이다. 알고리즘은 특정한 결과를 만드는 과정에서 필요한 단계들의 조제법, 요리법, 목록이다. 인간을 포함해 살아 있는 유기체들은 알고리즘에 따라 만들어지며 알고리즘을 이용해 자신의 유전적 장치를 작동시킨다. 하지만 그 유기체들 자체가 알고리즘은 **아니다**. 살아 있는 유기체는 알고리즘을 동원한 결과이며, 유기체 자신을 만드는 과정을 지시한 알고리즘에서 특정화되거나 특정화되지 않는 특성들을 드러낸다. 가장 중요한 것은 살아 있는 유기체가 조직과 기관·세포·계통의 합이며, 그 유기체의 모든 구성 요소는 단백질·지질·당으로 이루어진 살아 있는 취약한 실체라는 사실이다. 살아 있는 유기체는 코드의 줄이 **아니라** 만지고 느낄 수 있는 것이다.

살아 있는 유기체가 알고리즘이라는 생각은 유기체가 살아 있는 유기체이건 인공적으로 들어진 유기체이건 그 유기체가 만들어질 때 사용되는 기질이 중요한 문제가 아니라는 잘못된 생각을 확산시키고 있다. 알고리즘이 작동하는 기질이 중요하지 않으며 알고리즘과 기질 중 어느 것도 작동의 환경에 영향을 미치지 않는다는 생각이다. '알고리즘'이라는 말을 현재의 의미로 쓰는 배경에는 기질과 환경이 별개라는 생각이 숨어 있다. 물론 알고리즘이라는 용어 자체는 그런 뜻이 아니며 그런 뜻을 가져서도 안 된다.

알고리즘이라는 말의 현재 쓰임새에 맞춰, 동일한 알고리즘을 서로 다른 기질과 새로운 환경에 적용하면 비슷한 결과가 나올 것이다. 하지만 왜 그렇게 되는지는 알 수가 없다. 우리 생명의 기질은 잘 조직된 특정한 화학반응이며, 이 반응은 열역학과 항상성 명령에 복종한다. 우리가 아는 한, 기질은 우리가 누구인지 설명하는 데 필수적인 요소이다. 왜 그럴까? 세 가지 이유가 있다.

첫째, 느낌 현상은 인간의 느낌이 화학적 요소와 내장 요소로 우리 생명 활동을 다차원적·상호작용적으로 이미지화한 결과라는 것을 드러낸다. 느낌은 그런 활동의 질과 그런 활동의 미래 생존 가능성을 나타낸다. 느낌이 다른 기질에서 발생하는 것을 상상할 수 있을까? 그럴 수도 있다. 그렇게 발생할 수 있는 느낌이 인간의 느낌과 비슷해야 할 이유는 없지만 말이다. 느낌 '같은' 어떤 것이 만들어진 장치의 '항상성'을 반영한 것이고 그 장치 내에서의 **질**과 **생존 가능성**을 나타낸다면 그 어떤 것이 인공적인 기질에서 발생하는 것을 상상할 수 있다. 하지만 지구의 살아 있는 생명체들의 상태를 나타내기 위해 느낌이 사용하는 기질이 없는 상태에서 그런 느낌이 인간의 느낌 또는 다른 종의 느낌과 비슷할 거라고 기대할 수 있는 근거는 없다.

우리 은하 어딘가의 다른 종에서 느낌이 존재하는 것도 상상해 볼 수 있다. 생명이 발생해 유기체들이 생리적으로 다르지만 살아 있는 기질, 즉 우리 느낌의 변종을 기초로 우리의 항상성 명령과 비슷한 항상성 명령을 따르는 곳일 수도 있다. 그 신비한 종이 자신의 느낌과 관련해 가지는 경험은 외견상으로는 우리의 경험과 같지는 않아도 비슷할 것이다. 기질이 완전히 동일하지 않기 때문이다. 감정의 기질을 변화시키면 상호작용하며 이미지화하는 것도 변화되어 느낌 또한 변화된다.

간단히 말하면, 기질은 매우 중요하다. 우리가 말하는 정신적 과정은 이런 기질들에 대한 정신적 설명이기 때문이다. 중요한 건 현상이다.

인공지능 유기체들이 지적으로 작동하도록 설계될 수 있으며 심지어는 인간 유기체의 지능을 뛰어넘을 수 있다는 증거는 넘친다. 하지만 지적 행동을 유일한 목표로 설계된 이런 인공지능 유기체들이 지적으로 행동한다는 이유만으로 느낌을 만들어 낼 수 있을지에 대해서는 아무런 증거가 없다. 자연스러운 느낌은 진화 과정에서 발생해서 계속 존재해 왔다. 느낌을 가질 정도로 운이 좋은 유기체들의 생사와 관련된 기여를 했기 때문이다.

이상하게도, 순전히 지적인 과정은 알고리즘으로 잘 설명이 되며 기질에 의존하지 않는 것으로 보인다. 잘 만들어진 인공지능 프로그램이 체스 챔피언을 이기고, 바둑 대국에서 승리하고, 자동차를 성공적으로 운전할 수 있는 이유가 여기에 있다. 하지만 지적인 과정만이 다른 동물과 인간을 구별하는 기초가 된다고 주장할 수 있는 근거는 현재까지 없다. 반면, 지적인 과정과 느낌의 과정은 살아 있는 유기체, 특히 인간의 작용을 닮은 무엇인가를 만들어 내기 위해 기능적으로 서로 연결되어 있음이 틀림없다. 이 시점에서 2부에서 다룬, 감정에 연결된 행동 프로그램인 정서적 과정과 정서에서 비롯된 상태를 포함한 유기체의 상태에 대한 정신적 경험인 느낌 사이의 결정적인 차이를 떠올리는 것이 중요하다.

이 차이점이 왜 중요할까? 도덕적 가치는 마음이 있는 생명체들에서 나타나는 화학적 과정, 내장에서 일어나는 과정, 신경 과정에 의해 작동되는 보상과 처벌 과정에서 나오기 때문이다. 보상과 처벌 과정은 다름 아닌 바로 쾌락과 고통의 느낌을 만들어 내는 과정이다. 우리 문화가 예술, 종교적 믿음, 정의, 공정한 관리 체계의 형태로 찬양해 온 가치들은 느낌을 기초로 형성되었다. 현재 상태에서 고통의 화학적 기질과 그 반대인 쾌락과 번성의 화학적 기질을 제거한다면 현재의 도덕 체계를 받치고 있는 자연적인 기초도 제거될 것이다.

물론 '도덕적 가치'에 따라 작동하는 인공 시스템을 만들 수는 있다. 하지만 그렇다고 해도 그런 장치에 독립적으로 도덕적 가치를 만들 수 있는 기초가 포함될 수 있을 것이라는 뜻은 **아니다**. '행동'이 존재한다고 해서 유기체나 장치가 그 행동을 '정신적으로 경험'한다고 장담할 수는 없다.

앞에서 언급한 내용 중 그 어떤 것도 살아 있는 유기체가 가진 고도의 감정 기반 기능들이 이해할 수 없는 것이라든지 과학적 연구의 대상이 아니라는 의미는 아니다. 이 기능들은 이해할 수 있는 기능들이며 앞으로도 그럴 것이 확실하다. 내가 알고리즘이라는 개념을 사용하는 데 반대하는 것은 내 주장을 미스터리하게 보이게 하기 위해서가 아니다. 하지만 그렇지 않다는 것이 증명될 때까지 살아 있는 유기체에 대한 연구는 살아 있는 기질과 그 결과로 발생하는 과정의 복잡성을 고려해야 한다. 앞서 언급한 유전공학과 인간/인공지능 하이브리드 창조를 통해 인간 생명이 연장될 수 있는 의학의 새로운 시대를 생각해 보면 이런 특징들의 의미는 결코 작지 않다.

둘째, '알고리즘'이라는 말에서 떠오르는 예측 가능성과 불가변성은 더 높은 수준의 인간의 행동과 마음에는 적용되지 않는다. 인간에게는 의식적인 느낌이 풍부하게 존재하기 때문에 자연적인 알고리즘의 실행을 창의적인 지능이 방해할 수 있기 때문이다. 우리 본성의 착한 천사나 나쁜 악마가 우리에게 강요하는 충동에 저항할 수 있는 힘은 분명 제한되어 있지만, 많은 경우 우리가 좋거나 나쁜 충동에 거슬러 행동할 수 있다는 사실은 변함이 없다. 인간 문화의 역사 대부분은 알고리즘이 예측하지 못한 발명을 통해 자연적인 알고리즘에 저항하는 이야기들이다. 다시 말하면, 인간의 뇌는 '알고리즘'이라고 과감하고 자유롭게 선언한다고 해도, 인간이 하는 일들은 알고리즘이 아니며 인간 자체도 알고리즘이라고 할 수는 없다.

자연적인 알고리즘과의 결별이 다시 알고리즘적인 설명의 여지를 허용한다고 주장할 수도 있다. 맞는 말이다. 하지만 알고리즘을 '일으킨다고' 해서 모든 행동이 생겨나는 것은 아니다. 느낌과 사고가 상당 수준의 자유의지를 행사하면서 여기에 참여해야 한다. 그렇다면 알고리즘이라는 말을 쓸 필요가 뭐가 있을까?

셋째, 앞에서 언급한 기질과 환경의 독립성, 불가변성, 예측 가능성 등의 문제가 있는 인간에 대한 알고리즘적인 설명을 받아들이는 것은 선량한 사람들이 과학과 기술을 비하하고, 미적 감수성과 고통과 죽음에 대한 인간적인 반응으로 완성되는 철학이 인간을 모든 종의 우위에 올려놓았던 시대가 끝났음을 애도하게 만드는 일종의 환원주의적 입장이라고 할 수 있다. 나는 과학이 인간에 대한 문제적인 설명을 포함하고 있다는 이유로 과학의 장점을 부인하거나 과학의 진전을 방해해서는 안 된다고 믿는다. 내 주장은 그것보다 간단하다. 인간의 존엄성을 깎아내리는 것처럼 인간을 설명하는 것은 그 의도가 그렇지 않다고 해도 인간의 대의를 진전시키지 않는다는 것이다.

인간의 대의를 진전시키는 것은 우리가 역사의 '포스트 휴먼post-human' 국면, 즉 인간 개인들 대부분이 사회에 대한 쓰임새를 잃게 되는 국면으로 진입하고 있다고 믿는 사람들에게는 중요한 문제가 아니다. 유발 하라리Yuval Harari는 사이버 전쟁이 인간이 하는 전쟁을 대체해 전쟁 수행에 인간이 더 이상 필요가 없어지고 인간이 자동화에 밀려 일자리를 잃으면 대부분의 사람들이 사라지게 될 것이라고 주장한다. 그렇다면 역사의 주인은 불멸을 **획득**하거나 적어도 아주 오래 살 수 있게 됨으로써 승리하는 사람들과 이 상황에서 계속해서 이득을 보는 사람들이 될 것이다. 내가 '누린다enjoy'는 말을 쓰지 않고 '이득을 본다benefit'는 말을 쓴 것은 그들에게서 느낌이 차지하는 위치가 분명하지 않을 것이기 때문이다.[5] 철학자 닉 보스트롬Nick Bostrom은 또 다른 전망을 제시한다. 매우 지능적이고 파괴적인 로봇들이 세계를 접수해 인간의 비참함을 끝낸다는 전망이다.[6] 어느 쪽이든 미래의 삶과 마음은 적어도 부분적으로는 '생화학적 알고리즘'이 현재 하고 있는 역할을 인공적으로 흉내 낸 '전자 알고리즘'에 의존할 것으로 추정된다. 게다가 이들 철학자들의 관점에서 보면 인간의 삶이 본질적으로 다른 살아 있는 종들의 삶과 비슷하다는 발견은, 인간은 예외적이고 다른 종들과 다르다는 인간 지상주의의 전통적인 근간을 무너뜨린다. 하라리의 분명한 결론도 이것이다. 그렇다면 그 결론은 확실히 틀린 것이다. 인간은 다른 모든 종들과 생명 작용이 수도 없이 많이 비슷하지만 상당히 많은 부분에서 인간만의 특징을 가지고 있다. 인간의 고통과 기쁨의 범위는 오롯이 인간의 것이며, 이는 과거의 기억과 기대된 미래에 대해 느낌이 구축한 기억 안에서 느낌이 공명한 덕분이다.[7] 하지만 아마 하라리는 자신의 저작 『호모 데우스*Homo Deus*』로 우리한테 겁을 주고 너무 늦기 전에 뭔가 대책을 세우기를 바랐는지도 모른다. 그렇다면 동의할 수 있다. 나도 우리가 그렇게 할 수 있기를 진정으로 희망한다.

나는 앞에서 언급한 디스토피아적인 전망들에 대해 또 다른 이유로 비판적인 생각을 가지고 있다. 그 전망들은 너무나 색깔이 없으며 지루하다. 즐거운 삶을 그린 올더스 헉슬리Aldous Huxley의 『멋진 신세계*Brave New World*』[8]의 디스토피아에 비하면 너무나 실망스럽다. 이 새로운 전망들은 루이스 부뉴엘Luis Buñuel의 영화 〈절멸의 천사The Exterminating Angel〉에 등장하는 단조롭고 지루한 인물들과 비슷하다. 나는 앨프리드 히치콕Alfred Hitchcock의 영화 〈북북서로 진로를 돌려라North by Northwest〉에서 묘사되는 위험과 고통을 훨씬 더 좋아한다. 캐리 그랜트Cary Grant가 수많은 도전에 대처해 악당 제임스 메이슨James Mason을 쳐부수고 에바 마리 세인트Eva Marie Saint를 얻는 내용을 담은 영화다.

인간에게 봉사하는 로봇

다행스럽게도 인공지능과 로봇공학의 세계를 확장하려는 현재의 수많은 노력들은 인간 같은 로봇을 만들기 위한 것이 아니라, 우리 인간이 능숙하게, 경제적으로 그리고 가능한 더 빠르게 해야 하는 일들을 **하는** 장치를 만들기 위한 것이다. 똑똑한 행동 프로그램에 방점이 찍혀 있는 것이다. 그 프로그램들이 의식적인 경험은 차치하고라도, 느낌을 만들어 내지 않는다고 해도 전혀 문제가 되지 않는다.[9] 내가 관심이 있는 것은 내 로봇의 '감각sense'이지 '감성sensibility'이 아니기 때문이다.

비서나 동료가 될 수도 있는 인간 같은 로봇을 만든다는 생각은 완벽하게 합리적이다. 인공지능과 공학이 이를 가능하게 한다면 못 할 이유가 없다. 공학으로 만들어진 장치들이 인간의 감독을 받는다면, 그 장치들이 자율성을 획득해 우리를 적으로 돌릴 방법을 가지고 있지 않다면, 로봇이 세계를 파괴할 수 있도록 우리가 로봇에게 프로그램을 할 방법이 없다면, 그렇게 안 될 이유가 없는 것이다. 세계를 멸망시킬 가능성이 있고 인간이 감시를 해야 할 미래의 로봇과 미래의 인공지능 프로그램에 대한 암울한 시나리오도 몇몇 존재하기는 한다. 그럼에도 실제로 만들어진 로봇이 우리에게 공격적으로 행동할 위험은 사이버 전쟁의 실제적인 위험에 비해 작다. 스탠리 큐브릭Stanley Kubrick의 영화 〈2001: 스페이스 오디세이2001: A Space Odyssey〉에 나오는 인공지능 로봇 할의 손자가 어느 날 불쑥 나타나 미 국방부를 접수할 것이라고 기대해서는 안 된다. 물론 천하의 '사람' 악당이 그럴 가능성은 있지만.

이런 SF 시나리오들이 요즘 들어서 더 설득력을 가지는 이유는 지적인 게임 프로그램이 체스와 바둑에서 챔피언들을 확실하게 이기고 있기 때문이다. 이런 SF 시나리오들이 말이 되지 않는 이유는 게임을 하는 인공지능 프로그램이 보이는 지능의 특성에서 찾을 수 있다. 이 지능들은 화려해 보이기는 하지만 '인공'이라는 말이 가장 잘 적용되는 지능이며 인간의 실제 정신적 과정과는 부분적으로밖에 닮지 않았다. 이런 인공지능 프로그램들은 인지 기능은 가지고 있지만 감정은 전혀 가지고 있지 않다. 이 프로그램들의 '똑똑한' 마음 안에 있는 지적 단계들이 그 이전에 수반되거나 예측되는 느낌과 상호작용을 할 수 없다는 뜻이다. 느낌이 없으면 이들 프로그램이 인간이 되고자 하는 희망의 상당 부분이 사라진다. 이는 우리의 취약성이 우리 인간의 느낌 부분에서 만들어지며, 그 취약성은 우리가 개인적인 고통과 기쁨을 경험하고 다른 사람들의 고통과 기쁨에 공감하는 데 필수적인 요소, 즉 도덕과 정의의 요소 중 상당 부분을 구성하고 인간 존엄성의 요소들을 조합하는 데 필수적인 요소이기 때문이다.

인간과 실제로 닮은 로봇에 대해 이야기하면서 그들에게는 느낌이 없다는 것을 발견할 때 우리는 어처구니없고 실제로 존재하지도 않는 신화에 대해 이야기하고 있는 것이다. 인간은 생명과 느낌이 있지만 이런 로봇은 둘 다 없다.

하지만 실제 상황은 생각보다 더 미묘하게 변할 수 있다. 생명을 정의하는 항상성 조건들을 처음부터 로봇 안에 집어넣어 로봇 안에서 생명 작용과 비슷한 과정을 만들어 낼 수 있기 때문이다. 로봇의 효율을 유지하기 위해서는 많은 비용이 들겠지만 그렇다고 해서 못 할 이유도 없다. 항상성 같은 내장된 조절 변수들을 만족시키기 위한 '몸'을 공학적으로 만들어 내면 된다. 이런 생각의 기원은 로봇공학의 선구자 그레이 월터Grey Walter까지 거슬러 올라간다.[10]

하지만 느낌의 문제는 여전히 까다롭다. 로봇공학자들은 보통 느낌 대신에 가짜 미소·울음·입 내밀기 등의 장난감 같은 행동들을 로봇 안에 집어넣는다. 그 결과는 움직이는 이모티콘 같은 행동으로 표현된다. 실제로 인형극을 보는 것과 같다. 로봇의 행동은 로봇의 내부 상태에 의해 촉발되는 것이 아니다. 로봇 설계자의 의도에 따라 프로그램되어 심어진 것뿐이다. 로봇의 행동은 정서와 닮아 보일 수 있다. 정서가 행동 프로그램이라는 점에서 그렇다. 하지만 그 행동들은 **자극에 의한** 정서가 아니다. 그래도 우리는 그런 로봇들에게 쉽게 속아 넘어가 그 로봇들이 살과 피를 가진 생명체인 것처럼 대할 가능성을 충분히 가지고 있다. 사람들은 어린 시절 가지고 놀던 장난감과 인형에 생명이 있다고 상상하면서 자라고 그 생각의 잔류물들을 계속해서 마음속에 가지고 살 수 있다. 배경만 제대로라면 우리는 인형들의 세계에 쉽게 빠져들 수 있다. 실제로 나는 그동안 내가 가지고 놀던 로봇을 모두 좋아했고, 걔네들도 모두 나를 '좋아하는 것 같았다.'

로봇의 움직임이 정서가 아니라면 움직임은 분명 느낌도 아니다. 우리가 알기로 느낌은 몸 상태에 대한 정신적 경험, 즉 실제로는 주관적인 정신적 경험이기 때문이다. 여기서 문제가 더 심각해진다. 정신적 경험을 하기 위해 우리에게는 마음이 필요하다. 그것도 그냥 마음이 아니라 **의식적인** 마음이 필요하다. 의식적이기 위해서, 주관적인 경험을 하기 위해서는 9장에서 언급한 두 가지 요소가 반드시 필요하다. **유기체의 개인적 관점과 개인적 느낌이다**. 로봇에게서 이게 가능할까? 부분적으로는 가능할 수 있다. 나는 우리가 이 문제를 심각하게 생각한다면 비교적 쉽게 로봇 안에서 관점을 구축하는 것이 가능하다고 믿는다. 하지만 느낌을 구축하기 위해서는 살아 있는 몸이 필요하다. 항상성 기능이 있는 로봇을 만들 수 있다면 그 방향으로 일보 전진하는 것이겠지만, 핵심적인 문제는 개략적인 인체 모형과 인체의 생리학적 기능을 부분적으로 모사한 장치가 인간의 느낌은 제쳐 두고라도 느낌 비슷한 어떤 것이라도 만들 수 있는 기질로 어느 정도까지 역할을 할 수 있을지에 있다. 이는 공개된 중요한 연구 주제이며 우리도 이 주제를 잘 살펴봐야 한다.

이 방향으로 진전을 이루게 될 것이라고 가정하면 우리는 느낌과 인간의 지능 같은 것을 만들 수 있는 가능성에 접근할 수도 있다. 빅데이터 처리를 보면 그런 느낌이 든다. 또한 로봇이 위험 예측, 취약성 감지, 감정적 애착, 기쁨, 우울, 지혜, 인간 판단의 실패와 영광 등으로 완성되는 인간 같은 행동을 하게 만들 가능성에도 접근할 수 있다.

느낌 없이도 소위 인간 같은 로봇이 다양한 게임에 참여해 승리하고, 〈2001: 스페이스 오디세이〉의 할처럼 말을 하면서 인간에게 유용한 동반자로 기능하는 것은 어렵지 않을 것이다. 로봇이 동반자로 반드시 필요한 사회가 온다는 생각을 하면 몸서리가 쳐지긴 해도 말이다. 자율주행 자동차 때문에 생계 수단을 빼앗기게 될 사람들만 해도 많은데 이런 로봇 때문에 실업자들이 더 생겨야 할까? 인간 같은 로봇이 날씨를 예측하고, 중장비를 작동시키고,

우리에게 맞서는 장면이 보인다. 하지만 그 로봇들이 **진짜로** 느낌을 가지려면 꽤 오랜 시간이 걸릴 것이고, 그때까지 인간을 시뮬레이션하는 것은 말 그대로 시뮬레이션에 불과할 것이다.

다시 죽음의 문제로

약속되고 찬양받아 온 특이점들을 기다리는 동안 우리는 가장 큰 두 가지 의학적 문제를 전 세계에 걸쳐 진지하게 다뤄야 한다. 약물중독과 통증 관리이다. 인간의 문화를 설명하는 데 느낌과 항상성의 중요성은 이 문제들을 그동안 집중적으로 연구했음에도 만족스러운 해결책을 찾지 못하고 있다는 사실에서 매우 명백하게 드러난다. 마약 조직, 거대 다국적 제약회사, 약물중독을 부추기는 무책임한 의사들을 비난할 수도 있다. 분명 그들의 책임이기도 하다. 합법적인 방법으로 제조하면 중독성이 없을 약물을 개인이 중독성 약물로 제조할 수 있게 만드는 인터넷을 비난할 수도 있다. 하지만 이 모든 비난은 핵심에서 비켜나 있다. 중독은 아주 옛날부터 근본적인 항상성 과정을 지배해 온 분자들과 모든 종류의 아편 수용체와 연관이 있다. 좋은 느낌, 나쁜 느낌, 중간의 느낌은 이 수용체들에서 일어나는 작용에 연결되어 있으며, 다시 이 느낌들은 어떤 약물이든 섭취하기 전에 우리 생명이 얼마나 잘 유지되고 있는지를 나타낸다. 우리 느낌이 의존하는 이 분자들과 수용체들은 오래되고 경험이 많은 존재들이다. 이들은 몇억 년, 몇십억 년을 넘도록 살아남았으며, 기만적이며, 그 영향력은 매우 강력하다. 자신들의 속성에 걸맞게 이들은 눈에 띄고 압제적인 느낌들을 만들어 낸다. 이 약물들의 효과는 사용자의 육체적·정신적 건강에 치명적이며 항상성의 목표와는 정반대의 목표를 이룬다. 또한 사람들은 자기 자신을 컴퓨터에 다운로드하는 것에 대해 걱정하지만 이 분자들과 수용체들은 고질적 통증 증후군이나 약물중독 또는 둘 다를 가지고 있는 불행한 사람들의 뇌와 몸에 지속적으로 해를 끼친다.

12

현대사회의 인간 본성

모호한 상태

화창한 겨울 아침, 나사렛 예수가 추종자들에게 이야기를 들려주던 가버나움 회당에서 몇 걸음 안 되는 갈릴리 바닷가에 서서 나는 오래전 로마제국 시대의 분쟁들에 대해 생각하다 현재의 인류의 위기를 떠올렸다. 이 위기가 흥미로운 이유는 전 세계 곳곳의 인간 조건들이 다 다르기는 하지만 이 인간 조건들이 분노와 대립, 고립주의 주장이나 전제정치로의 전략 같은 비슷한 반응들을 끌어내기 때문이다. 또한 이 위기는 아예 발생하지 않아야 하기 때문에 좌절감을 주기도 한다. 적어도 최상위 선진국들은 제2차 세계대전의 참사와 냉전의 위협에 의해 면역이 생겨 복잡한 문화들에 닥친 모든 문제를 점차 평화적으로 극복할 수 있는 협력적인 방법을 찾을 수 있을 것이라는 희망이 있었기 때문이다. 돌이켜 보면 우리는 현실에 덜 만족했어야 했다.

지금은 가장 살기 좋은 시대일지도 모른다. 현재 우리는 삶을 훨씬 더 안락하고 편안하게 만드는 굉장한 과학적 발견들과 눈부신 기술적 성취에 둘러싸여 있기 때문이다. 또한 이용할 수 있는 지식의 양과 그 지식에 쉽게 접근할 수 있는 방법이 그 어느 때보다 많고 실제 여행, 전자적 의사소통, 과학, 예술, 무역 면에서 온갖 종류의 국제적 합의로 평가되는 인간 사이의 상호 연결이 전 세계적으로 확장되어 있기 때문이기도 하다. 게다가 질병을 진단하고, 관리하고, 치료하는 능력이 계속 발전하고 인간의 수명이 놀라울 정도로 늘어 2000년 이후에 태어난 사람들은 최소 평균 100세 정도는 살 수 있을 것으로 기대된다. 곧 우리는 로봇이 운전하는 자동차를 타고 다니면서 노력과 시간을 절약할 수 있게 될 것이고, 어떤 시점이 되면 치명적인 사고도 거의 당하지 않게 될 것이다.

하지만 우리 시대가 가장 완벽한 시대라는 판단을 내리기 위해서는 빈곤층의 어려움에 무관심해도 되는 정도를 넘어서 아예 신경을 쓸 필요가 없을 정도가 되어야 한다. 사람들의 과학기술 수준은 지금이 역대 최고이지만 사람들은 소설이나 시는 거의 읽지 않는다. 지금도 소설과 시는 존재라는 희극과 비극에 접근할 수 있게 만드는 가장 확실하고 가장 유익한 수단이며, 우리가 누구이고 어떤 존재가 될 수 있는지 생각하게 만드는 수단이기도 하다. 사람들은 존재라는 비실용적인 문제에 신경을 쓸 시간이 없는 것처럼 보인다. 현대 과학기술을 중시하고 그 혜택을 가장 많이 받는 나라들 중 일부는 세속적인 의미와 종교적인 의미에서 정신적으로 파산한 상태로 보인다. 2000년의 인터넷 거품 현상, 2007년의 서브프

라임 모기지 사태, 2008년의 금융 붕괴 같은 금융 위기에 대한 무관심한 대응을 봤을 때 이 나라들은 도덕적으로도 파산한 것으로 보인다. 흥미로울 수도 아닐 수도 있지만, 우리 시대의 눈부신 진전덕을 가장 많이 본 나라들의 행복 수준은 답보 상태이거나 하락하고 있다. 행복 수준에 대한 측정법을 신뢰할 수 있다는 전제하에서다.[1]

지난 40~50년 동안 최상위 선진국들의 대중은 상업 TV와 라디오가 엔터테인먼트 모델에 맞춰 점점 더 기형적으로 뉴스와 사회문제를 다루는 것에 전혀 또는 거의 저항하지 않았다. 그렇게 잘 살지 못하는 나라들도 어려움 없이 이 선진국들의 선례를 따라왔다. 거의 모든 공익 미디어들이 수익 사업체로 전환함에 따라 정보의 질은 더욱 떨어졌다. 사회가 살아남으려면 사회의 관리 체계가 시민의 행복을 증진시키는 방법에 반드시 신경을 써야 한지만, 하루에 일정 시간은 일을 멈추고 정부와 시민의 곤경과 성공 사례에 대해 공부하는 노력을 해야 한다는 생각은 단지 낡은 생각이라고 치부되는 수준을 넘어서 지금은 거의 사라져 버렸다. 이런 문제들에 대해 진지하게 관심을 가지고 공부해야 한다는 생각은 지금과는 맞지 않는 생각이 되어 버린 것이다. 라디오와 TV는 관리 체계와 관련된 모든 문제를 '이야기'로 변형시켰고, 이야기의 '형식'과 엔터테인먼트 면에서의 가치가 실제 내용보다 중요해졌다. 1985년 닐 포스트먼은 『죽도록 즐기기: 쇼 비즈니스 시대의 공적 담화 *Amusing Ourselves to Death: Public Discourse in the Age of Show Business*』라는 책에서 정확한 진단은 내렸지만 그는 우리가 죽기 전에 아주 많은 고통을 당한다는 생각은 하지 못했다.[2] 문제는 공교육 예산 삭감과 시민교육 축소로 더 심각해졌고, 미국의 경우 1949년에 만들어진 공정성 원칙이 1987년에 폐지됨에 따라 더 악화되었다. 공정성 원칙은 사회문제들을 공정하고 정직하게 방송하기 위해서는 공중파 면허가 있어야 한다고 규정한 원칙이다. 인쇄 매체가 몰락하고 디지털 커뮤니케이션과 TV가 부상하고 거의 전면적인 힘을 떨치면서 치명적인 수준에까지 이르게 되었다. 그 결과 사실에 대한 조용한 성찰과 분별이라는 관행이 점차 폐기되고 사회문제들에 대한 구체적이고 객관적인 지식이 심각할 정도로 감소했다. 그렇다고 해서, 결코 존재한 적이 없는 시대를 너무 그리워해서는 안 된다. 모든 사람이 다 정보를 잘 알고, 성숙하고, 분별력을 갖추었던 시대는 없었다. 모든 사람이 다 삶에 대한 경외감, 진실과 고귀한 정신에 대한 경외감을 가졌던 시대도 없었다. 그렇지만 현재 일어나고 있는 진지한 공공 인식의 붕괴는 문제가 있다. 인간 사회는 읽고 쓰는 능력, 교육 수준, 시민 행동, 정신적 열망, 언론의 자유, 사법 접근권, 경제적 지위, 건강, 환경 안전 같은 다양한 척도들에 따라 예측 가능한 방식으로 세분화된다. 이 상황에서는 대중에게 절대적인 가치, 권리, 시민에 대한 의무라는 공통 요소들을 증진시키고 지탱해 달라고 장려하기가 훨씬 더 어려워진다.

뉴 미디어의 놀라운 진보에 힘입어 대중은 경제, 자국 정부와 전 세계의 정부들의 상태, 자신들이 살고 있는 사회 뒤에 있는 진짜 사실들을 더 자세하게 파악하게 되었다. 뉴 미디어가 확실한 이점으로 작용한 것이다. 게다가 인터넷은 상업 제도나 정부 제도 밖에서 생각할 수 있는 수단을 제공하고 있다. 또 다른 잠재적 이점이다. 반면 대중에게는 막대한 양의 정보를 합리적이고 실용적인 결론으로 전환시킬 시간과 방법이 보통 없다. 게다가 정보를 확산시키고 수집하는 회사들은 수상한 방식으로 대중에게 정보를 전달한다. 정보 이용자들의 입맛에 맞고 다양한 경제적·정치적·사회적 이익에 따라 내용을 왜곡하는 회사 알고리즘에 의해 정보가 흘러가도록 정해진다. 이런 식으로 이 알고리즘은 엔터테인먼트라는 자신의 고유 목적을 계속해서 달성할 수 있게 된다.

우리는 또한 과거로부터 지혜의 목소리로 여겨지던 신문, 라디오, TV 프로그램의 경험 많고 사려 깊은 편집자들의 목소리에도 편견이 있고 사회가 어떻게 기능해야 하는지에 대한 특정한 견해가 포함되어 있었다는 것을 인정해야 한다. 이런 특정한 견해들은 특정한 철학적 또는 사회·정치학적 관점을 가진 경우가 종종 있었고 사람들은 그 관점들에 따른 결론을 인정할 수도, 거부할 수도 있었다. 오늘날 일반 대중에게는 이런 기회가 없다. 모든 사람들은 자신만의 앱으로 가득 찬 휴대용 기기를 통해 세계와 직접 접촉하면서 자신만의 자율성을 최대로 누린다. 자신의 견해와 다른 타인의 의견들을 수용하는 것은 제쳐 두고라도 애초에 그런 의견들과 충돌을 빚을 이유가 전혀 없는 것이다.

커뮤니케이션이 만드는 새로운 세상은 역사에 대해 비판적으로 생각하도록 교육받고 역사를 잘 아는 사람들에게는 일종의 축복이다. 하지만 엔터테인먼트와 상업 세계의 유혹을 받아 온 사람들에게는 어떨까? 이들은 대부분 부정적인 정서의 도발이 예외적으로 일어나는 현상이 아니라 법칙이 되는 세상, 문제에 대해 주로 눈앞의 자기 이익과 관계된 방식으로 해결하는 것이 가장 좋은 방법이라고 교육을 받은 사람들이다. 그들을 비난할 수 있을까?

공적·사적 정보를 거의 즉각적이고 풍부하게 이용할 수 있게 된 것은 명백한 혜택이기도 하지만 역설적으로 정보를 성찰하는 데 필요한 시간을 줄인다. 홍수처럼 쏟아지는 정보를 관리하려면 사실들을 좋은 사실, 나쁜 사실 그리고 마음에 드는 사실, 마음에 들지 않는 사실로 빠르게 분류해야 하기 때문이다. 이에 따라 사회적·정치적 사건들에 대한 양극화된 의견이 늘어날 수 있다. 홍수처럼 쏟아지는 사실에 지치다 보면 사람들은 자신이 속한 집단이 기본적으로 가지고 있는 믿음과 의견으로 기울게 된다. 이 현상은 사람이 얼마나 똑똑하고 지식이 많든 상관없이, 반대 증거가 있음에도 불구하고 자신의 믿음을 바꾸는 것에 자연스럽게 저항하게 된다는 사실 때문에 더 악화된다. 내가 속한 연구소는 정치적인 믿음에 대해 이런 현상이 일어날 수 있다는 것을 보여 줬지만 나는 이 연구 결과가 종교에서 정의, 미학에 이르기까지 광범위한 믿음들에도 적용된다고 생각한다. 이 연구 결과는 변화에 대한 저항이 정서와 이성을 관장하는 뇌 시스템들 사이의 충돌 관계와 관련이 있다는 것을 보여 준다. 예를 들어, 변화에 대한 저항은 분노를 만들어 내는 시스템이 동원되는 것과 관련되어 있다.[3] 우리는 반대되는 정보로부터 우리 자신을 보호하기 위해 일종의 자연스러운 도피처를 만들어 낸다. 불만을 품은 유권자들은 투표장에 나가지 않는 것이 전 세계적인 현상이다. 이런 분위기에서 가짜 뉴스와 포스트 진실(post-truth, 객관적인 사실보다 감정이나 개인적 신념이 여론 형성에 더 영향을 미치는 상황-옮긴이)의 확산은 더 쉬워진다. 소련을 염두에 두고 조지 오웰George Orwell이 묘사한 디스토피아적 세계는 이제 또 다른 사회·정치학적 상황에 들어맞는다. 의사소통의 속도가 빨라지고 그 결과로 삶의 속도 역시 빨라지고 있다. 그러한 현상은 공적 담론이 점점 더 조급하게 이루어지고 시민 의식이 몰락하는 데 기여하고 있다.[4]

다소 다른 문제이지만 여전히 간과되고 있는 중요한 문제가 있다. 이메일부터 SNS에 이르는 전자 매체의 중독적인 속성이다. 이들 전자 매체 중독은 온갖 종류의 전자 장치를 통해 우리의 시간과 주의력을 직접 경험이 아닌, 매개체의 경험으로 돌린다. 이런 중독은 정보의 양과 그 정보를 처리하는 데 필요한 시간 사이의 괴리를 심화시킨다.

인터넷과 소셜 미디어가 점점 보편화되면서 사생활이 거의 붕괴될 지경이다. 모든 인간의 움직임과 생각을 감시할 수 있게 만들고 있다. 실제로 공공 안전에 필요한 감시로부터 사생활 침범에 해당할 정도로 거슬리고 노골적이며 모욕적인 감시에 이르기까지 모든 종류의 감시가 정부와 민간 영역에서 현재 아무런 제재 없이 실제로 이루어지고 있다. 감시는 수천 년 동안 우리 주변에서 이루어져 왔던 활동인 첩보 활동, 특히 초강대국들의 첩보 활동마저 자랑스럽게 보이거나 유치하게 보이도록 만들고 있다. 감시는 다양한 기술 기업들의 고수익원이 되기도 한다. 사생활 정보에 대한 자유로운 접근으로 범죄와 관련된 것이 아니더라도 당황스러운 스캔들이 생겨나기도 한다. 그 결과, 정치 후보들은 사생활 폭로에 의해 선거를 망치지 않도록 몸을 숙이고 조용히 활동하게 된다. 이는 공공 관리 체계에서 또 하나의 중요한 요소가 되고 있다. 전 세계에서 기술적으로 가장 진보된 대부분의 지역에서 알려진 크고 작은 스캔들은 선거 결과에 영향을 미쳐 왔으며 정치적 기득권층과 전문적인 엘리트층에 대한 대중의 불신을 심화시키고 있다. 부의 불균등과 실업과 전쟁에 따른 인적 혼란이라는 중요한 문제에 이미 직면한 사회들은 거의 통치가 불가능한 상태가 되어 버렸다. 중심을 잃어버린 유권자들은 오래전에 지나간 신화처럼 좋은 시대에 대해 말하면서 향수에 잠기거나 분노의 저항을 하고 있다. 하지만 그 향수의 대상이 잘못된 것이며 그 분노의 방향이 옳지 않을 때가 많다. 우리가 제공받는 수많은 사실들은 다양한 미디어가 엔터테인먼트 목적으로, 특정한 사회적·정치적·상업적 이익을 증진시켜 그 과정에서 엄청난 경제적 이득을 얻기 위해 설계된 것들이다. 사람들은 그 사실들에 대해 제대로 이해하지 못하고 있다는 것을 보여 준다.

그 어떤 때보다 많은 것을 알고 있지만 그 정보들을 판단하고 해석할 수 있는 시간이나 도구가 없는 대중과, 정보를 통제하고 대중에게 알려지는 모든 것을 알고 있는 기업과 정부 사이에 긴장이 고조되고 있다. 이로 인한 충돌이 어떻게 해결될지는 분명하지 않다.

또 다른 위험도 있다. 핵무기와 생물학 무기가 동원되는 재앙 수준의 충돌은 이 무기들이 냉전 세력들에 의해 통제될 때보다 지금 더 확실한 위협이 될 수 있다. 테러리즘 위협과 사이버전이라는 새로운 위협 또한 실제로 존재하는 위협이며, 항생제 저항성 감염이라는 위협도 존재한다. 이 모든 우려가 현대적인 방식, 세계화, 부의 불균등, 실업, 교육 기회 부족, 과도한 엔터테인먼트, 다양성, 어디에나 존재하는 디지털 커뮤니케이션의 놀랍도록 빠른 속도 때문이라고 생각할 수도 있다. 하지만 통치 불가능한 사회들이 나타날 것이라는 전망은 그 이유에 상관없이 여전히 존재하고 있다.

이런 암울한 전망에 대해 마누엘 카스텔스Manuel Castells는 희망 섞인 견해를 밝힌다. 카스텔스는 커뮤니케이션 기술 분야의 저명한 학자이자 뛰어난 사회학자로 21세기 문화에서 일어나는 권력투쟁을 연구해 온 사람이다. 예를 들어, 선진 민주국가에서 관리 체계가 부족하고 부패해 있다고 밝히면서 카스텔스는 디지털 미디어가 관리 체계를 근본적이고 건강하게 리모델링할 수 있는 길을 실제로 열었다고 주장했다. 아직까지 좋은 결과는 나오지 않은 상태이다. 카스텔스는 인간의 힘과 민주주의가 양립하도록 재배치하는 것이 여전히 가능하다고 생각한다. 그는 미디어, 교육, 시민 행동, 관리 체계가 오늘날보다 덜 문제가 있었던 신화적인 시대가 있었다고 생각하지는 않는다. 자유주의적 민주국가들은 조속하게 해결해야 할 정통성 위기가 있다. 인터넷 그리고 더 넓은 범위의 디지털 커뮤니케이션은 긍정적인 역할을 할 것이고 저주가 아닌 축복이 될 가능성이 높다.[5]

인권에 대한 인식이 널리 퍼지고 인권침해에 대한 관심이 점차적으로 늘어나는 현상은 매우 바람직한 일이다. 인간의 핵심적 특징이 전 세계 어디에서나 동일하고 공통의 조상을 가진다는 생각의 씨앗은 성공적으로 뿌려진 상태이다. 인간은 누구나 행복을 추구할 권리가 있고 자신의 존엄성을 존중받아야 할 권리가 있다는 생각은 과거 어떤 시기보다 더 널리 받아들여지고 있다. 제2차 세계대전 이후 유엔은 세계인권선언을 채택했다. 세계인권선언은 바람직하지만 현재까지는 성문화되지 않은 국제법에 가장 가까운 형태로 모든 인간에게 동일한 권리를 부여하고 있다. 이 권리가 침해를 받으면 인류에 대한 범죄로 간주되어 국제재판에 회부된다. 인간은 다른 인간들에게 의무를 지고 있으며, 아마 언젠가는 살아 있는 다른 종들, 인간이 태어난 지구에도 의무를 지게 될 것이다. 이것은 진정한 진보이다. 특히 아마르티아 센Amartya Sen, 오노라 오닐Onora O'Neill, 마사 누스바움, 피터 싱어Peter Singer, 스티븐 핑커Steven Pinker 같은 사람들이 지적했듯이 인간의 관심 영역은 현재 확실히 확장된 상태이다.[6] 하지만 이런 진보를 가능하게 만든 바로 그 체제는 왜 약화되거나 붕괴되고 있을까? 인류의 진보에서 왜 과거와 충격적일 만큼 닮은 방식으로 일들이 다시 잘못되고 있는 것일까? 생물학에서 답을 찾을 수 있을까?

문화적 위기의 배후에 생물학이 있는가

생물학적 측면에서 이 상황의 의미를 어떻게 받아들여야 할까? 왜 인간은 자신이 만들어 낸 문화적 이득을 최소한 부분적으로라도 주기적으로 없애 버리는 것일까? 인간의 문화적 마음을 이루는 생물학적 토대에 대해 이해한다고 해서 완전한 답을 얻을 수는 없지만 적어도 이 의문에 대처하는 데 도움을 받을 수는 있다.

실제로 내가 앞에서 언급한 생물학적 관점에서 보면 문화적 노력이 반복적으로 실패하는 것은 놀랄 일이 아니다. 그 이유는 이렇다. 기본적 항상성의 생리학적 근거와 주요 관심 대상은 항상성의 경계 안에 있는 유기체의 생명이다. 이 상황에서 기본적 항상성은 어느 정도 지역적인 성격을 유지한다. 인간의 주관성이 설계하고 세운 신전, 즉 자아에만 집중하는 것이다. 어느 정도의 노력으로 자아는 가족과 작은 집단으로 확산될 수 있다. 자아는 또한 일반적인 이익과 힘이 적절히 균형을 이룰 것이라는 전망을 할 수 있는 상황과 협상을 기초로 한층 더 큰 집단으로 확산될 수 있다. 하지만 우리 각각의 유기체 안에서 작용하는 항상성은 아주 큰 집단에서는 **자연 발생적으로** 작용하지 않는다. 문화나 문명 전체 차원은 차치하더라도 이질적인 구성원들로 구성된 집단의 경우는 특히 그렇다. 서로 불협화음을 이루는 인간들의 큰 집단에서 **자연 발생적인** 항상성 조화가 일어날 것이라고 기대할 수는 없다.

불행히도 '사회', '문화', '문명'은 종종 하나의 거대한 살아 있는 유기체로 여겨진다. 이들은 여러 가지 면에서 하나의 단위로 생존하고 번성하고자 하는 목표에 의해 인간 유기체와 비슷한 방식으로 움직이는 개별적인 인간 유기체의 더 큰 버전으로 생각된다. 물론 비유적으로 말하면 그렇다는 것이고, 실제로는 거의 그렇지 않다. 사회, 문화, 문명은 보통 바로 옆에 있으면서 분리된 '유기체들'로 구성된 집단들로 세분화되어 있으며 그 집단들 사이의 경계가 아주 깔끔하지는 않다. 자연적인 항상성은 **각각의** 분리된 문화적 유기체와 관련된 일만을 하지 그 이상은 하지 않는다. 그냥 놓아두면, 즉 어느 정도의 통합과 유리한 환경의 혜택을 목표로 한 문명의 단호한 노력이라는 반대 방향의 힘이 작용하지 않는다면, 문화적 유기체들은 한 덩어리로 합쳐지지 않는다.

생물학 책에 나오는 그림을 상상해 보면 그 차이는 더 분명해진다. 정상적인 조건에서 인간 유기체들 각각의 순환계와 신경계는 서로 지배권을 놓고 싸우지 않는다. 심장도 누가 중요한지를 두고 폐와 결투를 벌이지 않는다. 하지만 이런 평화적인 상태는 나라 안에 있는 사회집단들, 지정학적 연합체 안에 존재하는 나라들 사이에는 적용되지 않는다. 오히려 이 집단들은 툭하면 전투를 벌인다. 권력을 얻기 위해 사회집단 사이에 충돌과 투쟁이 벌어지는 이유는 그것이 문화의 핵심적인 구성 요소이기 때문이다. 때로 이런 충돌은 그 직전의 문제에 감정적인 해결 방법을 적용했기 때문에 발생하기도 한다.

자연적이고 **개별적인** 유기체의 항상성을 지배하는 법칙이 적용되지 않는 확실히 예외적인 경우는 악성종양이나 자가 면역 질환 같은 위중한 상황이다. 제어가 되지 않으면 이런 질병은 자신이 속한 유기체의 다른 부분과 싸울 뿐만 아니라 실제로 유기체를 파괴할 수도 있다.

인간 집단은 서로 다른 지리적 환경과 각각의 역사의 시점에서 문화적인 생명 조절이라는 매우 정교한 발견을 해 왔다. 인류의 근본적 특성인 민족성과 문화적 정체성이 다양해진 것은 이런 다양성의 자연스러운 결과이며, 이 다양성은 그 과정에 참여한 모든 인간을 풍부하게 만들고 있다. 하지만 다양성은 갈등의 뿌리를 포함하고 있다. 다양성은 집단 안팎에서 경계선을 설정하고, 적대감을 불러일으키며, 일반적인 관리 체계에 의한 해결 방법을 실행하기 더 어렵게 만든다. 문화가 세계화되고 서로 교차 수정되는 시대에는 더욱더 그렇다.

문화들을 강제로 균질화한다고 이런 문제가 해결될 것 같지는 않다. 실제로 그렇게 할 수도 없고 그렇게 하는 것이 바람직하지도 않다. 균일성만으로 사회를 더 통치하기 쉬운 상태로 만들 수 있다는 생각은 생물학적 사실을 무시하는 것이다. 동일한 민족 집단 안에서 개인들은 감정과 기질 면에서 서로 다르기 때문이다. 부분적으로 이런 차이가 생기는 이유는 조너선 하이트의 연구 결과에 따르면, 특정 형태의 관리 체계와 분명한 도덕적 가치들에 대한 확실한 선호와 관련이 있을 것이다.[7] 이 문제에 대한 합리적이고 그럴듯하고 유일한 해결 방법은 교육을 통해 사회들이 서로 간의 크고 작은 차이점에도 불구하고 관리 체계의 근본적인 필요조건들을 중심으로 주요한 문명적 노력을 기울이며 협력하는 것이다.

감정과 이성 사이의 현명한 협상이 대규모로 이루어지지 않고서는 성공적인 결과가 나올 수 없다. 하지만 그런 예외적인 노력이 이루어진다고 해도 성공을 확신할 수 있을까? 나는 그렇지 않을 것이라고 본다. 개인의 이익을 크고 작은 집단의 이익과 조화시키기 힘들기 때문에 발생하는 갈등 외에도 불화에는 다른 원천이 존재한다. 바로 **각 개인 안에서 발생하는 갈등**이다. 긍정적이고 남을 사랑하고자 하는 충동과 부정적이고 공격적이고 자기 파괴적인 충동 사이의 내적 갈등을 말한다. 말년에 지그문트 프로이트는 문화가 모든 사람들 안에 존재하는 본능인 죽음에 대한 동경death wish을 길들일 수 없을 것이라는 자신의 믿음을 나치의 야수성이 확인해 준다고 생각했다. 프로이트는 『문명 속의 불만*Das Unbehagen in der Kultur*』(1930년 출간, 1931년 개정)**8**에서 그 이유를 분명하게 설명했지만, 알베르트 아인슈타인에게 쓴 편지에서 자신의 주장을 가장 잘 표현했다. 제1차 세계대전 직후 치명적인 전쟁의 위협이 몰려오고 있다고 본 아인슈타인은 1932년 프로이트에게 이를 막을 수 있는 방법을 묻는 편지를 썼다. 프로이트는 답장에서 인간의 본성에 대해 무자비할 정도로 분명하게 설명하고, 현재의 힘을 행사하고 있는 세력들을 생각하면 조언을 해 줄 것도, 도와줄 것도, 해결방법을 제시할 것도 없어서 미안하다고 애석해했다.[9] 주목해야 하는 것은 프로이트가 이렇게 비관적인 생각을 하게 된 주된 이유는 인간의 본성이 내부적으로 흠집이 났기 때문이라는 사실이다. 프로이트는 문화나 특정 집단을 주로 비난하지 않았다. 프로이트는 인간을 비난했다.

당시에도 지금처럼, 프로이트가 '죽음에 대한 동경'(죽음 충동은 흔히 타나토스Thanatos라고 하는데, 정말 이런 욕망이 존재하는지에 대해서는 논란이 있다. 프로이트는 이후 타나토스와 관련된 자신의 주장에 스스로 회의적인 언급을 하기도 했다-감수자)이라고 부른 것은 인간이 사회적으로 실패한 중요한 원인이었다. 나는 그 죽음에 대한 동경에 대해 덜 신비스럽고 덜 시적으로 기술하긴 하지만 말이다. 내 생각에 이 요소는 인간의 문화적 마음의 구조적 구성 요소 중 하나이다. 현재의 신경생물학적 관점으로 생각하면 프로이트의 '죽음에 대한 동경'은 특정한 부정적인 정서들의 무절제한 촉발, 그로 인한 항상성 붕괴, 그 부정적인 정서들이 개인과 집단의 행동에 미친 엄청난 피해를 이르는 말이다. 이런 정서는 7장과 8장에서 언급한 감정이라는 장치의 일부이다. 우리는 몇몇 '부정적인' 정서가 실제로 항상성을 보호하는 중요한 역할을 한다는 것을 알고 있다. 이런 부정적인 정서들에는 슬픔과 비탄, 공황과 공포, 혐오감 등이 포함된다. 분노는 특별한 경우이다. 분노는 현재도 인간이 사용할 수 있는 수단의 정서로 남아 있다. 분노는 특정 상황에서 상대방을 움츠리게 만듦으로써 분노의 주체에게 이득을 주기 때문이다. 하지만 이득을 줄 때 분노는 많은 비용을 치르게 만든다. 특히 분노가 격렬하고 폭력적인 양상으로 진입할 때 그렇다. 분노는 진화 과정에서 이득이 줄어든 부정적인 정서의 대표적이 예이다. 시기와 질투, 모든 종류의 모욕과 억울함에 의해 촉발된 경멸도 그렇다. 이런 부정적인 정서를 동원하는 것은 동물적 정서로의 회귀라고 흔히 말을 한다. 하지만 그건 동물들에 대한 모욕이다. 이런 평가는 부분적으로는 맞지만 문제의 더 어두운 속성을 제대로 설명하지 못한다. 예를 들어, 선사시대 이후로 인간의 원초적인 탐욕, 분노, 경멸의 파괴성은 인간이 다른 인간에게 저지른 극악무도한 잔학 행위의 원인이었다. 많은 면에서 이 파괴성은 우리의 사촌인 유인원의 잔인성과 비슷하다. 그것이 사실이든 추정이든 유인원들은 적의 몸을 찢어 죽인다고 알려졌다. 하지만 그 잔인성이 더 정교해지는 것은 인간 때문이다. 침팬지는 다른 침팬지를 십자가에 못 박지 않지만 로마인들은 십자가 책형을 발명해 인간을 못 박았다. 새로운 고문과 살인 방법은 창의적인 설계가 있었기 때문에 발명되었다. 인간의 분노와 악의는 풍부한 지식, 왜곡된 추론, 인간이 마음대로 할 수 있는 과학기술의 억제되지 않는 힘의 도움을 받는다. 다른 인간들을 악의적으로 죽이는 인간의 수는 현재 얼마 안 되는 것으로 보인다. 어느 정도 진보가 이루어지고 있다는 신호이다. 하지만 그 얼마 안 되는 인간들이 대량 살상을 저지를 가능성은 그 어느 때보다 높다. 프로이트는 『문명 속의 불만』 7장 시작 부분에서 자문한다. 왜 동물은 문화적 투쟁을 하지 않았을까? 프로이트는 자신의 질문에 대답하지 않았다. 하지만 동물의 경우 그렇게 할 수 있는 지적인 장치가 없기 때문이란 것은 확실하다. 우리는 그렇지 않다.

이 사악한 충동들이 인간 사회에 존재하는 정도와 이 충동들이 사람들의 행동에 영향을 미치는 방식은 인구 집단들 사이에서 다 같지는 않다. 우선, 성에 따라 차이가 있다.[10] 남성은 사냥과 영토 싸움 같은 조상의 사회적 역할을 유지하면서 여전히 물리적으로 폭력적인 성향이 더 강하다. 여성도 폭력적일 수 있지만 대부분의 남성은 개인의 것을 신경쓰는 반면, 여성들은 모두가 그렇지는 않다는 것은 분명하다. 남성과 여성 모두에게서 감정은 많은 역할을 한다.

좋은 충동이건 나쁜 충동이건 충동에 의한 행동에는 다른 제약들이 있다. 예를 들어, 이런 행동은 개인적인 기질에 의존하며, 이 개인적인 기질은 다시 유전, 초기의 발생 과정과 경험, 역사적 환경과 가족 구조와 교육이 큰 부분을 차지하는 사회적 환경 같은 수많은 요소들이 작용한 결과로, 욕구와 정서가 개인에게 배치되는 방식에 의존한다. 기질의 표현은 현재의 사회적 환경과 기후의 영향을 받기도 한다.[11] 협력적인 전략은 항상성에 의한 인간의 생물학적 구조의 일부였다. 이는 갈등 해결의 싹이 갈등 유발의 싹과 함께 인간 집단에 존재한다는 뜻이다. 하지만 유익한 협동과 파괴적인 경쟁 사이에 이루어지는 균형이 문화적 억제, 지배받는 사람들을 대표하는 공정하고 민주적인 관리 체계에 의존한다는 생각이 합리적으로 보인다. 또한 문명적 억제는 지식, 분별력 그리고 교육, 과학기술의 진보, 종교적·세속적 휴머니즘 전통에서 비롯하는 최소한의 지혜에 의존한다.

특정한 문화적 정체성과 그와 관련된 심리적·물리적·사회정치학적 특징을 가진 개인들의 집단은 이러한 문명의 단호한 노력을 방해하면서 사용할 수 있는 수단을 동원해 자신들에게 모자란 것이나 원하는 것을 얻으려고 투쟁한다. 항상성에 의한 생물학적 집단 구조들이 경계가 희미한 실체로 한 덩어리로 합쳐진 후에 추구하는 것이 바로 이것이다. 하나의 집단이 또 다른 집단이나 집단들에 전제적인 통제를 하는 방법 말고도 파괴적인 투쟁을 예방하거나 해결할 수 있는 방법이 있다. 가장 문명화된 형태로 인간 사회를 특징짓는 지적인 협상으로 갈등을 풀어 나가기 위해 협력을 기울이는 것이 그 유일한 방법이다.

이런 협력적인 노력을 경주하려면, 노력을 실제로 실행하고 그 결과를 감시할 수 있는 교육받은 시민들과 함께, 혜택을 받을 것으로 예상되는 개인들에게 책임을 져야 하는 관리 체계의 지도자들도 필요하다. 언뜻 보면 관리 체계는 생물학의 영역과는 별개로 보일 수도 있다. 하지만 그렇지 않다. **관리 체계 활동에 필요한 장기적인 협상 과정은 감정·지식·추론·의사결정의 생물학적 과정에 필연적으로 깊숙이 뿌리박혀 있다. 인간은 감정과, 그 감정과 이성의 타협이라는 장치 안에 갇혀 있을 수밖에 없다. 이러한 본성에서 벗어날 수는 없다.**

과거의 성공은 제쳐 두고, 문명적 노력이 오늘날 성공할 가능성은 얼마나 될까? 가능한 시나리오 중 하나는 결코 성공하지 못할 것이라는 예측이다. 우리가 문화적 해결 방법을 발명하기 위해 사용하는 바로 그 도구, 즉 느낌과 이성의 복잡한 상호작용은 개인, 가족, 문화적 정체성을 가진 집단 그리고 더 큰 사회적 유기체들을 구성한 서로 다른 구성 요소들의 항상성 목표가 상충되어 훼손되기 때문이다. 이런 상황에서 문화가 주기적으로 실패하는 것은 우리만의 특이한 행동적 특성과 정신적 특성 중 일부가 아주 오래된 인간 이전의 생물학적 기원을 가지고 있기 때문이다. 이는 씻을 수 없는 원죄이다. 이것이 갈등의 해결 방법과 그 실행을 무산시킨다.

현재의 문화적 해결 방법이나 그 실행, 또는 그 둘 다는 그 생물학적 기원으로부터 자유로울 수 없기 때문에 우리의 최선이자 가장 고귀한 의도는 결국 좌절될 수밖에 없다. 세대에 걸쳐 아무리 많은 교육을 실시해도 이 결점은 수정되지 못할 것이다. 우리는 교만함에 대한 벌로 큰 돌을 언덕 위로 계속 굴려 올려야 하지만, 계속 돌은 아래로 굴러 떨어져 다시 위로 굴려 올려야 하는 시시포스(Sisyphos, 그리스 신화에 나오는 코린트의 왕. 제우스를 속인 죄로 지옥에 떨어져 바위를 산 위로 밀어 올리는 벌을 받았다-옮긴이)의 운명으로 계속해서 떨어지게 될 것이다.

실패 시나리오와 관련한 다른 이야깃거리가 있다. 인공지능과 로봇공학에 정통한 역사학자와 철학자들의 이야기이다.[12] 지난 장에서 지적했듯이, 이들은 과학기술의 진보가 인간과 인간성의 지위를 몰락시킬 것이라고 상상한다. 이들은 초유기체superorganism의 출현을 예상한다. 또한 이들은 느낌이나 의식이 미래의 유기체에서 차지할 자리가 없다고 예측한다. 이런 디스토피아적 전망 뒤에 숨은 과학에 대해서는 논란의 여지가 있으며 이 예측들은 틀릴 수도 있다. 하지만 설령 이런 예측들이 정확했다고 해도 나는 그 예측에 따른 미래를 아무 저항 없이 받아들일 생각은 전혀 없다.

또 다른 시나리오에서는 여러 세대에 걸친 지속적인 문명적 노력에 힘입어 결국 협력이 지배적인 형태가 된다. 여러 가지 면에서, 20세기의 치명적인 인적 재앙에도 불구하고 인간 역사에서는 수없이 많은 긍정적인 발전이 있었다. 결국 우리는 수천 년 동안 넓게 퍼져 있던 노예제를 없앴고 제정신을 가진 인간이라면 노예제를 옹호하지 않게 되었다. 우리가 존경하는 플라톤, 아리스토텔레스, 에피쿠로스가 살던 문화적으로 진보된 아테네에서 인구 15만 명 중 시민은 3만 명밖에 없었다. 나머지는 모두 노예였다.[13] 정도의 차이는 있었지만 인간은 계속해서 노력했고 그에 따른 진보가 이루어진 것이다.

가장 넓은 의미에서 교육은 진보를 향한 확실한 수단이다. 건강하고 사회적으로 생산적인 환경을 만들기 위한 장기 교육 계획을 실행하기 위해서는 윤리적 행동과 예의 바른 행동에 중점을 두고 정직, 친절, 공감과 동정심, 감사하는 마음, 겸손 등 예의 바른 행동 등의 전형적인 도덕적 가치를 장려해야 한다. 또한 삶을 영위하는 데 직접적으로 필요한 것들을 초월한 인간적 가치도 장려되어야 한다.

다른 인간들 그리고 더 최근에는 인간이 아닌 종들과 지구로 관심의 영역이 넓어지는 현상은 인간의 곤경에 대한 인식과 특정 상태의 생명과 환경에 대한 지각이 넓어지고 있다는 것을 드러내 준다. 일부 통계에 따르면 폭력의 양상도 부분적으로 완화되고 있다. 물론 그런 추세가 계속되지 않을 수는 있다. 이 시나리오에서는 시간만 충분히 있다면 인간의 야만적인 속성 중 최악의 부분이 길들여지고 궁극적으로 문화가 야만성과 충돌을 통제하게 된다.

정말 바람직한 전망이다. 문화적인 측면에서 우리는 여전히 진보 초기 단계에 있을 것이다. 사회문화적 공간에서 우리는 수십억 년 동안의 진화 과정을 통해 기본적인 생물학적 수준에서 이루어진 거의 완벽한 수준의 항상성에 전혀 순응하지 못하고 있는 상태에 있을 것이다. 항상성 작용을 최적화하기 위해 그렇게 많은 시간이 필요했다는 사실을 생각하면 서로 공유하는 인간의 본성이 기껏해야 몇천 년밖에 되지 않는 인간이 어떻게 수없이 많은 문화적 집단들의 항상성 욕구를 조화시킬 수 있었겠는가? 이 시나리오는 현재의 결함을 수용하지만 어느 정도 진보를 향한 희망을 품고 있다. 현재의 자유주의 민주국가들의 위기에도 불구하고 그렇다.

인간 속성에 대한 어둡고 밝은 시나리오가 우리 눈앞에서 대조를 이루는 것은 지금이 처음은 아니다. 17세기 중반 토머스 홉스 Thomas Hobbes는 인간을 고독하고 더럽고 야만적인 존재로 생각했다. 한 세기 뒤 장 자크 루소Jean-Jacques Rousseau는 그 반대로 인간이 순하고 고귀하며 오염되지 않은 상태로 태어났다고 생각했다. 결국 루소는 사회가 인간의 천사 같은 순수성을 오염시켰다고 생각한 것이다. 하지만 이 두 관점 모두 전체 그림을 보여 주지는 않는다.[14] 인간은 대부분 실제로는 야만적이고, 사납고, 교활하고, 이기적이며, 고귀하기도 하고, 멍청하며, 순진하기도 하고, 사랑스럽기도 하다. 노력한다고 해도 인간이라면 모든 특징을 한꺼번에 가질 수는 없다. 인간에 대한 밝거나 어두운 관점은 현대의 학문 연구에도 그대로 살아 있다. 인간 생명의 존엄성에 대한 우리의 자각이 지금까지 계속 커져 왔고 진보가 가능하다는 주장은, 앞에서도 말했지만, 현실에서 주기적으로 나타나는 실패 사례에 의해 반박

당하고 있다. 이는 완고한 회의주의 철학자 존 그레이John Gray의 입장이기도 하다. 그레이는 진보는 환상이며 계몽이라는 신화를 믿는 사람들이 만들어 낸 유혹의 노래일 뿐이라고 주장한다.[15] 계몽에도 어둡고 잘 알려지지 않은 부분이 있다. 20세기 중반 막스 호르크하이머Max Horkheimer와 테오도어 아도르노Theodor Adorno가 비슷한 주장을 했다.[16]

그럼에도 불구하고 현재의 위기 한가운데에서 희망을 가질 수 있는 확실한 이유가 있다면 그건 교육이 우리가 열망하는 더 나은 인간 조건을 만들 수 없을 것이라는 의심의 그림자를 넘어설 만큼 충분히 오랫동안, 충분히 넓은 범위에서 지속적으로 교육 계획이 시행된 적이 없다는 사실이다.

결말이 나지 않은 충돌

불안하지만 희망적인 또는 불안하면서 희망적인 것은 앞의 두 시나리오 중 어떤 가능성이 더 높은지 알 수 없다는 사실이다. 너무나 많은 변수가 있는 데다 특히 디지털 커뮤니케이션, 인공지능, 로봇공학, 사이버 전쟁의 궁극적인 결과가 어떤 것이 될지 아무도 모르기 때문이다. 엄청난 가능성을 지닌 과학기술은 여러 가지 이득을 주면서 우리 미래를 풍요롭게 만들 수 있지만, 반대로 종말을 앞당길 수도 있다. 한편, 첫 번째 또는 두 번째 시나리오에 대한 선호는 개인의 밝거나 어두운 기질과 밀접한 관계가 있다. 문제는 전형적인 개인의 기질조차 어려움과 불확실성이 많을 때는 빛과 어두움 사이를 수시로 오간다는 데 있다. 한편, 우리는 평정심을 가지고 이 문제에 접근해 다음과 같은 결론을 내릴 수 있다.

인간의 조건은 두 개의 세상을 포함한다. 하나는 자연이 부여한 생명 조절 법칙으로 만들어진 세상으로 고통과 쾌락이라는 보이지 않는 손에 의해 조절된다. 우리는 그 법칙이나 그 법칙의 토대를 모른다. 우리가 고통이나 쾌락이라고 부르는 특정한 결과만을 알 뿐이다. 우리는 그 법칙을 만드는 과정에 아무런 관여를 하지 않았다. 또한 고통과 쾌락이라는 강력한 힘의 존재에도 전혀 관여하지 않았다. 게다가 우리는 그 법칙을 고칠 수도 없다. 별들의 움직임을 바꾸거나 지진을 막을 수 없는 것과 마찬가지이다. 우리는 또한 자연선택이 수없이 오랜 시간 작동해, 우리의 사회적·개인적 삶을 상당 부분 지배하는 감정적 도구를 만든 방식에도 전혀 관여하지 않았다. 이 감정적 도구는 다른 개인들의 삶에도 별로 관여하지 않는다. 특히 자신이 속한 집단의 사람들조차 부분적으로만 고려하면서 대부분은 개인적인 수준에서만 고통을 제한하고 쾌락을 강화하는 방식으로 작동한다.

하지만 또 다른 세상도 있다. 우리는 생명을 영위하기 위한 문화적 형태를 발명해 기본적인 다양성을 보충함으로써 우리에게 주어진 조건들을 변화시킬 수 있었고 실제로 그렇게 해 왔다. 그 결과 우리가 속해 있는 우주와 우리를 둘러싼 우주에 대해 계속 무엇인가를 발견하고 내부 기억과 외부 기록 형태로 지식을 축적할 수 있는 능력을 갖게 되었다. 이 지점에서 상황이 달라지게 된다. 우리는 지식을 기초로 성찰을 하고, 지식을 통해 생각을 하고, 지식을 지적으로 조작해 자연법칙에 대한 모든 종류의 반응을 만들어 낸다. 아이러니하게도 우리가 변화시킬 수 없는 생명 조절 법칙에 대한 지식이 포함된 우리의 지식은 우리가 받은 카드들을 변화시킬 수 있도록 해 주기도 한다. 문화와 문명은 이런 노력의 결과가 축적된 것에 대해 우리가 붙인 이름이다.

자연적으로 부여된 생명 조절 능력과 우리가 만들어 낸 반응 사이의 간극을 감당하기가 너무 어렵기 때문에 인간은 대부분 비슷한 비극을 경험하게 되며 때로는 희극을 경험할 때도 있다. 해결 방법을 생각해 내는 능력은 엄청난 능력이지만 실패 가능성도 높고 꽤 비싼 대가를 치러야 한다. 우리는 이 상황에 대해 자유의 부담, 더 구체적으로는 의식의 부담이라는 말을 한다.[17] 우리가 이 상황에 대해 알지 못했다면, 즉 우리가 그 상황을 **주관적으로 느끼지** 않았다면, 우리는 별 상관을 하지 않았을 것이다. 하지만 주관적으로 촉발된 근심care이 상황에 대한 우리의 대응을 책임지기 시작하자 우리는 당연히 그 과정을 우리의 개인적 이익을 위해 왜곡시켰다. 속성상 그 개인적 이익은 우리와 가장 가깝게 있는 사람들과 기껏해야 우리가 속한 문화적 집단 정도로밖에는 확대되지 않는다. 이런 행동은 우리의 노력을 훼손시키고, 전 세계 문화 체계의 서로 다른 지점에서 적어도 부분적으로 그리고 실제로 항상성을 붕괴시켰다. 하지만 이 지점에서는 치료가 가능하다. 가차 없는 자기 이익 추구를 통제해 더 포괄적으로 항상성이 영향을 끼치도록 노력하면 된다. 동양철학은 오랫동안 이 목표에 대해 생각해 왔다. 아브라함 계통 종교들도 이기적인 이익 추구를 통제하는 것을 목표로 삼아 왔다. 기독교는 심지어는 용서와 구원을 전면에 내세웠으며 그 과정에서 동정심과 감사의 마음을 강조했다. 세속적인 수단에 의해서건 종교적인 수단에 의해서건 결국 사회는 현재 창궐하고 있는 자기 몰두를 대신할 현명하고 보람 있는 이타주의를 도입할 수 있을까? 그런 노력이 성공하려면 무엇이 필요할까?[18]

그렇다면 인간 조건의 특이성은 이 이상한 조합에서 비롯된다고 할 수 있다. 한편으로, 우리가 설계에 전혀 관여하지 못하는 삶의 세세한 부분들, 즉 욕구·위험·고통·쾌락·생식 욕구 등의 원동력 같은 것들은 아주 오래전에 인간이 아닌 조상들에서 기원한 것이며, 그 조상들은 지적인 능력이 전혀 없거나 부분적으로만 있어 자신들이 처한 상황에 대해 의미를 부여해 이해할 수 있는 상태가 아니었다. 이 조상들의 운명, 이 조상이 속한 종의 운명은 생물학적 자질, 특히 이 조상들을 구성하고 이 조상들의 행동 대부분을 지배하는 유전자가 가진 운명에 맡겨졌다. 이들의 운명은 이들의 자손에게 전해져 그 후 세대를 구성하거나 조상이 속했던 종을 점차적으로 사라지게 만들기도 했다. 반면, 우리 인간은 점진적으로 확장된 인지 자원 덕분에 우리 유전자가 직접 처방한 방식이 아닌 훨씬 더 다양하고 창의적인 방식으로 우리가 경험하거나 경험해 올 수 있었던 나쁘거나 좋은 느낌을 만들어 내는 상황들에 대해 진단을 내릴 수 있는 능력을 축적하게 되었다. 이런 다양하고 창의적인 방식은 문화적·역사적·비유전적 매개체를 통해 직접적인 전파가 가능한 방식이다. 물론 이 과정에서 이 방식들 자체도 자연선택의 대상이 되며 이 선택 과정은 유전자에 적용되는 과정 못지않게 능동적으로 작용한다. 인간 문화의 진화적 참신함이 바로 여기에 있다. 유전적 유산이 우리의 운명을 절대적으로 통제하는 것을 최소한 일시적으로라도 거부할 수 있는 가능성을 보여 준 것이다. 우리는 직접적이고 의도적으로 우리에게 내려진 유전적 명령에 맞설 수 있다. 식욕, 성욕에 저항하거나 다른 사람을 벌주고 싶은 충동에 저항할 때, 아이를 낳거나 술 취한 뱃사람처럼 자연 자원을 고갈시키는 것 같은 자연적인 추세와 반대되는 생각을 따를 때가 그 예이다. 그만큼 새로운 것은 우리가 구전이나 문자를 통해 문화적 성취를 전파할 수 있으며, 또한 이 구전과 문자는 역사적인 성취에 대한 외부 기록을 가능하게 해 성찰과 이론화를 위한 길을 열었다. 그 결과는 놀라웠다. 오늘날 생명, 유전자, 문화 뒤에 숨은 물리적·화학적 힘은 각각이 선택적 과정의 대상이며 서로 왕성한 상호작용을 하고 있다.

이런 놀라운 참신성에도 불구하고, 과학, 기술, 정보를 기초로 한 성찰 능력의 진보에도 불구하고 우주에서 우리의 위치를 이해하는 능력은 여전히 불완전할 뿐만 아니라 부족한 상태이며 자연을 통제하는 능력도 마찬가지이다. 고통에 대항하고 번성을 더 강화하는 측면에서 우리의 힘은 제한적인 데다 일정한 세기를 유지하고 있지도 않다. 삶을 잘 살기 위해 인간이 개발하고자 하는 장치들, 즉 도덕적 수칙, 종교, 관리 체계 방식, 경제학, 과학기술, 철학적 체계, 예술 등은 행복 면에서 의심의 여지가 없는 이득을 주었다. 하지만 이 장치 중 일부는 엄청난 고통, 파괴, 죽음을 유발하기도 했다. 이 장치들이 단순하고도 복잡하며 비의도적인 항상성 조절과 충돌을 일으키기 때문이다. 그동안 인간은 안정과 이성의 시대에 도달했다는 경솔한 결론을 내린 적이 여러 번 있다. 불평등과 폭력이 영원히 금지되는 시대에 도달했다는 결론이었다. 하지만 인간은 끔찍한 불평등이나 전쟁의 비참함이 훨씬 더 강한 힘을 가지고 다시 돌아왔다는 사실을 발견할 뿐이었다.

여기에 비극이 있다. 그것을 25세기 전 아테네 시대 연극이 잘 보여 준다. 아테네의 비극은 연극의 등장인물들에게 닥친 어려움이 그들 자신의 결정에 의한 것이 아니라 통제가 불가능하고 불가피한 신적인 힘 같은 그들 외부의 변덕스러운 힘에 의한 것이라고 보여 주었다. 오이디푸스는 자신도 모르게 아버지를 죽이고, 자신의 어머니 이오카스테를 새 신부로 맞아들이는 운명에서 벗어날 방법이 없었다. 오이디푸스는 눈먼 사람처럼 이런 행동들을 했고 결국 실제로 눈이 멀게 되었다. 그는 이런 행동을 하도록 강요당한 것이다.

이 상황은 16세기에도 거의 다르지 않았다. 당시 셰익스피어는 『맥베스』, 『오셀로』, 『코리올라누스』, 『햄릿』, 『리어왕』에서 악의적이고 엑스 마키나(*ex machina*, 픽션 속에서 모든 상황을 작가의 의도대로 끌어가기 위한 절대적인 힘이나 세력의 개입-옮긴이)적인 정서를 다루면서 앞에서 말한 것과 똑같은 비극적 정신으로 깊게 회귀했다. 이 비극들은 『헨리 4세』와 『윈저가의 즐거운 아낙네들』에 등장하는 인물인 팔스타프의 애수에 찬 달콤 씁쓸함에 의해 아주 살짝만 상쇄될 뿐이다. 존 팔스타프는 자신이 직접 피부로 느낀 모든 어려움과 즐거움을 후회와 향수 속에서 떠올린다. 비극과 희극을 넘나들며 팔스타프는 자신의 상태뿐만 아니라 우리 모두의 상태를 연기하고 있는 것이다.

드라마와 음악을 결합해 그리스 비극의 배경을 재현한 그랜드 오페라(모든 대사를 노래로 하는 오페라)가 19세기에 다시 동일한 비극적 주제와 그에 반대되는 희극으로 회귀했다는 사실은 흥미롭다. 베르디는 『맥베스』와 『오셀로』를 주제로 작품을 쓰면서 영감을 주는 밝은 분위기로 팔스타프의 경력을 마감했다. 셰익스피어의 팔스타프에게 바쳐진 이 오페라 전체에서 팔스타프의 슬픈 파멸은 완전히 빠지고 마지막은 환희에 찬 코다(악곡·악장 등의 종결부)로 마무리된다. 그때나 지금이나, 인간이 세계의 같은 지역에서 살면서 전체적으로 비슷한 생애를 살 때조차 인간 본성에 대한 관점과 대처가 하나의 종류만 있었던 적은 없었다. 인간들 사이의 차이는 가장 본질적인 요소이기 때문이다.[19]

연극 용어로 말하면 우리의 전반적인 상황은 비극에서 희극적인 막간극이 포함된 평범한 드라마로 한 단계 변화했다고 할 수 있다. 우리의 결정과 그 결정들이 저항하는 힘들 사이의 균형점은 분명히 우리에게 유리한 쪽으로 이동을 했다는 뜻이다. 하지만 여전히 우리는 우리가 만들어 내지 않은 문제들이나 우리가 결코 저지르고 싶지 않았던 악행들을 저지른 대가를 치르고 있다.

한 줄기 희망, 즉 과거의 일들과 미래의 시도들 사이의 큰 차이는 현재 우리가 이용할 수 있는 인간 본성에 대한 방대한 지식과 과거보다 더 인간적이고 현명한 전략을 세울 수 있다는 가능성에 있다. 이 접근 방법은 합리주의가 남긴 최악의 잔재에 불과한 순수한 어리석음, 즉 이성이 책임을 져야 한다는 생각과 관련이 있을 것이다. 하지만 이 접근 방법은 정서가 추천하는 것들, 즉 친절, 동정심, 분노, 혐오감 등을 지식과 이성으로 걸러내지 않고 그냥 인정해야 한다는 생각도 거부한다.[20] 이 접근 방법은 긍정적인 정서를 강조하고 부정적인 정서를 억압하는 느낌과 이성에 대한 생산적인 동반자 관계를 촉진한다. 마지막으로, 이 접근 방법은 만들어진 인공지능과 인간의 마음이 같다는 생각을 거부한다.

생명에는 근본적인 치료법이 없을지 모르지만 또, 문명의 노력이 결실을 맺기를 기다려야 할지도 모르지만, 단기적인 치료법은 있을 것이다. 예를 들어, 우리는 인간 집단을 향해 침착하게 행복을 추구하고 고통을 피할 수 있는 방법을 임시로 고안해 낼 수 있다. 그러려면 인간의 존엄성과 인간 생명에 대한 외경심을 절대적이고 신성한 가치로 유지해야 한다. 직접적인 항상성 욕구들을 초월하고 미래로 나아가도록 마음을 자극하고 고양시킬 수 있는 목표들도 필요하다. 인간의 변화 속도와 고도의 다양성을 생각하면, 이런 치료를 위해 필요한 사회적 구조를 구축하는 일은 결코 쉽지 않다.

행복에 대한 전략적인 추구는 자연 발생적인 행복 추구처럼 느낌에 기초를 둔다. 전략적인 추구의 동기, 즉 삶의 문제들과 그 반대편에 있는 좋은 상황은 느낌 없이는 상상도 할 수 없는 것이었다. 고통과의 대결과 욕망에 대한 인식 덕분에 좋은 느낌이든 나쁜 느낌이든, 느낌은 지성을 집중해 지성에게 목적을 부여하고 생명을 조절하는 방법을 만들 수 있도록 도움을 주었다. 느낌과 더 확장된 지성은 강력한 연금술 효과를 만들어 냈다. 느낌과 확장된 지성은 인간을 해방시켜 기본적인 생물학적 장치의 포로로 남아 있지 않고 문화적인 수단을 이용해 항상성을 유지하도록 **시도하게** 했다. 인간은 보잘것없는 동굴에서 이런 새로운 시도를 수없이 했다. 인간은 노래를 부르고 플루트를 발명하고, 내 상상으로는, 필요에 따라 다른 인간들을 유혹하고 위로했다. 모세가 산에서 신의 계명을 받아 오는 것을 묘사했을 때, 부처의 이름으로 열반의 개념을 생각해 냈을 때, 공자의 모습으로 윤리 수칙들을 만들어 냈을 때, 플라톤과 아리스토텔레스, 에피쿠로스의 모습으로 동료 아테네인들에게 지근거리에서 바람직한 삶을 사는 방법을 설파할 때도 인간은 이런 새로운 시도를 하고 있었다. 이들의 임무는 끝이 없었다.

느껴지지 않는 삶에는 치료가 필요 없다. 느껴지지만 진찰되지 않는 삶은 치료가 불가능하다. 지성이라는 이름의 수많은 배들을 출항시키고 항해시켜 온 것은 느낌이다.

13

진화의 놀라운 순서

이 책의 원제목The strange order of things은 두 가지 사실에 의해 정해졌다. 첫 번째는 무려 몇억 년 전 특정한 종류의 곤충 종들이 인간의 사회적 행동, 관습, 도구와 비교했을 때 문화적이라고 불러도 될 만한 사회적 행동, 관습, 도구의 집합을 발전시켰다는 사실이다. 두 번째는 그보다 훨씬 더 전인 아마 몇십억 년 전에 단세포 유기체도 개념적으로 인간의 사회문화적 행동의 여러 측면들과 비슷한 사회적인 행동을 나타냈다는 사실이다.

이 사실들은 일반적으로 받아들여지고 있는 생각과는 확실히 배치된다. 생명 영위 방법을 개선할 수 있는 사회적 행동 같은 복잡한 행동은, 꼭 인간은 아니더라도 정교함을 구현할 수 있을 정도로 복잡하고 인간과 가깝게 진화된 유기체들의 마음에서만 발생할 수 있다는 것이 기존의 생각이었다. 내가 말하고 있는 사회적 특징들은 생명의 역사 초기에 출현했고, 생물권에 수없이 많이 존재하고 있으며, 지구상에 인간 비슷한 생명체가 나타나길 기다릴 필요가 없었다. 이 순서는 정말로 이상한 것이며, 가장 보수적으로 말해도 예상치 못한 것이다.

자세히 살펴보면 이런 흥미로운 사실들 뒤에 숨어 있는 구체적인 요소들이 드러난다. 예를 들어, 우리가 인간의 지혜와 성숙함으로 자주 연결시키는 경향이 있고, 당연히 그렇게 생각해도 마땅한 성공적인 협력 행동 같은 것들이 그중 하나이다. 하지만 이런 협력 전략은 지혜롭고 성숙한 마음이 나타나길 기다릴 필요가 없었다. 이런 전략은 생명 자체만큼 오래된 것일 수 있으며, 두 개체의 박테리아 사이에서 체결된 편의적인 조약에서 가장 두드러지게 드러났다. 더 크고 안정적인 박테리아를 접수하기를 원한 적극적인 박테리아가 하나 있었다. 이 박테리아와 이 박테리아가 공격하려는 대상 사이에 벌어진 싸움은 무승부로 끝나고 적극적인 박테리아는 안정적인 박테리아의 협력적인 위성이 되었다. 핵과 미토콘드리아 같은 세포 기관을 가진 세포인 진핵생물은 이런 식으로 생명의 협상을 통해 생겨났을 것이다.

이 이야기에 나오는 박테리아들은 마음을 갖고 있지 않다. 지혜로운 마음은 말할 것도 없다. 적극적인 박테리아는 **마치** "저들을 우리 편으로 끌어들이지 못한다면 저들 편이 되는 게 낫겠다"는 결론을 내린 것처럼 행동한다. 반면, 안정적인 박테리아는 "이 침입자가 내게 무엇인가를 준다면 받아들이는 게 낫겠다"라고 생각하는 것처럼 행동한다. 하지만 당연히 두 박테리아 모두 어떤 것을 **생**

각하지는 않았다. 정신적 성찰, 기존 지식의 동원, 교활함, 속임수, 친절함, 정정당당함, 외교적 조정 같은 것은 없었다. 문제의 방정식은 맹목적으로, 과정 **내부로부터** 상향식으로 풀렸다. 돌이켜 보면 양쪽 모두를 위한 일종의 선택 과정이었다. 이 성공적인 선택은 항상성의 명령적 요건에 의해 이루어진 것으로, 무슨 마법 같은 것이 아니었다. 이 선택은 환경과 물리화학적 관계를 맺고 있는 세포 내부의 생명 작용에 가해지는 구체적인 물리적·화학적 제약들로 이루어졌다. 주목할 만한 것은 이 상황에서 알고리즘을 적용할 수 있다는 사실이다. 성공적으로 살아남은 유기체의 유전적 장치는 이 전략이 미래 세대에 전해지도록 만들었을 것이다. 이 선택이 효과가 없었다면 진화라는 거대한 무덤에 묻혔을 것이고, 그랬다면 우리는 그 사실조차 모르고 있었을 것이다.

협력이라는 흥미로운 과정은 도움 없이 독립적으로 존재하지 않는다. 박테리아는 세포막에 있는 화학적 탐침 덕분에 다른 박테리아의 존재를 감지할 수 있으며 이 탐침의 분자 구조를 통해 낯선 박테리아와 친척 박테리아를 구별할 수도 있다. 이는 인간 감각 지각의 조촐한 전신이라고 할 수 있다. 이미지 기반의 청력과 시력보다는 미각과 후각에 가까운 형태이다.

이 이상한 진화의 순서는 항상성의 신비한 중요성을 보여 준다. 저항할 수 없는 항상성 명령은 생명 영위 과정에서 불거지는 다양한 문제를 자연적으로 선택할 수 있는 행동으로 해결하려고 시행착오를 거쳐 실행되었다. 유기체들은 자신의 의도와는 상관없이 자신이 속한 환경의 물리적 작용과 세포벽 내부의 화학적 작용을 찾아내고 걸러 내 역시 의도와는 상관없이 생명의 유지와 번성에 필요한 해결 방법을 생각해 낸다. 최소한 적절하고 대부분은 좋은 해결책이다. 놀라운 사실은 비슷한 유형의 문제를 다른 경우, 즉 생명체의 복잡한 진화 과정 중 다른 시점에서 만날 때도 유기체는 똑같은 해결 방법을 생각해 낸다는 것이다. 특정한 해결 방법들, 비슷한 구성들, 어느 정도의 불가피성으로 흐르는 경향은 살아 있는 유기체의 구조와 환경 그리고 그 유기체와 환경의 관계로부터 비롯되며, 그것은 명백하게 항상성에 의존한다. 이 모든 것은 다시 웬트워스 톰프슨D'Arcy Wentworth Thompson의 『성장과 형태*On Growth and Form*』를 떠올리게 한다. 예를 들어, 세포, 조직, 난자, 껍데기 등의 형태와 구조가 그렇다.[1]

협력은 경쟁의 쌍둥이로 진화해 가장 생산적인 전략을 나타내는 유기체들을 선택하는 데 도움을 주었다. 따라서 오늘날 우리가 개인적으로 어느 정도 희생하면서 협력적으로 행동하는 것, 즉 이타적이라고 할 수 있는 행동은 우리 마음이 친절하기 때문에 협력적인 전략을 생각해 낸 결과라고 할 수는 없다. 확실하게 다르고 '현대적인' 점은 우리가 이타적인 반응을 보이면서 또는 그렇지 않으면서 해결할 수 있는 문제에 부딪혔을 때 우리는 마음속에서 생각하고 **느끼는 과정을 통해** 최소한 부분적으로는 우리가 사용할 방법을 의도적으로 선택할 수 있다는 사실이다. 우리에게는 선택권이 있다. 우리는 이타주의를 인정하고 그 이타주의에 수반되는 손해를 감수할 수도 있고, 이타주의를 억누르고 아무것도 잃지 않을 수도 있으며 심지어는 최소한 잠시 동안만이라도 이득을 얻을 수도 있다.

이타주의는 초기의 '문화'와 완전히 발달한 문화를 구분하는 완벽한 척도 중 하나다. 이타주의의 기원은 맹목적인 협력이지만, 이타주의는 해체와 분석을 통해 의도적인 인간의 전략 가운데 하나로 가정과 학교에서 가르칠 수 있는 것이기도 하다. 동정심, 존경심, 경외감, 감사하는 마음 같은 호의적이고 유익한 정서들이 그렇듯이 이타적인 행동도 사회에서 장려되고, 연습되고, 훈련되고, 실천될 수 있다. 물론 그렇지 않을 수도 있다. 이타적인 행동이 언제나 효과가 있다고 장담할 수는 없지만, 이타적인 행동은 교육을 통해 이용할 수 있는 의식적인 인간 자원의 하나로서 존재한다.

초기 문화와 완전히 발달한 문화의 차이를 보여 주는 다른 예는 이득이라는 개념과 관련이 있다. 세포는 아주 오랜 시간 동안 말 그대로 이득을 추구해 왔다. 양의 에너지 균형을 내기 위해 대사 작용을 했다는 뜻이다. 생존을 잘하는 세포는 양의 에너지 균형 상태, 즉 '이득'을 잘 만들어 내는 세포이다. 하지만 문화적으로 말하면, 이득이 자연스러우며 보통은 이롭다는 사실이 이득을 **반드시** 좋은 것으로 만들지는 않는다. 자연스러운 것들이 언제 좋고 언제 안 좋은지와 그 좋음의 정도를 결정하는 것은 문화이다. 탐욕은 이득만큼 자연스럽지만 문화적으로는 좋지 않다. 고든 게코(Gordon Gekko, 영화 〈월스트리트〉의 등장인물로 "탐욕은 좋은 것이다"라는 말을 했다–옮긴이)의 유명한 주장과는 반대인 것이다.[2]

고도의 기능 중 출현 순서가 가장 이상한 것은 느낌과 의식이다. 우리가 느낌이라고 부르는 정교한 정신적 형질이, 굳이 인간만이라고 하지는 않더라도, 오직 가장 진보한 생명체에서만 나타났다는 것은 정말 터무니없는 생각이다. 그러니까 완전히 틀린 생각이다. 의식도 마찬가지이다. 의식의 가장 큰 특징인 주관성은 정신적 경험을 가지고 그 정신적 경험에 개인적인 관점을 부여하는 우리의 능력이다. 일반적인 견해로는 주관성이 인간 이외의 다른 생명체에서 발생했을 것이라고 보지 않는다. 느낌과 의식 같은 정교한 과정이 가장 현대적이고, 중추신경계의 가장 인간적으로 진화된 구조, 즉 그 이름도 찬란한 대뇌피질의 작용으로 생겨났다는 것은 훨씬 더 틀린 생각이다. 이 분야에 관심이 있는 사람들은 실제로 대뇌피질을 선호하며 유명한 신경과학자와 정신철학자들도 마찬가지이다. '의식의 신경 상관물neural correlates of consciousness'을 찾기 위한 현재 과학자들의 연구도 대뇌피질에만 집중되고 있다. 게다가 이런 연구는 시각 과정에 집중되어 있다. 시각은 정신철학자들이 정신적 경험, 주관성, 감각질에 대한 이론을 뒷받침하기 위해 선택한 과정이기도 하다.

하지만 아무리 생각해 보아도, 감정과 주관성은 핵심적인 기관인 신경계가 생기기 이전부터 나타났다. 대뇌피질이 출현하고 나서 감정과 주관성이 생겼다는 주장을 지지할 이유가 없다. 이와는 대조적으로, 대뇌피질 밑에 위치한 뇌간 핵과 종뇌 핵은 느낌과, 더 나아가서 의식에 대한 우리의 지식 중 일부인 감각질을 책임지는 핵심적인 구조이다. 의식에 대해서는 두 가지 과정만 앞에서 언급했었다. 인체 모형 관점 구축 과정과 경험 통합 과정이다. 이 두 과정은 대부분 대뇌피질에 의존한다. 게다가 느낌과 주관성의 출현은 인간에게서만 일어난 일이 아닌 데다 최근의 일도 전혀 아니다. 캄브리아기 정도 되는 아주 먼 옛날에 일어난 일일 가능성이 높다. 모든 척추동물은 다양한 느낌을 의식적으로 경험하고 있을 가능성이 높고, 척수와 뇌간이 인간의 중추신경계와 닮은 수없이 많은 무척추동물도 그럴 가능성이 높다. 사회적 곤충도 그럴 가능성이 높고, 뇌의 구조가 매우 특이한 문어 역시 그렇다.

느낌과 주관성이 오래된 능력이며, 인간은 차치하고라도 고등한 척추동물의 정교한 대뇌피질이 있어야 나타나는 것은 아니라는 결론이 나온다. 이것만 해도 이상하지만 여기서 상황은 훨씬 더 이상해지기 시작한다. 캄브리아기보다 훨씬 이전에도 단세포 유기체들은 완결성에 손상을 입으면 물리적·화학적 반응을 통해, 방어를 하면서 안정을 찾았다. 물리적 반응이란 움츠러들거나 움찔하는 것과 비슷한 반응이다. 실제로 이런 반응은 정서적 반응이며, 이후의 진화 과정에서 느낌으로 정신적 표현이 되는 행동 프로그램 같은 것이다. 신기한 것은 관점을 갖는 과정 자체도 매우 오래전에 생겨났을 가능성이 높다는 사실이다. 세포 하나의 감각과 반응에는 암시적인 '관점', 즉 특정한 '각각의' 유기체와 그 유기체만의 관점이 포함되어 있다. 그 암시적인 관점이 따로 다른 지도에 2차적으로 표시되지 않는다면 말이다. 이것이 주관성의 조상, 어느 순간 마음을 가진 유기체들에게 뚜렷하게 나타난 조상일 것이다. 나는 이런 초기 과정이 눈부시기는 하지만 그 과정은 오롯이 **행동**, 즉 똑똑하고 유용한 행동에 관한 것이라고 생각한다. 내 생각에 그 행동들에는 정신적이거나 경험적인 요소가 전혀 없다. 마음도, 느낌도, 의식도 없다. 나는 아주 작은 유기체들의 세상에 대한 새로운 사실이 드러나면 얼마든지 받아들일 용의가 있다. 하지만 가까운 미래에 미생물의 현상학에 대해 읽게 되리라고는 기대하지 않는다. 아마 영원히 그럴 일은 없을 것이다.[3]

간단하게 말하면, 우리의 느낌과 의식이 된 것들이 이룬 조합은 점차적이고 점진적이지만 **불규칙하게** 별도의 진화 과정을 따라 진행되었다. 단세포 유기체, 해면과 히드라, 두족류, 포유류의 사회적·감정적 행동에 유사성이 너무나 많다는 사실은 서로 다른 생명체들의 생명 조절 문제가 근본적으로는 같으며, 그 문제에 대한 해결 방법도 역시 같다는 것을 암시한다. 그 해결 방법은 바로 항상성 명령에 복종하는 것이다.

항상성을 만족시키는 부착성장accretion의 역사에서 가장 두드러진 위치를 차지하는 것은 신경계의 출현이다. 신경계의 출현으로 지도화와 이미지화가 가능해졌다. 윤곽을 보여 주는 '모방적인' 표현이 가능해진 것이다. 실로 **획기적인** 일이었다. 신경계는 홀로 작동하지 않았거나 작동하지 않아도 존재만으로 획기적이다. 복잡한 유기체에서 생산적이고 항상성을 지키면서 생명을 유지해야 한다는 더 큰 소명에 우선적으로 복종한다고 해도 그렇다.

이런 생각을 하다 보면 마음·느낌·의식이 뜻밖의 순서로 출현하는 데 중요한 역할을 하는 또 다른 부분에 이르게 된다. 너무나 미묘해서 놓치기 쉬운 부분이다. **신경계 일부도, 뇌 전체도 혼자서는 정신적 현상을 만들고 제공할 수 없다**는 생각이다. 신경 현상만의 작용으로 수많은 측면을 가진 마음이 존재하기 위한 기능적 배경을 만들어 냈을 가능성은 매우 낮다고 말할 수 있는 정도이지만, 느낌에 대해서라면 그렇게 하지 못했음이 확실하다고 할 수 있다. 유기체의 신경계와 신경계가 아닌 부분 사이의 밀접한 쌍방향 상호작용은 필수적인 요소이다. 신경계의 구조와 과정·비신경계의 구조와 과정은 그저 가깝게 있는 파트너가 아니라 서로 상호작용을 하는 **연속적인** 파트너이다. 이 구조와 과정들은 휴대 전화 안에서 서로에게 신호를 보내는 칩들처럼 떨어져 있는 존재가 아니다. 쉽게 말하면, 뇌와 신체는 마음을 가능하게 만드는 같은 수프 안에 있다고 할 수 있다.

철학과 심리학의 수많은 문제들은 '뇌와 신체'의 관계를 이렇게 새롭게 조명함으로써 생산적으로 접근할 수 있다. 아테네에서 시작되어 데카르트에 의해 집대성되고, 스피노자의 공격에 저항했고, 컴퓨터 과학이 적극적으로 활용해 오고 있는 이 견고한 이원론은 이제 그 수명을 다했다. 이제 새롭고 생물학적으로 통합된 이론이 나와야 한다.

내가 연구를 처음 시작했을 때 마음과 뇌의 관계에 대한 개념은 지금과는 매우 달랐다. 스무 살 때 나는 워런 매컬로크Warren McCulloch, 노버트 위너Norbert Wiener, 클로드 섀넌Claude Shannon을 읽기 시작했고, 우연히도 곧 매컬로크와 노먼 게슈빈트Norman Geschwind를 내 첫 번째 미국인 멘토로 삼을 수 있었다. 당시는 과학자들에게 매우 신나는 시대였다. 신경생물학, 컴퓨터 과학, 인공지능 분야의 눈부신 성공을 위한 길을 열었던 시대였다. 하지만 돌이켜 보면, 그 시대는 인간의 마음이 어떻게 보이고 느껴지는지에 대한 현실적인 관점은 거의 제공하지 못했다. 모든 이론이 생명 과정의 열역학적 작용과 뉴런의 작용에 대한 딱딱한 수학적 기술을 분리하고 있었으니 그게 가능했겠는가? 불 대수는 마음을 만들기에는 한계가 있다.[4]

인간에서건 인간이 아닌 유기체에서건 대뇌피질이 나타나길 기다릴 필요는 없었지만 어떤 것인가가 대뇌피질을 활용했다. 이것은 살아 있는 유기체들 내부의 수많은 시스템의 작동을 살피고, 유기체의 과거 역사와 현재의 작용에 기초해 이 작동들의 미래를 예측하는 능력이었다. 바꿔 말하면, 감시라는 개념이다. 감시라는 말은 오랜 생각을 한 끝에 쓰게 된 말이다.

우리의 말초신경계의 구조와 기능에 대해 나는 신경계와 유기체는 놀라울 정도로 연속적인 상호작용을 하고 신경섬유는 우리 몸의 모든 부분을 '방문'해 그 부분들의 작동 상태를 척수신경절·삼차 신경절·중추신경계 핵에 보고한다고 설명했었다. 간단히 말하면, 어떤 의미에서 신경섬유는 유기체라는 광활한 저택의 '감시자'인 것이다. 우리 몸 전체를 순찰하며 박테리아와 바이러스를 찾는 면역 체계의 림프구도 같은 역할을 한다. 척수·뇌간·시상하부에 있는 수많은 핵은 그렇게 수집한 정보에 대응하는 데 필요한 신경적 방법을 알고 있으며 그 정보를 기초로 필요할 때마다 방어적으로 행동한다. 게다가 대뇌피질은 연관된 수많은 기존 데이터를 조사해 다음에 어떤 일이 일어날지 예측할 수 있으며, 심지어는 내부 기능이 잘못되는 것도 예측할 수 있다. 이 유용한 예측은 우리가 본 대로 특정 부분 또는 몸 전체에서 나오는 실시간 데이터를 섞음으로써 발생하는 복잡한 정신적 경험인 느낌의 형태로 드러난다.[5]

요즘은 컴퓨터 과학과 인공지능 분야에서 현대 기술의 발명품으로서 빅데이터와 빅데이터의 예측력에 대해 이야기하는 것이 유행이다. 하지만 뇌는 앞에서 살펴본 것처럼 인간의 뇌든 아니든 고도 신경 수준에서 항상성을 운영할 때 이미 오래전부터 '빅데이터'를 다루어 왔다. 예를 들어, 우리 인간은 특정한 논쟁의 결과를 직감할 때 우리의 '빅데이터' 지원 시스템을 충분히 이용한다. 기억 속에 기록된 과거의 감시 결과와 예측 알고리즘에 의존하는 것이다.

현대의 정부들, 거대한 소셜 미디어 기업, 돈을 받고 스파이 역할을 하는 회사들의 뛰어난 감시와 첩보 활동은 프랜차이즈 비용을 지불하지 않고 자연의 능력을 이용하는 것에 불과하다는 것을 알아야 한다. 우리는 항상성 같은 유용한 감시 시스템을 자연이 만들어 냈다고 해서 자연을 비난할 수는 없지만, 단지 권력을 강화하고 돈을 벌기 위해 감시 시스템을 재발명한 정부와 기업들에 문제를 제기하고 심판할 수 있다. 문제 제기와 심판은 문화의 정당한 임무이다.

문화와 관련된 이 모든 출현들의 순서는 너무나 뜻밖이라서, 처음에 가지고 있던 생각과는 아주 다를 것이다. 하지만 반가운 예외도 있다. 철학적 탐구, 종교적 믿음, 진정한 도덕 체계, 예술이 진화의 후반부에 출현했으며 대부분 인간에게서만 나타나는 현상이라고 생각할 수 있다. 실제로 그랬고 지금도 그렇다.

이렇게 이상한 순서를 고려해야 그림이 더 분명해진다. 생명이 등장한 역사의 대부분의 시기 동안, 구체적으로는 35억 년 또는 그 이상의 시간 동안 수없이 많은 동식물 종이 주변 환경을 지각하고 그 환경에 대응하는 풍부한 능력과 지적이고 사회적 행동을 보였으며, 자신들의 생명을 더 효율적이고 오래 살게 만들고 자손에게 번성한 생명의 비결을 전수해 줄 수 있도록 만든 생물학적 장치들을 축적했다. 이들의 생명은 마음·느낌·생각·의식의 **전구체만**을 보였을 뿐 그 기능 자체는 보이지 않았다.

모자란 능력은 유기체 외부 그리고 내부 현실의 대상과 사건을 닮은 것을 나타내는 능력이었다. 이미지와 마음의 세계가 현실화되기 위한 조건은 약 5억 년 전에 나타났으며 인간의 마음은 그보다 훨씬 뒤인 불과 몇십만 년 전에 나타났을 것이다.

초기의 유사물 형태의 표현이 시작되면서 다양한 감각 양식에 기초한 이미지가 나타났으며 느낌과 의식이 나타날 수 있는 길이 열리게 되었다. 그 뒤, 암호와 문법 같은 상징적 표현 방법이 생기고 언어와 수학이 생겨났다. 이미지 기반의 기억·상상·성찰·탐구·분별·창의성의 세계는 그다음에 나타났다. 문화는 이런 모든 것들에 대한 최고의 표현물이었다.

쉽지는 않지만 우리는 현재 삶과 그 삶의 문화적 대상과 관습을 느낌과 주관성, 말과 결정이 생기기 이전 옛날의 삶과 연결할 수 있다. 이 두 삶 사이의 연결 고리는 길을 잃기 쉬운 미로 안에서 돌아다니고 있다. 우리는 여기저기서 미로를 빠져나오게 해 줄 실타래를 찾을 수 있다. 바로 아리아드네의 실타래이다. 생물학, 심리학, 철학의 임무는 그 실타래의 실이 끊기지 않게 하는 것이다.

생물학에 대한 지식이 쌓이면 쌓일수록 복잡하고 정신적이며 의도적이고 문화적인 삶이 자동화된, 마음 생성 이전의 삶으로 단순화될 것이라는 우려가 많다. 나는 그렇게 생각하지 않는다. 첫째, 생물학 지식이 쌓이면 완전히 다른 무엇인가가 실제로 실현된다. 문화와 생명 작용 사이의 연관성을 강화한다. 두 번째, 여러 문화가 가진 풍부한 속성과 독창적 특징은 줄어들지 않는다. 세 번째, 생명과 살아 있는 다른 존재들과 우리가 공유하는 기질과 과정에 대해 더 많은 지식을 쌓아도 인간의 생물학적 특별성은 달라지지 않는다. 다른 생명체들과 인간이 공유하는 모든 것들 위에 인간이 예외적인 위치를 차지하고 있다는 사실에는 의심의 여지가 없다. 그러나 인간의 위치는 인간의 고통과 기쁨이 과거에 대한 개인과 집단의 기억과 가능한 미래를 상상함으로써 증폭되는 독특한 방식으로 결정된다는 사실은 반복해서 이야기할 가치가 있다. 분자에서 시스템까지 생물학 지식을 쌓는 것은 휴머니즘을 강화한다.

또한 자율적인 문화적 영향을 선호하는 현재의 인간의 행동에 대한 설명과 유전적으로 전달되는 자연선택의 영향을 선호하는 현재의 인간의 행동에 대한 설명은 충돌하지 않는다는 것도 반복해서 이야기할 가치가 있다. 두 영향 모두 다른 비중과 다른 순서로 각각의 역할을 하기 때문이다.

이 장의 목적은 우리 인간을 설명하는 데 도움을 주는 능력과 기능의 출현 순서를 다시 정하는 것이지만, 나는 진화의 순서가 예상과 달리 이상하게 바뀐 것과, 마음·느낌·의식처럼 내가 기존의 방식과는 다르게 설명을 시도한 현상들을 설명하기 위해 기존의 생물학과 기존의 진화론적 사고를 동원했다. 이런 맥락에서 두 가지를 추가적으로 언급하는 것이 적절할 것 같다.

첫째, 새롭고 강력한 과학적 발견들이 위세를 떨치고 있는 상황에서 시간이 지나면 가차 없이 버려질 섣부른 확신과 해석들에 자칫하면 속아 넘어가기 쉽다. 나는 느낌·의식·문화적 마음의 근원에 대한 현재의 내 생각을 방어할 준비가 되어 있지만, 이런 내 생각도 오래지 않아 수정될 수 있다는 것을 잘 알고 있다. 두 번째, 살아 있는 유기체들과, 그 유기체들에게 나타난 진화의 특징과 작용에 대해 어느 정도 자신 있게 이야기할 수 있다는 것이 분명해졌으며, 그 유기체들이 살고 있는 우주는 약 130억 년 전에 생겨났다고 분명히 말할 수 있게 되었다. 하지만 우리는 우주의 기원과 의미에 대해 만족스러운 과학적 설명을 전혀 하지 못하고 있다. 즉, 우리를 둘러싸고 있는 모든 것에 대한 이론이 아직 없다는 뜻이다. 그것은 우리의 지난 노력이 얼마나 보잘것없고 불확실한지 그리고 미지의 것을 만났을 때 얼마나 겸손한 자세로 받아들여야 하는지를 준엄한 목소리로 알려 준다.

주석

1. 인간 본성에 관하여

1. 이 말은 느낌이 더 이상 항상성 상태를 정확하게 나타내지 못하는 조증 상태나 우울증 상태에는 적용되지 않는다.

2. 감정-욕구, 동기부여, 정서, 느낌에 대한 자세한 내용은 7장과 8장을 참조하라. 관련된 다른 연구를 보려면 다음을 참조하라. Antonio Damasio, *Descartes' Error* (1994; New York: Penguin Books, 2010), 『데카르트의 오류: 감정, 이성 그리고 인간의 뇌』(눈출판 그룹, 2017.10.31.); Antonio Damasio, *The Feeling of What Happens: Body and Emotion in the Making of Consciousness* (New York: Harcourt, 1999); Antonio Damasio and Gil B. Carvalho, "The Nature of Feelings: Evolutionary and Neurobiological Origins," *Nature Reviews Neuroscience* 14, no. 2(2013): 143–52; Jaak Panksepp, *Affective Neuroscience: The Foundations* (New York: Oxford University Press, 1998); Jaak Panksepp and

Lucy Biven, *The Archaeology of Mind* (New York: W. W. Norton, 2012); Joseph Le Doux. *The Emotional Brain* (New York: Simon & Schuster, 1996); Arthur D. Craig, "How Do You Feel? Interoception: The Sense of the Physiological Condition of the Body," *Nature Reviews Neuroscience* 3, no. 8 (2002): 655–66; Ralph Adolphs, Daniel Tranel, Hanna Damasio, and Antonio Damasio, "Impaired Recognition of Emotion in Facial Expressions Following Bilateral Damage to the Human Amygdala," *Nature* 372, no. 6507 (1994): 669–2; Ralph Adolphs, Daniel Tranel Hanna Damasio, and Antonio Damasio, "Fear and the Human Amygdala," *Journal of Neuroscience* 15, no. 9 (1995): 5879–1; Ralph Adolphs, Daniel Tranel, Antonio Damasio, "The Human Amygdala in Social Judgment," *Nature* 393, no. 6684 (1998); Ralph Adolphs, F. Gosselin, T. Buchanan, Daniel Tranel, P. Schyns, and Antonio Damasio, "A Mechanism for Impaired Fear Recognition After Amygdala Damage," *Nature* 433, no. 7021, (2005): 68–2; Stephen W. Porges: *The Polyvagal Theory* (New York and London: W. W. Norton,2011); Kent Berridge & Morten Kringelbach, *Pleasures of the Brain*(Oxford: Oxford University Press, 2009); Mark Solms, *The Feeling Brain: Selected Papers on Neuropsychoanalysis* (London: Karnac Books, 2015); Lisa Feldman Barrett, "Emotions Are Real," *Emotion* 12, no. 3 (2012): 413.

3. 이베리아반도의 경우 이 시점은 40만 년 전까지 거슬러 올라갈 수도 있다. Richard Leakey, *The Origin of Humankind* (New York: Basic Books, 1994), 『인류의 기원: 리처드 리키가 들려주는 최초의 인간 이야기』(사이언스북스, 2005); Merlin Donald, *Origins of the Modern Mind: Three Stages in the Evolution of Culture and Cognition* (Cambridge, Mass.: Harvard University Press, 1991); Steven Mithen, *The Singing Neanderthals: The Origins of Music, Language, Mind, and Body* (Cambridge, Mass.: Harvard University Press, 2006); Ian Tattersall, *The Monkey in the Mirror: Essays on the Science of What Makes Us Human* (New York: Harcourt, 2002), 『거울 속의 원숭이』(해나무, 2006.11.10.); John Allen, *Home: How Habitat Made Us Human* (New York: Basic Books,2015); Craig Stanford, John S. Allen, and Susan C. Anton, *Exploring Biological Anthropology: The Essentials* (Upper Saddle River, N.J.: Pearson, 2012). 인류발생론에 관

한 학술 연구 및 교육 센터(CARTA, the Center for Academic Research and Training in Anthropogeny)는 인류발생론이라 불리는 분야에서 인간 기원 연구에 관한 최고의 과학적 정보를 제공하는 곳이다. 다음을 보라. https://carta.anthropogeny.org/about/carta.

4. Michael Tomasello, *The Cultural Origins of Human Cognition* (Cambridge, Mass.: Harvard University Press, 1999); Michael Tomasello, *A Natural History of Human Thinking* (Cambridge, Mass.: Harvard University Press, 2014), 『도덕의 기원』(이데아, 2018. 8.13.); Michael Tomasello, *A Natural History of Human Morality* (Cambridge, Mass.: Harvard University Press, 2016).

5. 1842년에 발행된 빅토리아 여왕의 런던 동물원 방문에 관한 보고서; Jonathan Weiner, "Darwin at the Zoo," *Scientific American* 295, no. 6 (2006): 114–19.

6. 이 부분에 대해서는 다음을 참고하라. Paul B. Rainey and Katrina Rainey, "Evolution of Cooperation and Conflict in Experimental Bacterial Populations," *Nature* 425, no. 6953 (2003): 72–4;Kenneth H. Nealson and J. Woodland Hastings, "Quorum Sensing on a Global Scale: Massive Numbers of Bioluminescent Bacteria Make Milky Seas," *Applied and Environmental Microbiology* 72, no. 4 (2006): 2295–7; Stephen P. Diggle, Ashleigh S. Griffin, Genevieve S.Campbell, and Stuart A. West, "Cooperation and Conflict in Quorum-Sensing Bacterial Populations," *Nature* 450, no. 7168 (2007): 411–4;Lucas R. Hoffman, David A. D'Argenio, Michael J. MacCoss, Zhaoying Zhang, Roger A. Jones, and Samuel I. Miller, "Aminoglycoside Antibiotics Induce Bacterial Biofilm Formation," *Nature* 436, no.7054 (2005): 1171–5; Ivan Erill, Susana Campoy, and Jordi Barbe, "Aeons of Distress: An Evolutionary Perspective on the Bacterial SOS Response," *FEMS Microbiology Reviews* 31, no. 6 (2007): 637–56; Delphine Icard-Arcizet, Olivier Cardoso, Alain Richert, and Sylvie Henon, "Cell Stiffening in Response to External Stress Is Correlated to Actin Recruitment," *Biophysical Journal* 94, no. 7 (2008): 2906–13; Vanessa Sperandio, Alfredo G. Torres, Bruce Jarvis, James P. Nataro, and James B. Kaper, "Bacteria- Host Communication: The Language of Hormones," *Proceedings*

of the National Academy of Sciences 100, no. 15 (2003): 8951–56; Robert K. Naviaux, "Metabolic Features of the Cell Danger Response," *Mitochondrion* 16 (2014): 7–7; Daniel B. Kearns, "A Field Guide to Bacterial Swarming Motility," *Nature Reviews Microbiology* 8, no. 9 (2010): 634–44; Alexandre Persat, Carey D. Nadell, Minyoung Kevin Kim, Francois Ingremeau, Albert Siryaporn, Knut Drescher, Ned S. Wingreen, Bonnie L. Bassler, Zemer Gitai, and Howard A. Stone, "The Mechanical World of Bacteria," *Cell 161*, no. 5 (2015): 988–7; David T. Hughes and Vanessa Sperandio, "Inter- kingdom Signaling: Communication Between Bacteria and Their Hosts," *Nature Reviews Microbiology* 6, no. 2 (2008): 111–0; Thibaut Brunet and Detlev Arendt, "From Damage Response to Action Potentials: Early Evolution of Neural and Contractile Modules in Stem Eukaryotes," *Philosophical Transactions of the Royal Society B 371*, no. 1685 (2016): 20150043; Laurent Keller and Michael G. Surette, "Communication in Bacteria: An Ecological and Evolutionary Perspective," *Nature Reviews* 4 (2006): 249–8.

7. Alexandre Jousset, Nico Eisenhauer, Eva Materne, and Stefan Sche, "Evolutionary History Predicts the Stability of Cooperation in Microbial Communities," *Nature Communications* 4 (2013).

8. Karin E. Kram and Steven E. Finkel, "Culture Volume and Vessel Affect Long- Term Survival, Mutation Frequency, and Oxidative Stress of Escherichia coli," *Applied and Environmental Microbiology* 80, no. 5 (2014): 1732–38; Karin E. Kram and Steven E. Finkel, "Rich Medium Composition Affects *Escherichia coli* Survival, Glycation, and Mutation Frequency During Long- Term Batch Culture," *Applied and Environmental Microbiology* 81, no. 13 (2015): 4442–0.

9. Pierre Louis Moreau de Maupertuis, "Accord des différentes lois de la nature qui avaient jusqu'ici paru incompatibles," *Mémoires del'Académie des Sciences* (1744): 417–26; Richard Feynman, "The Principle of Least Action," in *The Feynman Lectures on Physics: Volume* II, chap. 19, accessed Jan. 20, 2017, http://www.feynmanlectures.caltech.edu/II_toc.html.

10. 에드워드 윌슨은 곤충들의 복잡한 삶에 관해 폭넓게 집필해 왔다. 그의 책 *the social conquest of earth*(New York: Liveright, 2012)는 이러한 연구의 극

적인 영역에 대한 개관을 제공한다.

11. 앞에서도 살펴봤지만, 느낌과 항상성 사이의 지속적인 관계는 강렬한 부정적 느낌이 지속되는 동안 와해된다. 극도의 슬픔은 자살을 유도할 수 있고 자살의 원인이 되긴 하지만, 항상 극도의 기본적 항상성 결핍을 나타내는 것은 아니다. 상황적 슬픔과 우울은 불리한 사회적 상황을 실제로 나타내며, 그런 상황에서 느낌은 항상성 조절을 위해 미리 위험을 표시하는 기능을 한다.

12. Talcott Parsons, "Evolutionary Universals in Society," *American Sociological Review* 29, no. 3 (1964): 339–7; Talcott Parsons, "Social Systems and the Evolution of Action Theory," *Ethics* 90, no. 4 (1980):608–1. 피에르 부르디외, 미셸 푸코, 알랭 투렌 같은 사회과학 분야의 다른 학자들의 생각은 내 생물학적 관점으로 번역하기가 더 쉽다.

13. F. Scott Fitzgerald, *The Great Gatsby* (New York: Scribner's, 1925), 『위대한 개츠비』.

2. 비교 불가능한 영역

1. '비교 불가능한 영역'이라는 말은 성 아우구스티누스의 말이다. 시인 조리 그레이엄은 이 말을 자신이 처음 낸 책 중 한 권의 제목으로 썼다. 내게는 이 말이 생명은 격리된 세포 경계 안에서 나타나고 그 과정은 다른 어떤 것과도 다르다는 뜻으로 받아들여진다.

2. Freeman Dyson, *Origins of Life* (New York: Cambridge University Press, 1999).

3. Maupertuis, "Accord des differentes lois de la nature qui avaient jusqu'ici paru incompatibles"; Feynman, "Principle of Least Action."

4. Antonio Damasio, *Looking for Spinoza: Joy, Sorrow, and the Feeling Brain*(New York: Harcourt, 2003), 『스피노자의 뇌: 기쁨, 슬픔, 느낌의 뇌과학』(사이언스북스, 2007).

5. 폴 엘뤼아르가 글을 쓰고 마크 샤갈이 그림을 그린 1946년 책 제목이다. 윌리엄 포크너의 1949년 노벨상 수락 연설로, 실제 연설은 1950년에 했다.

6. Christian de Duve, *Vital Dust: The Origin and Evolution of Life on Earth* (New York: Basic Books, 1995); Christian de Duve, *Singularities: Landmarks in the Pathways of Life* (Cambridge, U.K.: Cambridge University Press, 2005).

7. Francis Crick, *Life Itself: Its Origins and Nature* (New York: Simon & Schuster, 1981).

8. Tibor Gánti, *The Principles of Life* (New York: Oxford University Press, 2003).

9. Richard Dawkins, *The Selfish Gene* (New York: Oxford University Press, 2006), 『이기적 유전자』(을유문화사, 2018.10.20.).

10. Stanley L. Miller, "A Production of Amino Acids Under Possible Primitive Earth Conditions," *Science* 117, no. 3046 (1953): 528–9.

11. 앞서 인용한 작업에 덧붙여, 오르스 스자트마리와 존 메이너드 스미스를 포함해 이 글을 준비하는 과정에서 도움을 받았던 문헌이다. "The Major Evolutionary Transitions," *Nature* 374, no.6519 (1995): 227–2; Arto Annila and Erkki Annila, "Why Did Life Emerge?," *International Journal of Astrobiology* 7, no. 3–4 (2008): 293–00; Thomas R. Cech, "The RNA Worlds in Context," *Cold Spring Harbor Perspectives in Biology* 4, no. 7 (2012): a006742; Gerald F. Joyce, "Bit by Bit: The Darwinian Basis of Life," *PLoS Biology* 10, no. 5 (2012): e1001323; Michael P. Robertson and Gerald F. Joyce, "The Origins of the RNA World," *Cold Spring Harbor Perspectives in Biology* 4, no. 5 (2012): a003608; Liudmila S. Yafremava, Monica Wielgos, Suravi Thomas, Arshan Nasir, Minglei Wang, Jay E. Mittenthal, and Gustavo Caetano-Anolles, "A General Framework of Persistence Strategies for Biological Systems Helps Explain Domains of Life," *Frontiers in Genetics* 4 (2013): 16; Robert Pascal, Addy Pross, and John D. Sutherland, "Towards an Evolutionary Theory of the Origin of Life Based on Kinetics and Thermodynamics," *Open Biology* 3, no. 11 (2013): 130156; Arto Annila and Keith Baverstock, "Genes Without Prominence: A Reappraisal of the Foundations of Biology," *Journal of the Royal Society Interface* 11, no. 94 (2014): 20131017; Keith Baverstock and Mauno Rönkkö, "The Evolutionary Origin of Form and Function," *Journal of Physiology* 592, no. 11 (2014): 2261–65; Kepa

Ruiz- Mirazo, Carlos Briones, and Andrés de la Escosura, "Prebiotic Systems Chemistry: New Perspectives for the Origins of Life," *Chemical Reviews* 114, no. 1 (2014): 285–66; Paul G. Higgs and Niles Lehman, "The RNA World: Molecular Cooperation at the Origins of Life," *Nature Reviews Genetics* 16, no. 1 (2015): 7–7; Stuart Kauffman, "What Is Life?," *Israel Journal of Chemistry* 55, no.8 (2015): 875–9; Abe Pressman, Celia Blanco, and Irene A. Chen, "The RNA World as a Model System to Study the Origin of Life," *Current Biology* 25, no. 19 (2015): R953–963; Jan Spitzer, Gary J. Pielak, and Bert Poolman, "Emergence of Life: Physical Chemistry Changes the Paradigm," *Biology Direct* 10, no. 33 (2015); Arto Annila and Keith Baverstock, "Discourse on Order vs. Disorder," *Communicative and Integrative Biology* 9, no. 4 (2016): e1187348; Lucas John Mix, "Defending Definitions of Life," *Astrobiology* 15, no. 1 (2015):15–9; Robert A. Foley, Lawrence Martin, Marta Mirazon Lahr, and Chris Stringer, "Major Transitions in Human Evolution," *Philosophical Transactions of the Royal Society B 371*, no. 1698 (2016): 20150229; Humberto R. Maturana and Francisco J. Varela, "Autopoiesis: The Organization of Living," in *Autopoiesis and Cognition*, ed. Humberto R. Maturana and Francisco J. Varela (Dordrecht: Reidel, 1980), 73–55.

12. Erwin Schrodinger, *What Is Life?* (New York: Macmillan, 1944).

13. Daniel G. Gibson, John I. Glass, Carole Lartigue, Vladimir N. Noskov, Ray- Yuan Chuang, Mikkel A. Algire, Gwynedd A. Benders et al., "Creation of a Bacterial Cell Controlled by a Chemically Synthesized Genome," *Science* 329, no. 5987 (2010): 52–56.

3. 여러 가지 항상성

1. Paul Butke and Scott C. Sheridan, "An Analysis of the RelationshipBetween Weather and Aggressive Crime in Cleveland, Ohio," *Weather, Climate, and Society* 2, no. 2 (2010): 127–39.

2. Joshua S. Graff Zivin, Solomon M. Hsiang, and Matthew J. Neidell, "Temperature and Human Capital in the Short and Long-Run," *National Bureau of Economic Research* (2015): w21157.

3. Maya E. Kotas and Ruslan Medzhitov, "Homeostasis, Inflammation,and Disease Susceptibility," *Cell* 160, no. 5 (2015): 816–27.

4. Antonio Damasio and Hanna Damasio, "Exploring the Concept of Homeostasis and Considering Its Implications for Economics," *Journal of Economic Behavior & Organization* 2016: 125, 126–9, 이 장은 일부 다음의 책을 기초로 한다.; Antonio Damasio, *Self Comes to Mind: Constructing the Conscious Brain* (New York: Pantheon, 2010); Damasio and Carvalho, "Nature of Feelings"; Kent C. Berridge and Morten L. Kringelbach, "Pleasure Systems in the Brain," *Neuron* 86, no. 3 (2015): 646–64.

5. 이 연구의 간결하고 영리한 통합에 관해서 다음을 보라. Michael Pollan, "The Intelligent Plant," *New Yorker*, Dec. 23 and 30,2013; Anthony J. Trewavas, "Aspects of Plant Intelligence," *Annals of Botany* 92, no. 1 (2003): 1–20; Anthony J. Trewavas, "What Is Plant Behaviour?," *Plant, Cell, and Environment* 32, no. 6 (2009): 606–16.

6. John S. Torday, "A Central Theory of Biology," *Medical Hypotheses* 85, no. 1 (2015): 49–57.

7. Claude Bernard, *Leçons sur les phénomènes de la vie communs aux animaux et aux végétaux* (Paris: Librarie J. B. Baillière et Fils, 1879). University of Michigan Library의 콜렉션에서 재발행.

8. Walter B. Cannon, "Organization for Physiological Homeostasis," *Physiological Reviews* 9, no. 3 (1929): 399–431; Walter B. Cannon, *The Wisdom of the Body* (New York: Norton, 1932), 『인체의 지혜』(동명사, 2009.01.15.); Curt P. Richter, "Total Self- Regulatory Functions in Animals and Human Beings," *Harvey Lecture Series* 38, no. 63 (1943): 1942–43.

9. Bruce S. McEwen, "Stress, Adaptation, and Disease: Allostasis and Allostatic Load," *Annals of the New York Academy of Sciences* 840, no. 1 (1998): 33–44.

10. Trevor A. Day, "Defining Stress as a Prelude to Mapping Its Neurocircuitry: No Help from Allostasis," *Progress in Neuro-psychopharmacology and Biological Psychiatry* 29, no. 8 (2005): 1195–200.

11. David Lloyd, Miguel A. Aon, and Sonia Cortassa, "Why Homeodynamics, Not Homeostasis?," *Scientific World Journal* 1 (2001): 133–45.

4. 단세포생물에서 신경계와 마음으로

1. Margaret McFall-Ngai, "The Importance of Microbes in Animal Development: Lessons from the Squid-Vibrio Symbiosis," *Annual Review of Microbiology* 68 (2014): 177–94; Margaret McFall-Ngai, Michael G. Hadfield, Thomas C.G. Bosch, Hannah V. Carey, Tomislav Domazet- Lošo, Angela E. Douglas, Nicole Dubilier et al., "Animals in a Bacterial World, a New Imperative for the Life Sciences," *Proceedings of the National Academy of Sciences* 110, no. 9 (2013): 3229–36.

2. Lynn Margulis, *Symbiotic Planet: A New View of Evolution* (New York: Basic Books, 1998), 『공생자 행성: 린 마굴리스가 들려주는 공생 진화의 비밀』 (사이언스북스, 2014.12.05).

3. 순환계, 면역 체계, 호르몬계가 출현한 시기에 대한 추정은 매우 다양하다. 순환계는 출현한 지 7억 년이나 되었다. (약 7억 4000만 년 전의) 자포동물의 위수강은 원시 순환계이다. Eunji Park, Dae-Sik Hwang, Jae-Seong Lee, Jun-Im Song, Tae-Kun Seo, and Yong-Jin Won, "Estimation of Divergence Times in Cnidarian Evolution Based on Mitochondrial Protein- Coding Genes and the Fossil Record," *Molecular Phylogenetics and Evolution* 62, no. 1 (2012): 329–5. 개방 순환계는 혈액과 림프액을 자유롭게 섞이도록 만들었다. 약 6억 년 전 절지동물에서 나타났다. (Gregory D. Edgecombe and David A. Legg, "Origins and Early Evolution of Arthropods," *Palaeontology* 57, no. 3 [2014]: 457–8). 척추동물 폐쇄 순환계의 특징은 순환하는 혈액과 조직을 분리하는 세포 장벽, 즉 내피의 존재이다. 내피는 약 5억 1000~5억 4000만 년 전 척추

동물의 조상에서 진화했으며 유동 특성, 장벽 기능, 국소면역, 응고 작용을 최적화했다. (R. Monahan-Earley, A. M. Dvorak, and W. C. Aird, "Evolutionary Origins of the Blood Vascular System and Endothelium," *Journal of Thrombosis and Haemostasis* 11, no. S1 [2013]: 46–6). 내재 면역계는 선캄브리아기 동안 자포동물에서 시작되었다. (Thomas C. G. Bosch, Rene Augustin, Friederike Anton-Erxleben, Sebastian Fraune, Georg Hemmrich, Holger Zill, Philip Rosenstiel et al.,"Uncovering the Evolutionary History of Innate Immunity: The Simple Metazoan Hydra Uses Epithelial Cells for Host Defence," *Developmental and Comparative Immunology* 33, no. 4 [2009]: 559–9).

적응 면역 체계는 약 4억 5000만 년 전 유악류에서 진화했다. (Martin F. Flajnik and Masanori Kasahara, "Origin and Evolution of the Adaptive Immune System: Genetic Events and Selective Pressures," *Nature Reviews Genetics* 11, no. 1 [2010]: 47–59).

예측할 수 있지만, 호르몬 조절은 그보다 기원이 훨씬 더 오래되었으며 단세포생물까지도 거슬러 올라갈 수 있다. 박테리아 세포는 자가 유도 물질이라고 부르는 호르몬 같은 분자들로 '의사소통'을 하는데, 이 자가 유도 물질은 유전자 표현을 조절하는 물질이다. (Vanessa Sperandio, Alfredo G. Torres, Bruce Jarvis, James P. Nataro, and James B. Kaper. "Bacteria-Host Communication"). 게다가 인슐린 같은 분자들이 단세포 유기체에서 발견되기도 한다(Derek Le Roith, Joseph Shiloach, Jesse Roth, and Maxine A. Lesniak, "Evolutionary Origins of Vertebrate Hormones: Substances Similar to Mammalian Insulins Are Native to Unicellular Eukaryotes," *Proceedings of the National Academy of Sciences* 77, no. 10 [1980]: 6184–88).

4. 뉴런의 작동에 대해서 더 알고 싶다면 다음을 보라. Eric Kandel, James H. Schwartz, Thomas M. Jessell, Steven A. Siegelbaum, and A. J. Hudspeth, *Principles of Neural Science*, 5th ed. (New York: McGraw-Hill, 2013).

5. František Baluša and Stefano Mancuso, "Deep Evolutionary Origins of Neurobiology: Turning the Essence of 'Neural' Upside-Down," *Communicative and Integrative Biology* 2, no. 1 (2009): 60–5.

6. Damasio and Carvalho, "Nature of Feelings."

7. Anil K. Seth, "Interoceptive Inference, Emotion, and the Embodied Self," *Trends in Cognitive Sciences* 17, no. 11 (2013): 565–73.

8. Andreas Hejnol and Fabian Rentzsch, "Neural Nets," *Current Biology* 25, no. 18 (2015): R782–R786.

9. Detlev Arendt, Maria Antonietta Tosches, and Heather Marlow, "From Nerve Net to Nerve Ring, Nerve Cord, and Brain—Evolution of the Nervous System," *Nature Reviews Neuroscience* 17, no. 1 (2016):61–72. 뒤에 분명해지겠지만, 여기서 나는 단세포 유기체에 풍부하게 존재하는 '지능'과 내 생각에는 신경계가 반드시 필요로 하는 '마음, 의식 그리고 느낌'을 대조하고 있다.

10. 신경 해부학의 세부 정보는 다음을 보라. Larry W. Swanson, *Brain Architecture: Understanding the Basic Plan* (Oxford: Oxford University Press, 2012); Hanna Damasio, *Human Brain Anatomy in Computerized Images*, 2nd ed. (New York: Oxford University Press, 2005); Kandel et al., *Principles of Neural Science*.

11. 이 핵심적인 생각을 해낸 이는 워런 매컬로크이다. 매컬로크는 현대 신경과학의 개척자 중 한 명이자 컴퓨터 신경과학의 창시자 중 한 명이기도 하다. 매컬로크가 오늘날 우리 옆에 있었다면 자신의 초기 이론을 스스로 격렬하게 비판했을 것이다. Warren S. McCulloch and Walter Pitts, "A Logical Calculus of the Ideas Immanent in Nervous Activity," *Bulletin of Mathematical Biophysics* 5, no. 4 (1943): 115–33; Warren S. McCulloch, Embodiments of Mind (Cambridge, Mass.: MIT Press, 1965).

12. 뉴런은 시냅스뿐만 아니라 "세포 밖 흐름에 의해 중재되는 샛길 커뮤니케이션"을 통해서도 다른 뉴런과 커뮤니케이션을 한다. 이 현상은 접촉 전도 ephapsis로 알려져 있다(see Damasio and Carvalho, "Nature of Feelings," for a hypothesis related to this feature).

5. 마음의 기원

1. 이 생각을 뒷받침하는 증거는 매우 많다. For a comprehensive review,

see František Baluška and Michael Levin, "On Having No Head: Cognition Throughout Biological Systems," *Frontiers in Psychology* 7 (2016).

2. 깊은 잠에 들거나 깊게 마취가 되면 외부에 대한 감각과 반응은 크게 감소되어 거의 사라진다. (하지만) 몸의 내부는 계속해서 지각되고 다양한 반응의 대상으로 항상성을 유지한다. 주목해야 할 것은 보통 마취를 하면 의식이 없어진다고 생각하는데, 그런 경우는 거의 없다는 사실이다. František Baluška et al., "Understanding of Anesthesia—Why Consciousness Is Essential for Life and Not Based on Genes," *Communicative and Integrative Biology* 9, no. 6 (2016): e1238118. 살아 있는 **모든** 생명체는 마취가 가능하다. 식물도 마찬가지이다. 마취는 감각과 반응 과정을 중지시킨다. 나는 인간 같은 복잡한 생명체에서 마취로 느낌과 의식이 중지되는 이유는 느낌과 의식이 감각과 반응이라는 일반적인 장치에 의존하기 때문이라고 생각한다. 하지만 느낌과 의식은 다른 과정에도 의존한다. 감각과 반응에만 국한되지 않는다는 뜻이다. 따라서 박테리아가 마취에 반응한다고 해서 느낌과 의식을 갖고 있다고 생각할 수는 없다. 앞의 장들에서 말했지만, 일반적으로 박테리아의 복잡한 행동에는 일반적인 의미의 느낌이나 의식이 필요 없다.

3. 투텔Tootell과 그의 동료들의 연구 결과는 이런 의미에서 많은 것을 알려 준다. Roger B. H. Tootell, Eugene Switkes, Martin S. Silverman, and Susan L. Hamilton, "Functional Anatomy of Macaque Striate Cortex. II. Retinotopic Organization," *Journal of Neuroscience* 8 (1983):1531–8. See also David Hubel and Torsten Wiesel, *Brain and Visual Perception* (New York: Oxford University Press, 2004); Stephen M. Kosslyn, *Image and Mind* (Cambridge, Mass.: Harvard University Press, 1980); Stephen M. Kosslyn, Giorgio Ganis, and William L.Thompson, "Neural Foundations of Imagery," *Nature Reviews Neuroscience* 2 (2001): 635–42; Stephen M. Kosslyn, William L. Thompson, Irene J. Kim, and Nathaniel M. Alpert, "Topographical Representations of Mental Images in Primary Visual Cortex," *Nature* 378 (1995):496–8; Scott D. Slotnick, William L. Thompson, and Stephen M.Kosslyn, "Visual Mental Imagery Induces Retinotopically Organized Activation of Early Visual Areas," *Cerebral Cortex* 15 (2005): 1570–83; Stephen M. Kosslyn, Alvaro Pascual-Leone, Olivier Felician,

Susana Camposano, et al. "The Role of Area 17 in Visual Imagery: Convergent Evidence from PET and rTMS," *Science* 284 (1999): 167–70; Lawrence W. Barsalou, "Grounded Cognition," *Annual Review of Psychology* 59 (2008): 617–45; W. Kyle Simmons and Lawrence W. Barsalou, "The Similarity-in-Topography Principle: Reconciling Theories of Conceptual Deficits," *Cognitive Neuropsychology* 20 (2003): 451–6; Martin Lotze and Ulrike Halsband, "Motor Imagery," *Journal of Physiology, Paris* 99 (2006): 386–95; Gerald Edelman, *Neural Darwinism: The Theory of Neuronal Group Selection* (New York: Basic Books, 1987), 다음의 문헌들은 뉴런 지도에 관한 유용한 논쟁점을 제공하고, 지도 선택에 적용되는 가치 개념을 주장한다.; Kathleen M. O'Craven and Nancy Kanwisher, "Mental Imagery of Faces and Places Activates Corresponding Stimulus-Specific Brain Regions," *Journal of Cognitive Neuroscience* 12 (2000): 1013–23; Martha J. Farah, "Is Visual Imagery Really Visual? Overlooked Evidence from Neuropsychology," *Psychological Review* 95 (1988): 307–17; *Principles of Neural Science: Fifth Edition*, edited by Eric Kandel, James H. Schwartz, Thomas M. Jessell, Steven A. Siegelbaum, and A. J. Hudspeth (New York: McGraw-Hill, 2013).

4. Hejnol and Rentzsch, "Neural Nets."

5. Inge Depoortere, "Taste Receptors of the Gut: Emerging Roles in Health and Disease," *Gut* 63, no. 1 (2014): 179–90. 간단히 설명하기 위해 나는 3차원 공간에서 몸의 위치를 알려 주는 전정감각을 생략했다. 전정감각은 해부학적으로나 기능적으로나 청각과 밀접한 관련이 있다. 이 센서는 내이, 즉 머리 안에 위치해 있다. 우리의 균형 감각은 전정계에 의존한다.

6. 각각의 감각으로부터 온 신호는 시각, 청각, 몸 지각 영역 같은 특별한 '초기' 피질 영역들에서 먼저 처리되지만, 그 뒤 그 신호들 또는 관련된 신호들은 필요할 때마다 측두부, 두정부, 전두부의 연합피질 안에서 통합된다. 이 영역 각각은 양방향 경로를 통해 서로 연결되어 있다. 이 과정은 초기 설정 상태 네트워크 같은 지원 네트워크와 뇌간 핵과 대뇌 기저부 핵에서 온 일반적인 조절 신호에 의해 다시 도움을 받는다. Kingson Man, Antonio Damasio, Kaspar Meyer, & Jonas T. Kaplan, "Convergent and Invariant Object Representations

for Sight, Sound, and Touch," *Human Brain Mapping* 36, no. 9 (2015): 3629–40, doi:10.1002/hbm.22867; Kingson Man, Jonas T. Kaplan, Hanna Damasio, and Antonio Damasio, "Neural Convergence and Divergence in the Mammalian Cerebral Cortex: From Experimental Neuroanatomy to Functional Neuroimaging," *Journal of Comparative Neurology* 521, no. 18 (2013): 4097–11, doi:10.1002/cne.23408; Kingson Man, Jonas T. Kaplan, Antonio Damasio, and Kaspar Meyer, "Sight and Sound Converge to Form Modality-Invariant Representations in Temporoparietal Cortex," *Journal of Neuroscience* 32, no. 47 (2012): 16629–36, doi:10.1523/JNEUROSCI.2342-12.2012. 이러한 과정을 지지하는 뉴런의 구조에 대한 배경지식은 다음을 참고하라. Antonio Damasio et al., "Neural Regionalization of Knowledge Access: Preliminary Evidence," *Symposia on Quantitative Biology* 55 (1990): 1039–47; Antonio Damasio, "Time-Locked Multiregional Retroactivation: A Systems- Level Proposal for the Neural Substrates of Recall and Recognition," Cognition 33 (1989): 25–2; Antonio Damasio, Daniel Tranel, and Hanna Damasio, "Face Agnosia and the Neural Substrates of Memory," *Annual Review of Neuroscience* 13 (1990): 89–09. See also Kaspar Meyer and Antonio Damasio, "Convergence and Divergence in a Neural Architecture for Recognition and Memory," *Trends in Neurosciences* 32, no. 7 (2009): 376–82. 해마 안의 공간 세포와 내후각 피질의 격자 세포의 발견(각각 J. O'keefe, M. H.와 E. Moser)은 이러한 시스템에 대한 이해를 넓혔다.

6. 마음의 확장

1. Fernando Pessoa, *The Book of Disquiet* (New York: Penguin Books, 2001), 『불안의 책』(문학동네, 2015.09.18.).

2. 성공은 자꾸만 멀어져 가는 가운데, 작곡가인 오스카 레반트는 여러 명의 오스카 레반트들이 관객으로 앉아서 열정적으로 박수를 치는 콘서트홀에서 피아노를 연주하는 상상을 한다. 결국 상상 속에서 레반트는 다른 악기들도 연주하고 지휘도 하게 된다.

3. 말초/뇌 관계에 대한 설명을 단순화하는 것은 정신적 과정을 생물학적으로 이해하려는 시도에 수반되는 주요한 문제 중 하나이다. 실제 정신적 과정은 뇌를 컴퓨터 신호 같은 신호를 접수해 필요할 때 반응을 하는 분리된 기관으로 보는 전통적인 개념과는 맞아 들어가지 않는다. 실제로는, 그 신호는 순수한 신경 신호가 아니며 중추신경계로 가는 길에 점차적으로 변하는 신호이다. 게다가 신경계는 다양한 수준에서 들어오는 신호들에 반응해 신호 전달을 일으킨 원래의 조건을 변화시킬 수 있다.

4. 개념과 언어의 신경적 기초에 대한 연구는 인지 신경과학의 주요 분야이다. 우리 팀도 이 연구를 했다. Antonio Damasio and Patricia Kuhl, "Language," in Kandel et al., *Principles of Neural Science*; Hanna Damasio, Daniel Tranel, Thomas J. Grabowski, Ralph Adolphs, and Antonio Damasio, "Neural Systems Behind Word and Concept Retrieval," *Cognition* 92, no. 1 (2004):179–229; Antonio Damasio and Daniel Tranel, "Nouns and Verbs Are Retrieved with Differently Distributed Neural Systems," *Proceedings of the National Academy of Sciences* 90, no. 11 (1993): 4957–60; Antonio Damasio, "Concepts in the Brain," *Mind and Language* 4, nos. 1–(1989): 24 –28, doi:10.1111/j.1468- 0017.tb00236.x; Antonio Damasio and Hanna Damasio, "Brain and Language," *Scientific American* 267 (1992): 89–95.

5. 서사를 구성하는 과정에서의 신경 상관은 이제 실험실에서 연구할 수 있다. 예시로 다음을 보라. Jonas Kaplan, Sarah I. Gimbel, Morteza Dehghani, Mary Helen Immordino-Yang, Kenji Sagae, Jennifer D. Wong, Christine Tipper, Hanna Damasio, Andrew S. Gordon, and Antonio Damasio, "Processing Narratives Concerning Protected Values: A Cross- Cultural Investigation of Neural Correlates," *Cerebral Cortex* (2016): 1–1, doi:10.1093/cercor/bhv325.

6. '초기 설정 상태 네트워크'는 휴식, 정신이 혼미한 상태 같은 특정 행동 조건과 정신적 조건에서 특히 활성화되는 쌍방향 피질 영역의 집합을 말한다. 이 네트워크는 마음이 특정 내용에 집중되어 있을 때는 활성이 떨어진다. 그렇지 않을 때도 있는데, 주의 처리 과정의 특정 조건에서는 이 네트워크가 실제로 더 활성화기도 한다. 이 네트워크의 마디들은 전통적으로 연합 피질로 알려진 부위 안에서 피질 연결이 크게 발산하거나 수렴하는 부위에 해당한다.

이 네트워크는 기억 탐색과 서사 구성 과정에서 정신적 내용을 조직하는 역할을 할 것으로 보인다. 이 네트워크(그리고 관계된 다른 네트워크)의 특징 대부분은 매우 이해하기 힘들다. 마커스 라이클Marcus Raichle은 주의 깊은 관찰로 이 네트워크를 발견했다. Marcus E. Raichle, "The Brain's Default Mode Network," *Annual Review of Neuroscience* 38 (2015): 433–7.

7. Meyer and Damasio, "Convergence and Divergence in a Neural Architecture for Recognition and Memory"와 수렴 및 발산 구조에 관한 글들.

8. 철학자 아비샤이 마갈리트Avishai Margalit가 이 문제 연구에 중요한 기여를 했다. *The Ethics of Memory* (Cambridge, Mass.: Harvard University Press, 2002).

7. 감정

1. '가정적 신체 고리'에 대한 초기의 설명은 『데카르트의 오류』 참조. 느낌에 대한 리자 펠드먼 배럿의 설명은 주지화된 느낌이라는 내 생각과 일치한다. 이 설명은 기억과 추론에 의존하는 기본적인 느낌 과정의 형성에 주목하고 있다. Lisa Feldman Barrett, Batja Mesquita, Kevin N. Ochsner, and James J. Gross, "The Experience of Emotion," *Annual Review of Psychology* 58 (2007): 373.

2. 나는 기본적인 느낌 과정에 속하는 정신적 내용, 예를 들면 정서가와 과정의 주지화에 속한 정신적 내용, 예를 들면 기억·추론·묘사 사이의 차이를 원칙적으로 구분한다. 카이사르의 것을 카이사르에게 주는 것뿐이다.

3. Lauri Nummenmaa, Enrico Glerean, Riitta Hari, and Jari K. Hietanen, "Bodily Maps of Emotions," *Proceedings of the National Academy of Sciences* 111, no. 2 (2014): 646–51.

4. William Wordsworth, "Lines Composed a Few Miles Above TinternAbbey, on Revisiting the Banks of the Wye During a Tour, July 13, 1798," in *Lyrical Ballads* (Monmouthshire, U.K.: Old Stile Press, 2002), 111–17.

5. Mary Helen Immordino-Yang과의 개인 교신 중에서.

6. 보상을 주는 생리학적 조건은 내분비 엔도르핀 분자, 즉 뮤 오피오이드 수용체MOR를 위한 작동 물질의 분비와 관련이 있다. MOR는 통각상실증, 약물중독과 연관된 말로 잘 알려졌지만 최근에는 보상 경험이 주는 쾌락의 질을 중재한다고 알려졌다. Morten L. Kringelbach and Kent C. Berridge, "Motivation and Pleasure in the Brain," in *The Psychology of Desire*, ed. Wilhelm Hofmann and Loran F. Nordgren (New York: Guilford Press, 2015), 129–45.

7. 정의에 따르면 스트레스는 대사적으로 집약적이다. 최근 연구에 따르면 습성 스트레스는 면역반응의 강도를 높이는 반면, 만성 스트레스는 그 반대의 효과를 내 유기체의 면역기능을 약화시킨다. 면역반응은 면역 세포를 만드는 세포 공장을 가동시킨다. 이 과정은 대사적으로 광범위하며, 효과적인 면역반응을 일으키려면 유기체가 쉽게 동원할 수 있는 자원보다 더 많은 자원이 필요할 때도 있다. 유기체가 이미 스트레스를 받은 상태일 경우 특히 그렇다. 이 상황에서 유기체의 상태는 악화되고 방어를 위해 다른 항상성 예산이 삭감되면서 유기체는 지치고 무기력해지며 완전히 회복될 가능성도 떨어지게 된다. 이런 틀에서 봤을 때 스트레스를 받지 않은 유기체가 효과적인 면역반응을 나타내 번성 상태를 유지할 확률이 가장 높아지는 것이 분명하다. See Terry L. Derting and Stephen Compton, "Immune Response, Not Immune Maintenance, Is Energetically Costly in Wild White-Footed Mice (*Peromyscus leucopus*)," *Physiological and Biochemical Zoology* 76, no. 5 (2003): 744–2; Firdaus S. Dhabhar and Bruce S.McEwen, "Acute Stress Enhances While Chronic Stress Suppresses Cell-Mediated Immunity in Vivo: A Potential Role for Leukocyte Trafficking," *Brain, Behavior, and Immunity* 11, no. 4 (1997): 286–306; Suzanne C. Segerstrom and Gregory E. Miller, "Psychological Stress and the Human Immune System: A Meta- analytic Study of 30 Years of Inquiry," *Psychological Bulletin* 130, no. 4 (2004): 601.

스트레스는 시상하부-뇌하수체 축을 활성화하며 부신피질 자극 호르몬 방출 호르몬CRH 분비를 유도한다. CRH는 CRH1 수용체에 붙어 다른 종류의 내분비 오피오이드 펩타이드인 인 다이놀핀 분비를 촉진한다. 다이놀핀은 카파 오피오이드 수용체KOR 작동 물질로, MOR가 보상을 주는 경험의 쾌락의 질과 관련이 있는 반면, 기저 측 편도 내에서 KOR는 불쾌한 경험에 대한 혐오의 정도를 중재하는 것으로 알려져 있다. See Benjamin B. Land et al., "The Dysphoric Component of Stress Is Encoded by Activation of the Dynorphin K-Opioid System," *Journal of Neuroscience* 28, no. 2 (2008): 407–4; Michael R. Bruchas, Benjamin B. Land, Julia C. Lemos, and Charles Chavkin, "CRF1-R Activation of the Dynorphin/Kappa Opioid System in the Mouse Basolateral Amygdala Mediates Anxiety- Like Behavior," *PLoS One* 4, no. 12 (2009): e8528.

8. 야크 판크세프는 뇌간과 기저전뇌 구조가 감정에 미치는 영향에 대한 선구자적인 연구를 했다. Panksepp, *Affective Neuroscience*; other relevant work includes Antonio Damasio, Thomas J. Grabowski, Antoine Bechara, Hanna Damasio, Laura L.B. Ponto, Josef Parvizi, and Richard Hichwa, "Subcortical and Cortical Brain Activity During the Feeling of Self-Generated Emotions," *Nature Neuroscience* 3, no. 10 (2000): 1049–56, doi:10.1038/79871; Antonio Damasio and Joseph LeDoux, "Emotion," in Kandel et al., *Principles of Neural Science*. Berridge and Kringelbach, *Pleasures of the Brain* (Oxford: Oxford University Press, 2009); Damasio and Carvalho, "Nature of Feelings"; Josef Parvizi and Antonio Damasio, "Consciousness and the Brainstem," *Cognition* 79, no. 1 (2001): 135–60, doi:10.1016/S0010- 0277(00)00127- X. 최근 연구로는 다음을 보라. Anand Venkatraman, Brian L. Edlow, and Mary Helen Immordino-Yang, "The Brainstem in Emotion: A Review," *Frontiers in Neuroanatomy* 11, no. 15 (2017): 1–2; Jaak Panksepp, "The Basic Emotional Circuits of Mammalian Brains: Do Animals Have Affective Lives?," *Neuroscience and Biobehavioral Reviews* 35, no. 9 (2011): 1791–804; Antonio Alcaro and Jaak Panksepp, "The SEEKING Mind: Primal Neuro-affective Substrates for Appetitive Incentive States and Their Pathological Dynamics in Addictions and Depression," *Neuroscience and Biobehavioral Reviews* 35, no. 9 (2011): 1805–0; Stephen M. Siviy and Jaak Panksepp, "In Search of the Neurobiological Substrates for Social Playfulness in Mammalian Brains," *Neuroscience and Biobehavioral Reviews* 35, no. 9 (2011): 1821–30; Jaak Panksepp, "Cross-Species Affective Neuroscience Decoding of the Primal Affective Experiences of Humans and Related Animals,"

PLoS One 6, no. 9 (2011): e21236.

9. 비명 소리를 듣거나 어느 정도 공포를 느낌으로써 그 비명 소리에 반응할 때 그 정서적인 느낌 뒤에 있는 메커니즘은 비명 소리의 음향적 특성에 의해 촉발된 정서적 반응에 기초한다. 소리의 높은 음이 그 반응에 기여할 수는 있지만, 현재는 그보다는 소리의 거친 정도가 핵심적인 역할을 한다고 생각된다. 비명 소리를 듣는 상황도 관계가 있다. 내가 여러 번 본 오손 웰스의 영화 〈악의 손길〉(또는 히치콕의 〈싸이코〉)의 재닛 리가 비명을 지르는 장면에서 그 비명은 내가 완전히 기대하던 비명이었다. 여전히 부정적 정서적 반응이 나타나지만 소리는 나오지 않는다. 웰스가 그 장면을 어떻게 편집했는지 보면 부정적인 느낌보다 긍정적인 느낌이 압도적으로 더 많이 들기까지 한다. 하지만 내가 비슷한 비명 소리를 밤에 차를 주차하던 골목길에서 듣는다면 전혀 다른 얘기가 될 것이다. 분명 공포에 질리게 될 것이다. 나는 어느 정도 '전통적' 정서인 공포와 그 결과로 공포의 느낌을 갖게 될 것이다. 정서 프로그램을 동원한 불가피한 결과는 현재 항상성 상태를 일부 측면 수정해야 한다는 것이다. 이 수정과 그 지속적 또는 찰나적인 절정이라는 과정의 정신적 표현, 즉 이미지화는 전형적인 유발 느낌인 정서적 느낌이다. Luc H. Arnal, Adeen Flinker, Andreas Kleinschmidt, Anne-Lise Giraud, and David Poeppel, "Human Screams Occupy a Privileged Niche in the Communication Soundscape," *Current Biology* 25, no. 15 (2015): 2051-56; Ralph Adolphs, Hanna Damasio, Daniel Tranel, Greg Cooper, and Antonio Damasio, "A Role for Somatosensory Cortices in the Visual Recognition of Emotion as Revealed by Three-Dimensional Lesion Mapping," *Journal of Neuroscience* 20, no. 7 (2000): 2683-90.

10. 사회적 관계에 대한 '욕망'이 아주 오래전부터 존재했고 항상성에 의해 촉발된다는 것은 놀랍지 않다. 단세포 유기체는 이런 현상의 전구체적 현상을 드러냈으며 조류와 포유류에서도 마찬가지이다.

야생에서 사회적 동물들 사이에 기생충 전파와 자원 경쟁이 심해지면 번식 성공률이 줄어들고 수명이 짧아진다. 이 현상은 사회적 털 고르기에 의해 상쇄된다. 사회적 털 고르기는 기생충 감염을 최소화할 뿐만 아니라 털 고르기 파트너들 사이의 사회적 유대와 결합을 생성한다. 특정 영장류들 사이에서 사회적 털 고르기는 사회적 위계, 호혜성, 자원/용역 교환이라는 복잡한 시스템의 핵심을 차지하고 있다. 파트너들 사이에서 형성된 사회적 관계는 개체의 건강과 행복을 증진하는 데 핵심적인 역할을 하며 집단의 결속력을 강화시킨다. Cyril C. Greuter, Annie Bissonnette, Karin Isler, and Carel P. van Schaik, "Grooming and Group Cohesion in Primates: Implications for the Evolution of Language," *Evolution and Human Behavior* 34, no. 1 (2013): 61–68; Karen McComb and Stuart Semple, "Coevolution of Vocal Communication and Sociality in Primates," *Biology Letters 1*, no. 4 (2005): 381–85; Max Henning, Glenn R. Fox, Jonas Kaplan, Hanna Damasio, and Antonio Damasio, "A Role for mu- Opioids in Mediating the Positive Effects of Gratitude," in Focused Review: *Frontiers in Psychology* (forthcoming).

11. 사회적 유희 행동은 피질 하부 뇌 회로에 의해 중재된다. 발육기 동물 사이의 거친 유희는 수용 가능한 사회적 행동들에 대한 학습에 필수적인 위치를 차지한다는 연구 결과가 있다. 사회적 유희가 결핍된 집고양이 새끼들은 공격적인 성체 고양이가 된다. 게다가, 사회적 유희 행동은 오피오이드 메커니즘에 의해 조절되는 것으로 보인다. 이 메커니즘은 촉진 효과 또는 억제 효과를 내는 뮤 오피오이드 수용체와 카파 오피오이드 수용체가 활성화되는 과정이다. 이런 오피오이드 메커니즘은 항상성 욕구와 정서적 정서가와 더 일반적으로 연관되어 있다. 이 메커니즘이 사회성에 개입된다는 것은 친사회적인 행동이 항성성에 의해 촉발된다는 뜻이다. Siviy and Panksepp, "In Search of the Neurobiological Substrates for Social Playfulness in Mammalian Brains"; Panksepp, "Cross-Species Affective Neuroscience Decoding of the Primal Affective Experiences of Humans and Related Animals "; Gary W. Guyot, Thomas L. Bennett, and Henry A. Cross, "The Effects of Social Isolation on the Behavior of Juvenile Domestic Cats," *Developmental Psychobiology* 13, no. 3 (1980): 317–9; Louk J. M. J. Vanderschuren, Raymond J. M. Niesink, Berry M. Spruijt, and Jan M. Van Ree, "μ-and κ-Opioid Receptor-Mediated Opioid Effects on Social Play in Juvenile Rats," *European Journal of Pharmacology* 276, no. 3 (1995): 257–6; Hugo A. Tejeda, Danielle S. Counotte, Eric Oh, Sammanda Ramamoorthy, Kristin N. Schultz- Kuszak, Cristina M. Backman,

Vladmir Chefer, Patricio O'Donnell, and Toni S. Shippenberg, "Prefrontal Cortical Kappa- Opioid Receptor Modulation of Local Neurotransmission and Conditioned Place Aversion," *Neuropsychopharmacology* 38, no. 9 (2013): 1770–79; Stephen W. Porges, *The Polyvagal Theory* (New York and London: W. W. Norton, 2011).

이미지를 만드는 데 필요한 신경계가 있는 종들에 대한 최근 연구에 따르면, 긍정적 정서가와 부정적 정서가는 뮤, 카파 오피오이드 수용체와 각각 지속적인 연관을 맺어 왔다. 인체의 델타·뮤·카파·NOP 오피오이드 수용체는 모두 약 4억 5000만 년 전 캄브리아기 대폭발 후 유악류가 처음 나타난 이래 계속해서 보존되어 왔으며, 정서가 그리고 심지어 느낌이 전통적으로 생각했던 것보다 동물계에서 훨씬 더 넓게 퍼져 있을 가능성을 고려하는 것은 흥미 있는 일이다. Susanne Dreborg, Gorel Sundstrom, Tomas A. Larsson, and Dan Larhammar, "Evolution of Vertebrate Opioid Receptors," *Proceedings of the National Academy of Sciences* 105, no. 40 (2008): 15487–2.

8. 느낌의 구성

1. Pierre Beaulieu et al., *Pharmacology of Pain* (Philadelphia: Lippincott Williams & Wilkins, 2015).

2. George B. Stefano, Beatrice Salzet, and Gregory L. Fricchione, "Enkelytin and Opioid Peptide Association in Invertebrates and Vertebrates: Immune Activation and Pain," *Immunology Today* 19, no. 6(1998): 265–68; Michel Salzet and Aurelie Tasiemski, "Involvement of Pro- enkephalin- derived Peptides in Immunity," *Developmental and Comparative Immunology* 25, no. 3 (2001): 177–85; Halina Machelska and Christoph Stein, "Leukocyte- Derived Opioid Peptides and Inhibition of Pain," *Journal of Neuroimmune Pharmacology* 1, no. 1 (2006): 90–97; Simona Farina, Michele Tinazzi, Domenica Le Pera, and Massimiliano Valeriani, "Pain- Related Modulation of the Human Motor Cortex," *Neurological Research* 25, no. 2 (2003): 130–42; Stephen B.

McMahon, Federica La Russa, and David L. H. Bennett, "Crosstalk Between the Nociceptive and Immune Systems in Host Defense and Disease," *Nature Reviews Neuroscience* 16, no. 7 (2015): 389–402.

3. Brunet and Arendt, "From Damage Response to Action Potentials"; Hoffman et al., "Aminoglycoside Antibiotics Induce Bacterial Biofilm Formation"; Naviaux, "Metabolic Features of the Cell Danger Response"; Icard-Arcizet et al., "Cell Stiffening in Response to External Stress Is Correlated to Actin Recruitment"; Kearns, "Field Guide to Bacterial Swarming Motility"; Erill, Campoy, and Barbe, "Aeons of Distress."

일시적 수용체 전위TRP 이온 통로는 단세포 유기체에서 센서로 기능하며 계통발생을 통해 보존된다. 예를 들어, 무척추동물에서 이 센서들은 강렬한 열 같은 유해한 환경조건을 탐지해 내 생명체의 안전에 핵심적인 역할을 한다. 이런 유해 물질 탐지 장치와 신경계의 결합은 결국 통각 수용체nociceptor라는 감각 뉴런들 전체를 만들어 냈다.

통각 수용체는 신체 조직 전체에 퍼져 있으며, 다른 면에서는 해가 없는 자극들의 유해 강도에 반응하는, 임계치가 높은 TRP 이온 통로를 가지고 있다. 통각 수용체에는 몸 전체에 퍼져 있는 면역 체계의 파수병 역할을 하는 톨 유사 수용체 TLR도 있다. TLR의 활성화는 면역반응을 유도하고, 이 활성화된 통각 수용체 TLR는 강력하고 국부화된 염증 반응을 유도하고 국부의 통각 수용 TRP 통로를 민감하게 만든다. 이로써 부상이나 감염과 관련된 통증 감도가 높아진다. 고통은 다시 운동 피질을 억제하고 대항근들을 활성화함으로써 운동 자체의 시작을 억제하는 것으로도 나타났다. 부상의 경우, 이는 추가적인 손상을 예방한다.

통각 수용 감각구 심신경은 고통과 손상을 처리하는 반면, 비통각 수용 감각구 심신경은 유기체 내부와 외부 조건에 관한 다른 관련 정보를 수집해 동시에 처리되는 이미지를 만든다. 신경계는 감각 자극의 정확한 위치 파악과 항상성 조절 과정에서 모든 주요 생명 조절 시스템을 통합하는 복잡하고 다양한 생리학적 과정을 조절하게 한다. Giorgio Santoni, Claudio Cardinali, Maria Beatrice Morelli, Matteo Santoni, Massimo Nabissi, and Consuelo Amantini, "Danger- and Pathogen-Associated Molecular Patterns Recognition by Pattern-

Recognition Receptors and Ion Channels of the Transient Receptor Potential Family Triggers the Inflammasome Activation in Immune Cells and Sensory Neurons," *Journal of Neuroinflammation* 12, no. 1 (2015): 21; McMahon, La Russa, and Bennett, "Crosstalk Between the Nociceptive and Immune Systems in Host Defense and Disease"; Ardem Patapoutian, Simon Tate, and Clifford J. Woolf, "Transient Receptor Potential Channels: Targeting Pain at the Source," *Nature Reviews Drug Discovery* 8, no. 1 (2009): 55–8; Takaaki Sokabe and Makoto Tominaga, "A Temperature- Sensitive TRP Ion Channel, Painless, Functions as a Noxious Heat Sensor in Fruit Flies," *Communicative and Integrative Biology* 2, no. 2 (2009): 170–73; Farina et al., "Pain- Related Modulation of the Human Motor Cortex."

4. Santoni et al., "Danger-and Pathogen-Associated Molecular Patterns Recognition by Pattern-Recognition Receptors and Ion Channels of the Transient Receptor Potential Family Triggers the Inflammasome Activation in Immune Cells and Sensory Neurons"; Sokabe and Tominaga, "Temperature-Sensitive TRP Ion Channel, Painless, Functions as a Noxious Heat Sensor in Fruit Flies."

5. Colin Klein and Andrew B. Barron, "Insects Have the Capacity for Subjective Experience," *Animal Sentience* 1, no. 9 (2016): 1.

히드라의 신경망은 이미지를 만들어 내거나 표현을 할 수 없겠지만, 중간 단계는 생겨나고 있었다. 활성화됨으로써 병원체 침입 또는 열 충격이나 다른 유해한 조건들로 인한 조직 손상을 알리는 내부 수용체인 TLR가 히드라에서 발견되며 이는 신경계에 의존한 지도화보다 먼저 일어난 일이다. 손상이나 병원체와 관련된 분자 패턴에 대한 TLR 고유의 민감성 때문에 TLR 활성화는 특정한 정서적·내재적 면역반응을 촉발할 수 있다. 이런 탐지/반응 특정성은 단세포 유기체에 있는 TRP 이온 통로에 의해 가동되는 일반화된 감각에서 한 단계 올라선 것이다. Sören Franzenburg, Sebastian Fraune, Sven Künzel, John F. Baines, Tomislav Domazet-Loo, and Thomas C. G. Bosch, "MyD88-Deficient Hydra Reveal an Ancient Function of TLR Signaling in Sensing Bacterial Colonizers," *Proceedings of the National Academy of Sciences* 109, no. 47

(2012): 19374–79; Bosch et al., "Uncovering the Evolutionary History of Innate Immunity."

6. 생명과 죽음 사이의 차이는 느낌을 갖는지 여부에 있다. 살아 있는 모든 유기체는 환경조건을 탐지하면 반응을 해야 한다. 살아 있는 모든 유기체는 환경조건을 탐지하면 반드시 반응하지만 항상성에 영향을 미치는 환경의 질을 확인하는 데 들어가는 시간이 생존을 결정하는 경우가 많다. 익숙한 환경조건들로부터 포식자의 존재를 예측할 수 있는 동물은 살아남을 가능성이 더 높으며 그 생존을 가능하게 하는 것이 바로 느낌이다.

조건화된 위치 혐오/선호 현상에 대한 연구에서 이 문제를 다룬다. 실험동물은 환경조건 자체가 항상성에 영향을 미치는 자극이 없이도 반응을 유도할 수 있도록, 중립적인 환경조건에 대해 항상성에 영향을 미치는 자극을 떠올리도록 훈련된다. 이런 종류의 유동적인 학습이 느낌이 없는 유기체에서 이루어질 것 같지는 않다. 그러려면 특정한 환경조건의 내적 표현, 생리학적 고통의 표현이 반드시 먼저 있어야 한다. 그래야 이 두 모델이 합쳐질 수 있다. 환경조건이 다음번에 탐지되면 그 조건들은 관련된 생리학적 상태를 촉발할 것이다.

느낌 능력은 동물이 자신의 과거 경험을 나타내는 방식으로 감지된 외부 환경조건에 반응하도록 해 준다. 다른 경우 중립적인 환경 자극에 주관적인 항상성이 미치는 영향은 유기체의 생존 가능성과 생산성을 상당히 강화해 준다. Cindee F. Robles, Marissa Z. McMackin, Katharine L. Campi, Ian E. Doig, Elizabeth Y. Takahashi, Michael C. Pride, and Brian C. Trainor, "Effects of Kappa Opioid Receptors on Conditioned Place Aversion and Social Interaction in Males and Females," *Behavioural Brain Research* 262 (2014): 84–93; M. T. Bardo, J. K. Rowlett, and M. J. Harris, "Conditioned Place Preference Using Opiate and Stimulant Drugs: A Meta- analysis," *Neuroscience and Biobehavioral Reviews* 19, no. 1(1995): 39–1.

7. 내재적 면역 체계의 활성화는 모든 형태의 조직 손상이나 감염에 대한 일반화된 보호적 반응을 유도하는 반면, 약 4억 5000만 년 전 유악류에서 진화한 적응적 면역 체계는 특정 병원체에 직접 공격을 가한다. 병원체가 처음 확인되면 그 병원체에 대해 선택적인 특정 분자들이 만들어진다. 그 병원체가 이 분자들에 의해 탐지되면 수많은 면역 세포들이 빠르게 생성되어 침입

자의 분자적 표지를 가지고 있는 모든 세포를 뒤지기 시작한다. 유기체는 죽을 때까지 이 표지를 기억하며 병원체에 반복적으로 노출될수록 적응적 면역 반응은 점점 더 강해진다. Martin F. Flajnik and Masanori Kasahara, "Origin and Evolution of the Adaptive Immune System: Genetic Events and Selective Pressures," *Nature Reviews Genetics* 11, no. 1 (2010): 47–9.

8. Klein and Barron, "Insects Have the Capacity for Subjective Experience."

9. Yasuko Hashiguchi, Masao Tasaka, and Miyo T. Morita, "Mechanism of Higher Plant Gravity Sensing," *American Journal of Botany* 100, no. 1 (2013): 91–100; Alberto P. Macho and Cyril Zipfel, "Plant PRRs and the Activation of Innate Immune Signaling," *Molecular Cell* 54, no. 2 (2014): 263–72.

10. 내 동료 킹슨 맨은 '연속성'이라는 말이 신경-몸 상호작용이 일어나는 조건을 뜻한다고 말했다.

11. 전통적인 동양의 형이상학 사고 체계는 이중성이 인간 지각의 일반적인 상태에 내재되어 있는 반면, 우리가 지각하는 세계, 즉 불연속이고 독립적인 물체 또는 현상들로 가득 찬 세계는 더 근본적인 '이중적이지 않은' 현실의 기질을 숨기고 있는 지각의 장막이라고 주장한다. '이중적이지 않음'은 마음, 몸 그리고 모든 현상이 분리할 수 없을 정도로 절대적인 상호 의존 상태에 있는 세계를 가리킨다. 이 관점은 서양의 지배적 문화적 패러다임과는 맞지 않지만, 서양의 일부 철학자들, 특히 스피노자는 이 관점과 비슷한 결론에 이르렀다. 전통적인 동양의 사고와 현재 자연과학의 유사성에 대해서는 계속 연구가 진행되어야 할 것이다. 예를 들어, 우리가 우리의 감각으로 감지하는 불연속화되고 객체화된 현실 아래에는 지배적인 관점에 도전하는 더 관계적이고 동적인 힘들의 상호작용이 있다고 말하는 양자물리학의 놀라운 발견들을 생각해 보자. David Loy, *Nonduality: A Study in Comparative Philosophy* (Amherst, N.Y.: Humanity Books, 1997); Vlatko Vedral, Decoding *Reality: The Universe as Quantum Information* (New York: Oxford University Press, 2012).

12. Arthur D. Craig, "How Do You Feel? Interoception: The Sense of the Physiological Condition of the Body," *Nature Reviews Neuroscience* 3, no. 8 (2002): 655–66; Arthur D. Craig, "Interoception: The Sense of the Physiological Condition of the Body," *Current Opinion in Neurobiology* 13, no. 4 (2003):

500–505; Arthur D. Craig, "How Do You Feel—ow? The Anterior Insula and Human Awareness," *Nature Reviews Neuroscience* 10, no. 1 (2009); Hugo D. Critchley, Stefan Wiens, Pia Rotshtein, Arne Öhman, and Raymond J. Dolan, "Neural Systems Supporting Interoceptive Awareness," *Nature Neuroscience* 7, no. 2 (2004): 189–5.

13. Alexander J. Shackman, Tim V. Salomons, Heleen A. Slagter, Andrew S. Fox, Jameel J. Winter, and Richard J. Davidson, "The Integration of Negative Affect, Pain, and Cognitive Control in the Cingulate Cortex," *Nature Reviews Neuroscience* 12, no. 3 (2011): 154–7.

14. 야크 판크세프는 아무도 관심을 두지 않았을 때도 피질 하부 핵의 중요성을 주장했다. 그의 생각은 우리를 포함한 많은 사람의 지지를 받았다. Damasio et al., "Subcortical and Cortical Brain Activity During the Feeling of Self-Generated Emotions." 영장류 뇌간의 해부학적 구조는 Parvizi and Damasio, "Consciousness and the Brainstem." 참조.

15. 이 핵의 중요성은 항상성 상태 변화와 관련해 막대한 관심으로도 설명된다. Esther-Marije Klop, Leonora J. Mouton, Rogier Hulsebosch, Jose Boers, and Gert Holstege, "In Cat Four Times as Many Lamina I Neurons Project to the Parabrachial Nuclei and Twice as Many to the Periaqueductal Gray as to the Thalamus," *Neuroscience* 134, no. 1 (2005): 189–7.

16. Michael M. Behbehani, "Functional Characteristics of the Midbrain Periaqueductal Gray," *Progress in Neurobiology* 46, no. 6 (1995): 575–605.

17. Craig, "How Do You Feel?"; Craig, "Interoception"; Craig, "How Do You Feel—Now?"; Critchley et al., "Neural Systems Supporting Interoceptive Awareness"; Richard P. Dum, David J. Levinthal, and Peter L. Strick, "The Spinothalamic System Targets Motor and Sensory Areas in the Cerebral Cortex of Monkeys," *Journal of Neuroscience* 29, no. 45 (2009): 14223–35; Antoine Louveau, Igor Smirnov, Timothy J. Keyes, Jacob D. Eccles, Sherin J. Rouhani, J. David Peske, Noel C. Derecki, "Structural and Functional Features of Central Nervous System Lymphatic Vessels," *Nature* 523, no. 7560 (2015): 337–1.

18. Michael J. McKinley, *The Sensory Circumventricular Organs of the*

Mammalian Brain: Subfornical Organ, OVLT, and Area Postrema(New York: Springer, 2003); Robert E. Shapiro and Richard R. Miselis, "The Central Neural Connections of the Area Postrema of the Rat," *Journal of Comparative Neurology* 234, no. 3 (1985): 344–64.

19. Marshall Devor, "Unexplained Peculiarities of the Dorsal Root Ganglion," *Pain* 82 (1999): S27–S35.

20. He-Bin Tang, Yu-Sang Li, Koji Arihiro, and Yoshihiro Nakata, "Activation of the Neurokinin-1 Receptor by Substance P Triggers the Release of Substance P from Cultured Adult Rat Dorsal Root Ganglion Neurons," *Molecular Pain* 3, no. 1 (2007): 42.

21. J. A. Kiernan, "Vascular Permeability in the Peripheral Autonomic and Somatic Nervous Systems: Controversial Aspects and Comparisons with the Blood-Brain Barrier," *Microscopy Research and Technique* 35, no. 2 (1996): 122–6.

22. Malin Björnsdotter, India Morrison, and Håkan Olausson, "Feeling Good: On the Role of C Fiber Mediated Touch in Interoception," *Experimental Brain Research* 207, no. 3–4 (2010): 149–55; A. Harper and S. N. Lawson, "Conduction Velocity Is Related to Morphological Cell Type in Rat Dorsal Root Ganglion Neurones," *Journal of Physiology* 359 (1985): 31.

23. Damasio and Carvalho, "Nature of Feelings"; Ian A. McKenzie, David Ohayon, Huiliang Li, Joana Paes De Faria, Ben Emery, Koujiro Tohyama, and William D. Richardson, "Motor Skill Learning Requires Active Central Myelination," *Science* 346, no. 6207 (2014): 318–2.

24. 우리 팀이 진행하는 현재 연구에 따르면 말초신경계 신경절의 비시냅스 전달은 시냅스 전달, 고통, 감각 지각, 부드러운 근육 수축과 몸의 수많은 다른 기능들에서도 핵심적인 역할을 하는, 어디에나 있는 신경전달물질에 의해 제어된다. 비시냅스 전달은 우리의 내부 감각 수용 경로의 대부분을 이루고 있으며 느낌의 생성에서 역할을 하는 아주 오래전에 생긴 무수초 C형 뉴런에 가장 극적인 효과를 미치는 것으로 보인다. Damasio and Carvalho, "Nature of Feelings"; Björnsdotter, Morrison, and Olausson, "Feeling Good";

Gang Wu, Matthias Ringkamp, Timothy V. Hartke, Beth B. Murinson, James N. Campbell, John W. Griffin, and Richard A. Meyer, "Early Onset of Spontaneous Activity in Uninjured C- Fiber Nociceptors After Injury to Neighboring Nerve Fibers," *Journal of Neuroscience* 21, no. 8 (2001): RC140; R. Douglas Fields, "White Matter in Learning, Cognition, and Psychiatric Disorders," *Trends in Neurosciences* 31, no. 7 (2008): 361–0; McKenzie et al., "Motor Skill Learning Requires Active Central Myelination"; Julia J. Harris and David Attwell, "The Energetics of CNS White Matter," *Journal of Neuroscience* 32, no. 1 (2012): 356–71; Richard A. Meyer, Srinivasa N. Raja, and James N. Campbell, "Coupling of Action Potential Activity Between Unmyelinated Fibers in the Peripheral Nerve of Monkey," *Science* 227 (1985): 184–8; Hemant Bokil, Nora Laaris, Karen Blinder, Mathew Ennis, and Asaf Keller, "Ephaptic Interactions in the Mammalian Olfactory System," *Journal of Neuroscience* 21 (2001): 1–; Henry Harland Hoffman and Harold Norman Schnitzlein, "The Numbers of Nerve Fibers in the Vagus Nerve of Man," *Anatomical Record* 139, no. 3 (1961): 429–35; Marshall Devor and Patrick D. Wall, "Cross-Excitation in Dorsal Root Ganglia of Nerve-Injured and Intact Rats," *Journal of Neurophysiology* 64, no. 6 (1990): 1733–46; Eva Sykova, "Glia and Volume Transmission During Physiological and Pathological States," *Journal of Neural Transmission* 112, no. 1 (2005): 137–47.

25. Emeran Mayer, *The Mind-Gut Connection: How the Hidden Conversation Within Our Bodies Impacts Our Mood, Our Choices, and Our Overall Health* (New York: HarperCollins, 2016).

26. Jane A. Foster and Karen- Anne McVey Neufeld, "Gut-Brain Axis: How the Microbiome Influences Anxiety and Depression," *Trends in Neurosciences* 36, no. 5 (2013): 305–12; Mark Lyte and John F. Cryan, eds., *Microbial Endocrinology: The Microbiota-Gut-Brain Axis in Health and Disease* (New York: Springer, 2014); Mayer, *Mind-Gut Connection*, 『더 커넥션: 뇌와 장의 은밀한 대화』(브레인월드, 2017. 6.30.).

27. Doe- Young Kim and Michael Camilleri, "Serotonin: A Mediator of the

Brain-Gut Connection," *American Journal of Gastroenterology* 95, no. 10 (2000): 2698.

28. Timothy R. Sampson, Justine W. Debelius, Taren Thron, Stefan Janssen, Gauri G. Shastri, Zehra Esra Ilhan, Collin Challis et al.,"Gut Microbiota Regulate Motor Deficits and Neuroinflammation in a Model of Parkinson's Disease," *Cell* 167, no. 6 (2016): 1469-0.

29. 슬픔은 확실히 건강에 타격을 주지만, 감사의 마음 같은 긍정적인 상태는 반대의 영향을 미치는 것 같다. 감사의 마음은 동정심에 의해 촉발되는 의미 깊은 도움이나 지원을 받을 때 유도되며 건강과 삶의 질에 미치는 상당히 중요한 영향과 관련이 있다. 최근 내 동료인 글렌 폭스가 진행한 기능적 자기 공명 영상fMRI 연구에서 감사하는 마음의 신경적 상관물을 정의했다. 폭스는 의미 깊은 감사의 마음을 경험하는 것은 전통적으로 스트레스 조절, 사회적 인지, 도덕적 추론에 핵심적인 역할을 한다고 생각되는 부위의 뇌 활동과 상관이 있다는 것을 밝혔다. 이 연구 결과는 정신적 버릇으로서 감사의 마음을 갖는 것은 건강을 향상시킬 수 있고 마음과 몸의 연속성이라는 생각을 강화한다. Glenn R. Fox, Jonas Kaplan, Hanna Damasio, and Antonio Damasio, "Neural Correlates of Gratitude," *Frontiers in Psychology* 6(2015); Alex M. Wood, Stephen Joseph, and John Maltby, "Gratitude Uniquely Predicts Satisfaction with Life: Incremental Validity Above the Domains and Facets of the Five Factor Model," *Personality and Individual Differences* 45, no. 1 (2008): 49-54; Max Henning, Glenn R. Fox, Jonas Kaplan, Hanna Damasio, and Antonio Damasio, "The Positive Effects of Gratitude Are Mediated by Physiological Mechanisms," *Frontiers in Psychology* (2017).

30. Sarah J. Barber, Philipp C. Opitz, Bruna Martins, Michiko Sakaki, and Mara Mather, "Thinking About a Limited Future Enhances the Positivity of Younger and Older Adults' Recall: Support for Socioemotional Selectivity Theory," *Memory and Cognition* 44, no. 6 (2016): 869-82; Mara Mather, "The Affective Neuroscience of Aging," *Annual Review of Psychology* 67 (2016): 213-8.

31. Daniel Kahneman, "Experienced Utility and Objective Happiness: A Moment-Based Approach," in *Choices, Values, and Frames*, eds. Daniel

Kahneman and Amos Tversky (New York: Russell Sage Foundation, 2000); Daniel Kahneman, "Evaluation by Moments: Past and Future," in ibid.; Bruna Martins, Gal Sheppes, James J. Gross, and Mara Mather, "Age Differences in Emotion Regulation Choice: Older Adults Use Distraction Less Than Younger Adults in High-Intensity Positive Contexts," *Journals of Gerontology Series B: Psychological Sciences and Social Sciences* (2016): gbw028.

9. 의식

1. 두 가지만 간단히 짚고 가자. 첫째, 내가 쓰는 '주관성'이라는 말은 일반적인 의미가 아니라 인지적·철학적 의미를 갖는 말로, '주관적인'이란 말은 '개인적 의견'을 뜻한다. 둘째, 나는 수십 년 동안 의식의 문제를 연구해 왔으며 내 생각의 일부는 책 두 권에 담겨 있다. *The Feeling of What Happens* and *Self Comes to Mind*. 이후의 책들에서 이러한 생각들이 어떻게 확장됐는지 소개한다. Antonio Damasio, Hanna Damasio, and Daniel Tranel, "Persistence of Feelings and Sentience After Bilateral Damage of the Insula," *Cerebral Cortex* 23 (2012): 833–46; Damasio and Car valho, "Nature of Feelings"; Antonio Damasio and Hanna Damasio, "Pain and Other Feelings in Humans and Animals," *Animal Sentience* 1, no. 3 (2016): 33. 참조. 느낌과 의식의 이상한 순서에 대한 이론적·실증적 연구에 영향을 받아 내 생각은 계속해서 진화해 왔다. 하지만 당시는 최근 연구 결과를 하나의 독립된 책으로 낼 상황이 아니었다.

2. '데카르트적 극장'이라는 말은 의식에 대한 대니얼 데닛의 의식 연구에서 나온 말이다. 이 연구는 '호문쿨루스' 신화의 폐기와 무한한 회귀의 위험성에 대한 경고를 담은 연구이다. 호문쿨루스 신화는 작은 사람 하나가 우리 머리 안에 앉아 마음을 감독하고, 이 작은 사람을 감독하려면 다른 작은 사람이 있어야 하는 상황이 끝없이 계속되는 상황을 말한다.

3. 과거에 나는 '자아'라는 용어에 기대 주관성이라는 주제를 다루었다. 하지만 지금은 이 용어 사용을 자제하고 있다. 간단하고 복잡한 수준에서 자아가 일종의 고정된 객체 또는 통제의 중심이라는 완전히 근거 없는 생각을 들

게 할 수 있기 때문이다. 호문쿨루스 같은 고약한 자아 개념이 등장할 가능성을 절대로 배제해서는 안 된다. 그로 인한 혼란은, 자아 현상의 신경해부학적 상관물에 대해 한마디도 언급하지 않는다고 해도, 골상학의 망령을 다시 불러낼 수 있다.

4. 수많은 동료들이 내 이론과 합치되는, 정신적 통합에 대한 훌륭한 설명을 했다. Bernard Baars, Stanislas Dehaene, and Jean-Pierre Changeux. Their ideas are clearly discussed in Stanislas Dehaene, *Consciousness and the Brain: Deciphering How the Brain Codes Our Thoughts* (New York: Viking, 2014).

5. 이는 프랜시스 크릭, 크리스토프 코흐가 그 존재를 주장한 전장claustrum이라는 수수께끼 같은 뇌 영역에 적용된다. This applies to an elusive brain area known as the claustrum, championed by Francis Crick and Christof Koch, "A Framework for Consciousness," *Nature Neuroscience* 6, no. 2 (2003): 119–26; and the insular cortex, the region elected by A. D. Craig. A. D. Craig, *How Do You Feel? An Interoceptive Moment with Your Neurobiological Self* (Princeton, N.J.: Princeton University Press, 2015).

6. 의식의 정수는 정신적이며 따라서 의식이 있는 주체에게만 존재할 수 있지만, 의식을 행동의 관점에서, 즉 예전처럼 밖에서 안을 보는 관점으로 대하는 오래된 전통이 존재한다. 응급실·수술실·중환자실 의사들은 이런 외부적 관점으로 훈련을 받으며 조용한 관찰 또는 환자와의 대화(대화가 가능하다면)에 기초를 두고 의식의 존재를 가정할 준비가 되어 있다. 신경학자로서 나도 그런 훈련을 받았다.

의사는 무엇을 살펴봐야 할까? 각성 상태, 조심성, 정서적 활기, 의도적인 몸짓은 의식을 분명히 나타내 주는 신호이다. 의식이 없는 환자들, 예를 들면 혼수상태에 있는 환자들은 깨어 있지도, 조심을 하지도, 정서적이지도 않으며 그들이 보이는 몸짓은 환경과 관련된 몸짓이 아니다. 이 시나리오에서 내릴 수 있는 결론은 식물인간 상태처럼 의식이 손상되거나 깊은 수면과 각성을 반복하는 상황 때문에 매우 복잡해질 수 있다. 외부 표현으로부터 의식의 존재 여부를 판단하는 문제는 이른바 감금 증후군 상태에 있는 환자들에게서는 특히 더 복잡해진다. 이 증후군을 앓고 있는 상태에서는 의식이 유지되지만 환자들은 거의 움직이지 못한다. 또한 환자들이 눈을 깜빡이거나 제한적으로 안구를 움직이는 몸짓 같은 아주 작은 몸짓은 그냥 모르고 지나치기 쉽다. 현재 의료 기술은 안전 면에서 상당히 진보한 상태이지만, 아직도 사람이 의식이 있는지 알아보는 확실하고 유일한 방법은 그 사람이 정상적인 정신 상태인지 직접 말을 들어 보는 수밖에는 없다. 의사들은 (1) 환자의 신원 (2) 환자가 있는 곳 (3) 대충의 날짜를 물어본 뒤 의식의 존재 여부를 결정한다. 이 방법은 환자가 실제로 의식적인 마음이 있는지 확실하게 알아볼 수 있는 방법이 아니다.

의식의 손상을 일으키는 신경학적 조건 또는 의식의 손상을 일으키는 것처럼 보이지만 실제는 그렇지 않은 조건, 예를 들면 감금 증후군 같은 조건에 대해서 문헌이 많다. 마취, 다양한 화학 화합물들이 어떻게 정신적 경험을 거꾸로 교란시키는지에 대한 문헌도 많다. 양쪽 문헌 모두 의식의 신경적 기초에 대한 중요한 단서들을 제공한다. 하지만 혼수상태를 일으키는 특정한 뇌 손상이나 마취를 일으키는 화학 분자들이 정신적 경험을 일으키는 신경생물학적 과정을 예측하게 하지 못하는 무딘 도구라고 말할 수 있다. 일부 마취제는 박테리아나 식물에서 발견되는 감각과 반응의 초기 과정을 중지시킬 힘을 가지고 있다. 마취제는 몇몇 생명체의 감각과 반응을 동결시킨다. 마취제는 의식을 직접 중지시키지는 않지만 정신적 상태·느낌·관점적 입장이 의존하는 과정을 막는다. Parvizi and Damasio, "Consciousness and the Brainstem"; Josef Parvizi and Antonio Damasio, "Neuroanatomical Correlates of Brainstem Coma," *Brain* 126, no. 7 (2003): 1524–6; Antonio Damasio and Kaspar Meyer, "Consciousness: An Overview of the Phenomenon and of Its Possible Neural Basis," in *The Neurology of Consciousness*, eds. Steven Laureys and Giulio Tononi (Burlington, Mass.: Elsevier, 2009), 3–4.

7. Eric D. Brenner, Rainer Stahlberg, Stefano Mancuso, Jorge Vivanco, František Baluška, and Elizabeth Van Volkenburgh, "Plant Neurobiology: An Integrated View of Plant Signaling," *Trends in Plant Science* 11, no. 8 (2006): 413–9; Lauren A. E. Erland, Christina E. Turi, and Praveen K. Saxena, "Serotonin: An Ancient Molecule and an Important Regulator of Plant Processes," *Biotechnology Advances* (2016); Jin Cao, Ian B. Cole, and Susan J. Murch, "Neurotransmitters, Neuroregulators, and Neurotoxins in the Life of Plants," *Canadian Journal of Plant Science* 86, no. 4 (2006): 1183–88; Nicolas

Bouche and Hillel Fromm, "GABA in Plants: Just a Metabolite?," *Trends in Plant Science* 9, no. 3 (2004): 110-15.

저널 『동물 감각』 1-11호(2016년)에 실린 논문 「애벌레, 의식 그리고 마음의 기원」에서 아서 레버가 내린 결론과 내 결론이 부분적으로 다른 이유가 이것이다. 단세포 유기체는 감각이 있고 반응을 한다. 이 능력은 후기에 마음·느낌·주관성의 발전 단계에서 핵심적인 능력이지만, 그렇다고 해서 이 능력을 마음·느낌·의식으로 생각해서는 안 된다.

8. 의식의 탄생에 느낌이 연관되어 있다고 생각하는 학자는 거의 없었다. 감정의 관점에서 의식을 바라본 학자는 더더욱 없었다. 야크 판크세프와 A. 크레이그 외에도 나는 미셸 카바낙의 연구에서 또 다른 예외를 발견했다. Michel Cabanac, "On the Origin of Consciousness, a Postulate and Its Corollary," *Neuroscience and Biobehavioral Reviews* 20, no. 1 (1996): 33-0.

9. David J. Chalmers, "How Can We Construct a Science of Consciousness?," in *The Cognitive Neurosciences* III, ed. Michael S. Gazzaniga (Cambridge, Mass.: MIT Press, 2004), 1111-19; David J. Chalmers, *The Conscious Mind: In Search of a Fundamental Theory* (Oxford: Oxford University Press, 1996); David J. Chalmers, "Facing Up to the Problem of Consciousness," *Journal of Consciousness Studies* 2, no. 3 (1995): 200-219.

10. 문화에 대하여

1. Charles Darwin, *On the Origin of Species* (New York: Penguin Classics, 2009); William James, *Principles of Psychology* (Hardpress,2013); Sigmund Freud, *The Basic Writings of Sigmund Freud* (New York: Modern Library, 1995); Émile Durkheim, *The Elementary Forms of Religious Life* (New York: Free Press, 1995).

2. 문화의 일부 측면들에 생물학적 기원이 있다는 생각은 아직도 논란의 대상이 되고 있다. 사회정치학적 사건들에 생물학을 잘못 투입한 결과는 인문학과 사회과학 분야가 생물학적 발견을 인정하지 않는 상황을 낳았다. 또한 모

든 정신적 현상과 사회적 현상을 생물학으로 환원시키는 설명과 과학 제일주의에 대한 거부감도 있다. 이는 찰스 퍼시 스노C. P. Snow가 말한 '두 문화' 단절의 일부이다(스노는 현대사회의 두 문화, 곧 과학과 인문학 사이의 의사소통 단절이 세계 문제를 해결하는 데 가장 큰 걸림돌이라고 주장했다-옮긴이). 반세기나 전에 제기된 문제이지만 애석하게도 아직 이 문제는 해결되지 않은 상태다.

3. Edward O. Wilson, Sociobiology (Cambridge, Mass.: Harvard University Press, 1975) 『사회생물학1·2』(민음사, 1992). 사회생물학과 그 선구자인 에드워드 윌슨은 제대로 인정을 받지 못했었다. 사회생물학에 대한 비판적 관점은 『이데올로기로서의 생물학: DNA의 정책*Biology as Ideology?: The Doctrine of DNA*』(뉴욕, 하퍼퍼레니얼, 1991년) 참조. 신기하게도 감정에 대한 윌슨의 입장은 나의 입장과 비슷했다. 윌슨의 이런 입장은 그 후의 연구에서도 동일했다. 윌슨의 『통섭*Consilience*』(뉴욕, 크노프, 1998년) 참조. 생물학과 문화적 과정이 양립할 수 있다는 예를 보려면 윌리엄 더럼의 『공진화: 유전자, 문화 그리고 인간 다양성*Coevolution: Genes, Culture and Human Diversity*』(팰로앨토, 캘리포니아, 스탠퍼드대학 출판부, 1991년) 참조.

4. Parsons, "Social Systems and the Evolution of Action Theory"; Parsons, "Evolutionary Universals in Society."

5. 화학적 안정을 유지하는 과정을 넘어서 분자가 자신과 같은 분자를 추가로 만들 수 있는 과정이 있을 것이라는 생각은 합리적이다. 모든 물질은 가장 안정적인 구조에 머무르려는 자연적인 경향을 가지는 반면 불안정한 구조는 사라진다.

6. 수컷의 폭력 정도는 특정한 물리적 특징과 연결되어 있으며 이 물리적 특징들은 '가공할 만함formidability'이라는 용어의 범위에 포함시킬 수 있는 것들이다. Aaron Sell, John Tooby, and Leda Cosmides, "Formidability and the Logic of Human Anger," *Proceedings of the National Academy of Sciences* 106, no. 35 (2009): 15073–78.

7. Richard L. Velkley, *Being After Rousseau: Philosophy and Culture in Question*(Chicago: University of Chicago Press, 2002). Originally in Samuel Pufendorf and Friedrich Knoch, *Samuelis Pufendorfii Eris Scandica: Qua adversus*

libros De jure naturali et gentium objecta diluuntur (Frankfurt-am-Main: Sumptibus Friderici Knochii, 1686).

8. 이 부분을 위해 참고한 문헌은 다음을 포함한다. William James, *The Varieties of Religious Experience* (New York: Penguin Classics, 1983); Charles Taylor, *Varieties of Religion Today: William James Revisited* (Cambridge, Mass.: Harvard University Press, 2002); David Hume, *Dialogues Concerning Natural Religion and the Natural History of Religion* (New York: Oxford University Press, 2008); John R. Bowen, *Religions in Practice: An Approach to the Anthropology of Religion* (Boston: Pearson, 2014); Walter Burkert, *Creation of the Sacred: Tracks of Biology in Early Religions* (Cambridge, Mass.: Harvard University Press, 1996); Durkheim, *Elementary Forms of Religious Life*; John R. Hinnells, ed., *The Penguin Handbook of the World's Living Religions* (London: Penguin Books, 2010); Claude Lévi-Strauss, *L'anthropologie face aux problèmes du monde moderne* (Paris: Seuil, 2011); Scott Atran, *In Gods We Trust: The Evolutionary Landscape of Religion* (New York: Oxford University Press, 2002).

9. Martha C. Nussbaum, *Political Emotions: Why Love Matters for Justice* (Cambridge, Mass.: Belknap Press of Harvard University Press, 2013); Jonathan Haidt, *The Righteous Mind: Why Good People Are Divided by Politics and Religion* (New York: Pantheon Books, 2012); Steven W. Anderson, Antoine Bechara, Hanna Damasio, Daniel Tranel, and Antonio Damasio, "Impairment of Social and Moral Behavior Related to Early Damage in Human Prefrontal Cortex," *Nature Neuroscience* 2 (1999): 1032–37; Joshua D. Greene, R. Brian Sommerville, Leigh E. Nystrom, John M. Darley, and Jonathan D. Cohen, "An fMRI Investigation of Emotional Engagement in Moral Judgment," *Science* 293, no. 5537 (2001): 2105–; Mark Johnson, *Morality for Humans: Ethical Understanding from the Perspective of Cognitive Science* (University of Chicago Press, 2014); L. Young, Antoine Bechara, Daniel Tranel, Hanna Damasio, M. Hauser, and Antonio Damasio, "Damage to Ventromedial Prefrontal Cortex Impairs Judgment of Harmful Intent," *Neuron* 65, no. 6 (2010): 845–1.

10. Cyprian Broodbank, *The Making of the Middle Sea: A History of*

the Mediterranean from the Beginning to the Emergence of the Classical World (London: Thames & Hudson, 2015); Malcolm Wiener, "The Interaction of Climate Change and Agency in the Collapse of Civilizations ca. 2300–000 BC," *Radiocarbon* 56, no. 4 (2014): S1–16; Malcolm Wiener, "Causes of Complex Systems Collapse at the End of the Bronze Age," in *"Sea Peoples" Up-to-Date*, 43–4, Austrian Academy of Sciences (2014).

11. Karl Marx, *Critique of Hegel's "Philosophy of Right"* (New York: Cambridge University Press, 1970). 앞에서 언급했지만, 부르디외, 투렌, 푸코 같은 사회과학자들의 생각은 생물학적 용어로 번역하기 쉽다.

12. Assal Habibi and Antonio Damasio, "Music, Feelings, and the Human Brain," *Psychomusicology: Music, Mind, and Brain* 24, no. 1 (2014): 92; Matthew Sachs, Antonio Damasio, and Assal Habibi, "The Pleasures of Sad Music: A Systematic Review," *Frontiers in Human Neuroscience* 9, no. 404 (2015): 1–12, doi:10.3389/fnhum.2015.00404.

13. Antonio Damasio, "Suoni, significati affettivi e esperienze musicali," *Musica Domani*, 5–, no. 176 (2017).

14. Sebastian Kirschner and Michael Tomasello, "Joint Music Making Promotes Prosocial Behavior in 4- Year- Old Children," *Evolution and Human Behavior* 31, no. 5 (2010): 354–4.

15. Panksepp, "Cross- Species Affective Neuroscience Decoding of the Primal Affective Experiences of Humans and Related Animals"; Henning et al., "A Role for mu- Opioids in Mediating the Positive Effects of Gratitude."

16. 자해, 거식증, 병적인 비만 현상에서 보이는 모순은 대처하기가 더 쉽다. 자신의 피부를 잘라 내는 데 탐닉하는 사람들이 있는 것은 사실이다. 이는 문화적이라고 말할 수 있는 행동인데 그 행위가 모방에 의해 확산되며 무작위로 확산되기 때문이다. 이런 현상에 대한 가장 적절한 설명은 영향을 받은 개인들의 병리학적 상황이 마찬가지로 병리학적인 문화적 맥락에 의해 악화되는 현상과 관련이 있다. 게이너gainers라고 불리는 사람들의 온라인 공동체에도 동일한 설명이 적용된다. 이들은 몸무게를 늘릴 목적으로 엄청난 양의 음식을 모으고 서로에게 그러기를 권장하며 그 결과를 서로 모니터하고 섹스에

탐닉하는 사람들이다. 어느 정도까지 위의 두 가지 예에는 모두 마조히즘이라는 오래된 진단을 내릴 수 있다. 마조히즘 행동은 확실히 쾌락을 만들어 낸다. 항상성의 상향 조절에 해당하는 상황이다. 이런 식의 상향 조절로 인해 치러야 하는 비용은 결국 그로 인한 이득을 넘어서게 된다. 약물중독과 그리 다르지 않은 생리학적 상황이다. 쾌락은 의존적 행동과 고통에 자리를 내주게 된다. 이런 이상한 행동이 생물학적 진화에 포함되거나 소규모 집단을 넘어서 문화적인 선택을 받을 가능성은 매우 낮다. 이런 행동과 이런 행동을 하는 집단은 오늘날도 존재한다는 사실은 프린지(비주류) 인터넷 커뮤니티의 위험성을 드러내고 있다.

17. Talita Prado Simao, Silvia Caldeira, and Emilia Campos de Carvalho, "The Effect of Prayer on Patients' Health: Systematic Literature Review," *Religions* 7, no. 1 (2016): 11; Samuel R. Weber and Kenneth I. Pargament, "The Role of Religion and Spirituality in Mental Health," *Current Opinion in Psychiatry* 27, no. 5 (2014): 358–63; Neal Krause, "Gratitude Toward God, Stress, and Health in Late Life," *Research on Aging* 28, no. 2 (2006): 163–83.

18. Kirschner and Tomasello, "Joint Music Making Promotes Prosocial Behavior." Cited earlier.

19. Jason E. Lewis and Sonia Harmand, "An Earlier Origin for Stone Tool Making: Implications for Cognitive Evolution and the Transition to Homo," *Philosophical Transactions of the Royal Society* B 371, no.1698 (2016): 20150233.

20. Robin I. M. Dunbar and John A. J. Gowlett, "Fireside Chat: The Impact of Fire on Hominin Socioecology," *Lucy to Language: The Benchmark Papers*, ed. Robin I. M. Dunbar, Clive Gamble, and John A. J. Gowlett (New York: Oxford University Press, 2014), 277–96.

21. Polly W. Wiessner, "Embers of Society: Firelight Talk Among the Ju/'hoansi Bushmen," *Proceedings of the National Academy of Sciences* 111, no. 39 (2014): 14027–5.

11. 의학, 불멸성 그리고 알고리즘

1. Jennifer A. Doudna and Emmanuelle Charpentier, "The New Frontier of Genome Engineering with CRISPR- Cas9," *Science* 346, no. 6213 (2014): 1258096.

2. Pedro Domingos, *The Master Algorithm: How the Quest for the Ultimate Learning Machine Will Remake Our World* (New York: Basic Books, 2015).

3. Krishna V. Shenoy and Jose M. Carmena, "Combining Decoder Design and Neural Adaptation in Brain-Machine Interfaces," *Neuron* 84, no. 4 (2014): 665–0, doi:10.1016/j.neuron.2014.08.038; Johan Wessberg, Christopher R. Stambaugh, Jerald D. Kralik, Pamela D. Beck, Mark Laubach, John K. Chapin, Jung Kim, S. James Biggs, Mandayam A. Srinivasan, and Miguel A. Nicolelis, "Real-Time Prediction of Hand Trajectory by Ensembles of Cortical Neurons in Primates," *Nature* 408, no. 6810 (2000): 361–65; Ujwal Chaudhary et al., "Brain-Computer Interface-Based Communication in the Completely Locked-In State," *PLoS Biology* 15, no. 1 (2017): e1002593, doi:10.1371/journal.pbio.1002593; Jennifer Collinger, Brian Wodlinger, John E. Downey, Wei Wang, Elizabeth C. Tyler- Kabara, Douglas J. Weber, Angus J. McMorland, Meel Velliste, Michael L. Boninger, and Andrew B. Schwartz, "High-Performance Neuroprosthetic Control by an Individual with Tetraplegia," *Lancet* 381, no. 9866 (2013): 557–4, doi:10.1016/S0140- 6736(12)61816- 9.

4. Ray Kurzweil, *The Singularity Is Near: When Humans Transcend Biology* (New York: Penguin, 2005); Luc Ferry, *La révolution transhumaniste: Comment la technomédecine et l'uberisation du monde vont bouleverser nos vies* (Paris: Plon, 2016).

5. Yuval Noah Harari, *Homo Deus: A Brief History of Tomorrow* (Oxford: Signal Books, 2016).

6. Nick Bostrom, *Superintelligence: Paths, Dangers, Strategies* (Oxford: Oxford University Press, 2014).

7. Margalit, *Ethics of Memory*.

8. Aldous Huxley, *Brave New World* (1932; London: Vintage, 1998).

9. George Zarkadakis, *In Our Own Image: Savior or Destroyer? The History and Future of Artificial Intelligence* (New York: Pegasus Books, 2015).

10. W. Grey Walter, "An Imitation of Life," *Scientific American* 182, no. 5 (1950): 42–45.

12. 현대사회의 인간 본성

1. 에피쿠로스나 버트런드 러셀이 인간의 행복에 대한 자신들의 철학적 관심이 잊히지 않았다는 것을 안다면 기뻐했을 것이다. Epicurus, *The Epicurus Reader*, eds. B. Inwood and L. P. Gerson (Indianapolis: Hackett, 1994); Bertrand Russell, *The Conquest of Happiness* (New York: Liveright, 1930), 『행복의 정복』; Daniel Kahneman, "Objective Happiness," in *Well-Being: Foundations of Hedonic Psychology*, eds. Daniel Kahneman, Edward Diener, and Norbert Schwarz (New York: Russell Sage Foundation, 1999); Amartya Sen, "The Economics of Happiness and Capability," in *Capabilities and Happiness*, eds. Luigino Bruni, Flavio Comim, and Maurizio Pugno (New York: Oxford University Press, 2008); Richard Davidson and Brianna S. Shuyler, "Neuroscience of Happiness," in *World Happiness Report* 2015, eds. John F. Helliwell, Richard Layard, and Jeffrey Sachs (New York: Sustainable Development Solutions Network, 2015).

2. Neil Postman, *Amusing Ourselves to Death: Public Discourse in the Age of Show Business* (New York: Penguin, 2006). See also Robert D. Putnam, *Our Kids* (New York: Simon & Schuster, 2015).

3. Jonas T. Kaplan, Sarah I. Gimbel, and Sam Harris, "Neural Correlates of Maintaining One's Political Beliefs in the Face of Counterevidence," *Nature Scientific Reports* 6 (2016).

4. Sherry Turkle, *Alone Together: Why We Expect More from Technology and Less from Each Other* (New York: Basic Books, 2011), 『외로워지는 사람들』(청림출판, 2013. 8.16); Alain Touraine, *Pourrons-nous vivre ensemble?* (Paris: Fayard,

1997).

5. Manuel Castells, *Communication Power* (New York: Cambridge University Press, 2009); Manuel Castells, *Networks of Outrage and Hope: Social Movements in the Internet Age* (New York: John Wiley & Sons, 2015).

6. Amartya Sen, "The Economics of Happiness and Capability"; Onora O'Neill, *Justice Across Boundaries: Whose Obligations?* (Cambridge: Cambridge University Press, 2016); Nussbaum, *Political Emotions; Peter Singer, The Expanding Circle: Ethics, Evolution, and Moral Progress* (Princeton, N.J.: Princeton University Press, 2011); Steven Pinker, *The Better Angels of Our Nature: Why Violence Has Declined* (New York: Penguin Books, 2011), 『우리 본성의 선한 천사』(사이언스북스, 2014. 8.25.)

7. See Haidt, *Righteous Mind*, 『바른 마음』(웅진지식하우스, 2014.04.21.).

8. Sigmund Freud, *Civilization and Its Discontents: The Standard Edition* (New York: W. W. Norton, 2010).

9. Albert Einstein and Sigmund Freud, *Why War? The Correspondence Between Albert Einstein and Sigmund Freud*, trans. Fritz Moellenhoff and Anna Moellenhoff (Chicago: Chicago Institute for Psychoanalysis, 1933).

10. Janet L. Lauritsen, Karen Heimer, and James P. Lynch, "Trends in the Gender Gap in Violent Offending: New Evidence from the National Crime Victimization Survey," *Criminology* 47, no. 2 (2009): 361–99; Richard Wrangham and Dale Peterson, *Demonic Males: Apes and the Origins of Human Violence* (Boston and New York: Houghton Mifflin Company, 1996); Sell, Tooby, and Cosmides, "Formidability and the Logic of Human Anger."

11. Zivin, Hsiang, and Neidell, "Temperature and Human Capital in the Short- and Long- Run"; Butke and Sheridan, "Analysis of the Relationship Between Weather and Aggressive Crime in Cleveland, Ohio."

12. Harari, *Homo Deus*; Bostrom, Superintelligence.

13. Parsons, "Evolutionary Universals in Society."

14. Thomas Hobbes, *Leviathan* (New York: A&C Black, 2006); Jean-Jacques Rousseau, *A Discourse on Inequality* (New York: Penguin, 1984).

15. John Gray, *Straw Dogs: Thoughts on Humans and Other Animals* (New York: Farrar, Straus and Giroux, 2002); John Gray, False *Dawn: The Delusions of Global Capitalism* (London: Granta, 2009), 『가짜 여명: 전 지구적 자본주의의 환상』(이후, 2016. 3.30.); John Gray, *The Silence of Animals: On Progress and Other Modern Myths* (New York: Farrar, Straus and Giroux, 2013), 『동물들의 침묵: 진보를 비롯한 오늘날의 파괴적 신화에 대하여』(이후, 2014. 4.28).

16. Max Horkheimer and Theodor W. Adorno, *Dialectic of Enlightenment: Philosophical Fragments* (Stanford, Calif.: Stanford University Press, 2002).

17. '부담'은 의식의 효과 중 긍정적인 부분을 나타내는 데 특히 적절한 용어이다. 이 말을 이런 의미로 사용하게 된 데는 조지 소로스의 역할이 크다. *The Age of Fallibility: Consequences of the War on Terror* (New York: Public Affairs, 2006), 『오류의 시대』(네모북스, 2006.10.16.).

18. 이 주제에 관해서, 데이비드 슬론 윌슨이 쓴 훌륭한 논문을 읽으라. David Sloan Wilson, *Does Altruism Exist? Culture, Genes, and the Welfare of Others* (New Haven, Conn.: Yale University Press, 2015).

19. 베르디가 〈팔스타프〉를 쓴 것은 1893년이다. 그 불과 10년 전만 해도, 사랑과 죽음을 분리하지 않았던 리하르트 바그너는 비기독교적(이교도적) 광기에 사로잡혀 있었다. 인간 본성의 밝은 부분을 바그너가 가장 가깝게 묘사한 작품은 구원의 문제를 다룬 오페라 〈파르지팔〉이었다.

20. 공감에 대한 폴 블룸Paul Bloom의 설명은 이런 측면에서 적절하다. Paul Bloom, *Against Empathy: The Case for Rational Compassion* (New York: HarperCollins, 2016).

13. 진화의 놀라운 순서

1. D'Arcy Thompson, "On Growth and Form," in *On Growth and Form* (Cambridge, U.K.: Cambridge University Press, 1942).

2. Howard Gardner, *Truth, Beauty, and Goodness Reframed: Educating for the Virtues in the Twenty-First Century* (New York: Basic Books, 2011); Mary

Helen Immordino-Yang, *Emotions, Learning, and the Brain: Exploring the Educational Implications of Affective Neuroscience* (New York: W. W. Norton, 2015); Wilson, *Does Altruism Exist?*; Mark Johnson, 앞서 인용.

3. Colin Klein and Andrew B. Barron, "Insects Have the Capacity for Subjective Experience," *Animal Sentience* (2016): 100; Peter Godfrey-Smith, *Other Minds: The Octopus, the Sea, and the Deep Origins of Consciousness* (New York: Farrar, Straus and Giroux, 2016). 인간이 아닌 생명체의 행동적·인지적 능력의 문제에 대해서 나는 프란스 드 발Frans De Waal, 야크 판크세프를 비롯한 생물학자들, 인지과학자들의 의견에 확실히 동의한다. 앞에서 언급했지만, 인간이 예외적인 위치를 가지기 위해서 다른 동물들의 능력이 떨어져야 하는 것은 아니다. 반면, 나는 아주 초기에 살았던 종들이 풍부한 지적 행동을 했다는 것은 인정하지만 잘 적응된 지능이 의식을 나타내지는 않는다는 가정을 세우고 있다. 아서 레버와 나의 생각은 이 부분에서 차이가 있다. 스티븐 하나드Steven Harnad가 편집장인 『동물 감각』지는 이 문제에 대한 학술 연구를 다루는 훌륭한 장을 제공하고 있다.

4. 시리 허스트베트Siri Hustvedt는 마음과 몸 문제에 대한 최근 논문에서 같은 의견을 나타냈다. Siri Hustvedt, *A Woman Looking at Men Looking at Women: Essays on Art, Sex, and the Mind* (New York: Simon & Schuster, 2016).

5. Seth, "Interoceptive Inference, Emotion, and the Embodied Self."

감사의 말

책을 기획하는 것은 계획과 성찰로 이루어지는 긴 과정이지만 결국 앉아서 실제로 쓰기 시작하는 날이 오게 마련이다. 책을 쓸 때마다 어떤 일이 일어나고 당시 상황이 어땠는지가 생생하게 기억이 난다. 그런 기억들은 내가 써야 할 핵심적인 내용을 드러내 주는 것 같다. 이 책을 쓸 때는 내 친구인 라우라 웅가로Laura Ungaro와 에마누엘 웅가로Emanuel Ungaro가 사는 프로방스 집이 떠올랐다. 그때 에마누엘과 나는 어떻게 특정한 상처들이 창작의 동기가 되는지에 대해 대화를 나눴다. 우리는 장 주네Jean Genet가 쓴 『자코메티의 아틀리에*L'Atelier d'Alberto Giacometti*』라는 신기한 책에 대해 이야기하고 있었다. 예술적 창조에 대한 가장 훌륭한 책이라고 피카소가 말했던 책이다. 주네는 이 책에서 "아름다움의 기원은 상처 외에는 없다. 이 상처는 사람마다 다 다르고, 숨겨져 있거나 눈에 보일 수도 있다."고 말했다. 느낌은 문화적 과정에서 핵심적인 역할을 한다는 생각과 밀접하게 연관된 말이다. 그때부터 진지하게 글을 쓸 수 있게 되었다. 1년 후 똑같은 장소에서 나는 또 다른 친구인 장 바티스트 현Jean-Baptiste Huynh에게 이 책의 초고에 대해 설명했다.

이 책의 앞부분은 프로방스가 아닌 프랑스의 다른 곳에서 썼다. 바바라 구겐하임Barbara Guggenheim과 버트 필즈Bert Fields의 집이다. 이 모든 친구들이 너무나 자연스럽게 내게 준 영감과 그들이 제공한 장소들에 대해 감사의 말을 전한다.

이 책의 제목에 대해 제기된 이의에 대해서도 말을 해야 할 것 같다. 처음 제목The strange order of things을 들었을 때 몇몇 사람은 제목이 미셸 푸코Michel Foucault와 관련이 있는지 물었다. 왜 그들이 그렇게 물었는지는 알지만, 이 제목은 푸코와는 전혀 관련이 없다. 푸코는 프랑스어 원제목이 『말과 사물*Les Mots et les Choses*』인 책을 썼는데, 나중에 이 책의 영어판 제목이 『사물의 순서The order of things』가 됐다. 어쨌든 이 책 제목과는 관련이 없다.

나의 지적인 고향은 미국 서던캘리포니아 돈사이프 인문·예술·사회과학 대학Dornsife College of Letters, Arts and Sciences at the University of Southern California이다. 우리 뇌과학 연구소의 수많은 동료들은 인내심을 가지고 전체 원고를 읽고 몇몇 단락에 대해서는 아주 자세하게 토론을 하기도 했다. 의견을 준 이들 모두에게 깊은 감사의 말을 전한다. 특히 킹슨 맨Kingson Man, 맥스 헤닝

Max Henning, 질 카르발류Gil Carvalho, 조너스 캐플런Jonas Kaplan에게 감사한다. 이들 외에도 원고를 읽고, 의견을 주고, 격려의 말을 해 준 모테자 데하니Morteza Dehghani, 아살 하비비Assal Habibi, 메리 헬렌 이모드디노양Mary Helen Immordino-Yang, 존 몬테로소John Monterosso, 라엘 칸Rael Cahn, 엘더 아라우호Helder Araujo, 매슈 색스Matthew Sachs에게도 고마운 마음을 전한다.

다양한 분야를 대표하는 또 다른 동료들도 소중한 제안을 아낌없이 해 주었다. 몇 년 동안 내 생각을 발전시키는 데 도움을 준 뛰어난 학자 마누엘 카스텔스, 스티브 핀켈, 마르코 페르베이Marco Verweij, 마크 존슨Mark Johnson, 랠프 아돌프스Ralph Adolphs, 카멜로 카스티요Camelo Castillo, 제이컵 솔Jacob Soll, 찰스 맥케나Charles McKenna이다. 이들의 학자적인 도움과 지적인 조언에 감사한다.

원고의 일부분을 기꺼이 읽고 질문에 대답하는 것을 도와준 이들도 있다. 키스 바버스톡, 프리먼 다이슨, 마거릿 리바이Margaret Levi, 로즈 맥더모트Rose McDermott, 하워드 가드너Howard Gardner, 제인 이세이Jane Isay, 마리아 데 수자Maria de Sousa가 그들이다.

마지막으로, 원고가 교정될 때마다 인내심을 가지고 검토하고 의견을 주었으며 제사(題詞, epigraph)를 준비하는 골치 아픈 문제에 대한 내 생각에 귀를 기울여 준 이들도 있다. 조리 그레이엄Jorie Graham, 피터 색스Peter Sacks, 피터 브룩Peter Brook, 요요마Yo-Yo Ma, 베넷 밀러Bennett Miller이다.

이 책에서 다룬 연구의 상당 부분은 두 재단 덕분에 가능했다. 몇십 년 동안 생물학 연구를 지원해 준 매더스 재단The Mathers Foundation과 인간 문제에 대한 끊임없는 호기심을 보이고 있는 니

콜라스 베르그루엔Nicolas Berggruen이 이사장인 베르그루엔 재단Berggruen Foundation이다. 이 두 재단이 보여 준 신뢰에 감사한다.

학식 있고 현명하며 놀라울 정도로 조용한 판테온 북스Pantheon books의 댄 프랭크Dan Frank는 결정을 하지 못해 힘들어할 때 옆에서 도움을 준 사람이다. 진심으로 감사한다. 또한 여러 가지로 도움을 준 프랭크 사무실의 벳시 샐리Betsy Sallee에게도 고마운 마음을 전한다.

30년 넘게 가까운 친구로 지낸 마이클 칼라일Michael Carlisle은 약 25년 동안 내 에이전트로 일했다. 칼라일은 따뜻한 마음을 가진 최고의 프로이다. 칼라일과 그의 잉크웰Inkwell 팀, 특히 알렉시스 헐리Alexis Hurley에게 감사한다.

섬세함, 책임감, 인내심 면에서 모범이라고 말할 수 있는 데니즈 나카무라Denise Nakamura, 뇌·창의성 연구소 행정국을 유연하게 운영하면서 급하게 발생한 문제도 언제나 해결할 준비가 되어 있는 신시야 누네즈Cinthya Nunez에게도 감사의 마음을 보낸다. 이 책의 원고는 이들의 노력에 많은 부분을 빚지고 있다. 또한 원고의 상당 부분을 타이핑해 주고 참고 문헌 정리를 도운 라이언 베이가Ryan Veiga에게도 감사한다.

마지막으로, 내가 쓴 모든 것을 읽고 내게 최선과 최악의 비평을 해 준 아내 해나Hanna에게 감사한다. 해나는 모든 과정에 참여해 상상할 수 있는 모든 방법으로 도움을 주었다. 나는 해나에게 공동 저자로 이름을 올리라고 항상 설득을 해 왔지만 소용없었다. 당연히 그녀에게 가장 큰 감사의 마음을 전한다.

해제

희로애락의 격렬함은 그 감정과 함께 실행력도 멸망시킨다.
기쁨에 빠지는 자는 슬픔에도 빠지는 것이 그 버릇,
까닥하면 슬픔이 기뻐하고 기쁨이 슬퍼한다.

윌리엄 셰익스피어, 『햄릿』

감정과 이성을 나누어 생각하는 경향은 그 역사가 아주 깊다. 동시에 거의 예외 없이 감정은 열등한 것으로, 이성은 우월한 것으로 간주하곤 했다. 분을 참지 못하여 죄를 저지르는 남자의 이야기나 유혹에 넘어가 눈물을 흘리며 슬퍼하는 여인의 이야기는 얼마나 많은 민담과 소설의 소재가 되었는가? 감정은 죄악의 근원이자 불행의 씨앗이었다. 동서양의 수많은 경전과 잠언은 제멋대로 날뛰는 감정을 다스리라는 조언으로 가득하다.

근대사회에 들어서야 감정은 겨우 종교적 혹은 도덕적 죄악의 혐의를 벗을 수 있었다. 그러나 혐의를 벗자마자 의학적 진단이 붙었다. 실제 정신의학적 진단 기준의 신중함에도 불구하고, 우리는 자신에게 너무나도 쉽게 '정신과적 진단'을 붙이곤 한다. 슬프면 우울증이고 기쁘면 조증이다. 불안하면 불안증이다. 감정은 더 이상 죄악은 아니지만, 이제 질병이 되었다. 행동주의 심리학자 벌허스 스키너Burrhus Frederic Skinner는 "우리 모두는 감정이 얼마나 무익한지 잘 알고 있죠"라고 하면서 감정의 지위를 거의 땅바닥으로 내동댕이치기도 했다.

하지만 모든 사람이 감정에 대해 '나쁜 감정'을 가졌던 것은 아니다. 데이비드 흄David Hume은 1739년, 「인간 본성에 대한 논고」에서 "열정에게 봉사하고 순종하는 것 외에 이성에게 부여된 다른 임무는 없다"라고 단언했다. 역사 시대 이래 늘 구박만 받던 감정의 손을 들어 준 것이다. '감정'으로서는 제법 감격스러웠을 것이다. 그리고 1872년, 찰스 다윈은 『인간과 동물의 감정 표현*The Expression of the Emotions in Man and Animals*』에서 감정의 횡문화적 보편성과 계통학적 연속성을 주장했다. 다시 말해서 세계 어느 곳에 사는 사람이나 비슷한 감정이 있으며, 이러한 보편적 감정은 아주 오랜 진화적 연원을 가지고 있다는 것이다. 모든 사람이 가지고 있으니 인간성의 본질이라 할 수 있고, 긴 진화사를 가지고 있으니 생물의 본질이라고 할 수 있다. 다윈은 감정에 씌워진 오랜 누명을 벗겨 주었다. 이제 사면 복권될 날만 남았다!

그러나 안타깝게도 『종의 기원』과 달리 『인간과 동물의 감정 표현』에 대한 당시 사회의 반향은 크지 않았다. 게다가 20세기 초반비엔나 서클의 주장에 기반한 행동주의 심리학이 득세하면서, 논리적으로 실증하기 어려운 기쁨, 슬픔, 두려움, 애착, 쾌락 등의 심리적 현상은 연구 대상에서 배제되었다. 감정은 인간 정신에 대한 지분을 박탈당했다. 이는 비극적인 일이었다. 감정의 문제로 고통스러워하는 사람은 여전히 넘쳐났기 때문이다. 빈 공백은 지그문트 프로이트를 위시한 정신의학계에서 접수했다. 감정에 대한 학술적 용어나 설명의 틀이 정신병리학이나 정신분석학에 크게 빚지고 있는 이유다.

이 책의 저자 안토니오 다마지오는 포르투갈 리스본 의과대학에서 신경과 레지던트를 마친 후에 미국으로 건너가 주로 활동했다. 누구도 부인할 수 없는 탁월한 신경의학자이다. 주로 감정과 정서, 의사 결정, 기억, 언어, 의식 등의 문제에 천착하며 활발한 연구를 했다. 신경의학계 거물이 된 그의 대표적인 연구 중 하나가 바로 유명한 '신체 표지 가설'이다.

숲속에서 무서운 호랑이를 보았다고 해 보자. 기분이 어떨까? 호랑이에게 잡혀가도 정신만 차리면 살 수 있으니 오히려 마음이 차분해질까? 그럴 리 없다. 얼룩무늬만 언뜻 보아도 심장이 뛰고 모골이 송연한 느낌을 받을 것이다. 아직 호랑이라는 것을 미처 알아차리기도 전이다. 즉 우리 신체는 실존하는 현상을 지각하자마자 즉시 반응한다. 감정은 그다음이다. 이미 일어난 신체 반응에 대한 느낌을 감정이라고 한다는 것이다. 처음 제안한 사람의 이름을 따서 제임스-랑게 이론James-Lange Theory이라고 하는데, 이는 아주 재미있는 역설을 유발한다. 화가 나면 길길이 뛰게 된다. 그런데 혹시 길길이 뛰고 있는 상태에 대한 자신의 해석이 단지 '화'인 것은 아닐까?

어떤 의미에서 다마지오의 신체 표지 가설은 제임스-랑게 이론을 보다 확장시키고 더욱 정교화했다고 할 수 있다. 신체 표지somatic marker란 감정과 관련된 신체적 느낌을 말한다. 단지 뇌의 상태만이 아니라 표정과 자세, 근육의 긴장도, 심장의 맥박, 다양한 내분비 활동 등의 신체적 변화가 통합되어 이른바 감정이라는 형태로 나타난다. 이러한 신체 표지의 일부는 긍정적인 정서가valence, 소위 '좋은 감정'과 관련되고, 일부는 부정적인 정서가, 즉 '나쁜 감정'과 관련된다. 물론 단 두 가지 감정으로 나뉘는 것은 아니다. 환경적 맥락과 과거의 기억, 여러 상황 등이 종합적으로 나타나면서 복잡다단한 감정을 유발한다. 그리고 우리는 이러한 감정을 '읽으면서' 의사 결정에 이용한다. 철 지난 유행어이지만 '느낌이 중요해~'라는 것이다.

다마지오는 『데카르트의 오류*Descartes' Error: Emotion, Reason and the Human Brain*』나 『일어난 일에 대한 느낌*The Feeling of What Happens: Body and Emotion in the Making of Consciousness*』, 『스피노자의 뇌*Looking for Spinoza: joy sorrow and the feeling brain*』 등 이른바 3부작을 통해서 감정이 의사 결정이나 행동, 의식, 자아 인식 등에 미치는 영향을 밝혔다. 서구 문명의 핵심적 믿음 중 하나인 심신 이원론이 가진 모순을 풀어내면서 의식의 층과 감정의 중요성 등을 과학적 증거와 과

감한 상상력을 동원하여 유려한 문체로 논하고 있다. 본 책은 다마지오의 핵심 주장을 진화적 관점에서 조명하고 있다. 즉 생명의 탄생 시기부터 인간 문명에 이르기까지 긴 진화적 과정 동안 감정이 생명 유지에 핵심적인 역할을 담당했다고 주장한다. 심지어 감정 활동 자체는 뇌가 존재하기도 이전부터, 심지어 신체와 외부 세계의 경계가 막 만들어지기 시작하던 시기부터 항상성을 유지하는 대리인의 초기 형태로 시작되었다는 것이다. 시작은 미약했지만 곧이어 자아에 대한 주관적인 인식과 타인과의 공감·협력으로 이어지고, 다시 사회제도, 종교, 철학, 도덕, 정의, 정치, 기술, 예술, 과학 문명 등 창대한 결과를 빚어냈다고 주장한다. 조금 과격하게 말하자면 '태초에 느낌이 있었다. 그리고 이 모든 것을 이루었다'라는 식이다.

어떤 면에서 다마지오 3부작의 외전外傳이라고 할 수 있다. 전작의 핵심 내용을 책 전반에서 반복하고 있는데, 놀랍게도 훨씬 간결하고 명확하다. 다마지오의 글은 화려한 문체와 다양한 사례의 제시 그리고 의학, 신경학, 철학, 문학 등을 넘나드는 기발하고 광범위한 추론적 전개로 유명한데, 안타깝게도 깔끔한 글을 좋아하는 독자에게는 조금은 고통스러운 읽기를 강요하는 단점도 있다. 아마 이 책을 보고 나서 다시 3부작을 펼친다면 아주 재미있게 읽어 나갈 수 있을 것이다.

1부에서 저자는 감정이 문화를 촉발한 핵심 요인이라고 주장하면서, 거꾸로 단세포생물이 처음 등장하던 시절까지 거슬러 올라간다. 느낌이나 감정과 연결될 만한 생명 초기의 특정 상태를 흥

미로운 뉘앙스로 풀어 가며 어떤 감정이 그 감정이 되기 이전의 상태에 관한 주장을 펼쳐 나간다. 모든 것의 시작이다. 그러면서 다소 과감한 주장을 전개하는데 생명의 역사에서 유전자의 출현 시점보다 항상성의 요구가 더 먼저 있었다는 것이다. 그리고 복잡한 신경계도 사실은 감정을 조절하는 더욱 정교한 도구로서 뒤늦게 진화했다는 것이다. 아니 생명의 역사에서 가장 먼저 진화한 것이 느낌의 전구체라고? 중추신경계가 나타나기도 전에 감정이 나타났다고? 뜻밖의 주장이다. 그래서 책의 제목도 'The Strange Order of Things'다. 일역 판에서는 '진화의 뜻밖의 순서進化の意外な順序'라고 풀어놓았다. 어차피 입증도 기각도 몹시 어렵겠지만, 감정에 대한 저자의 애정이 함빡 느껴진다.

2부는 다마지오가 평생 연구한 주제를 간결하고 함축적으로 요약하고 있다. 그의 책을 전부 읽을 시간이 없다면 이 책의 2부만 보는 것도 한 방법이다. 물론 메인 디시만 먹고 제대로 된 정찬을 했다고 하기 어렵겠지만 말이다. 그는 긴 진화적 관점에서 내적 심상과 외적 심상의 등장, 의미와 기억, 언어적 서사, 미래에 대한 기억으로서 예측, 정동, 정서가, 사회성과 관련된 정동, 다층적 감정, 신체와 정신의 연결, 내장 기관의 역할, 감정에 대한 인지적 해석과 과거 기억의 통합, 의식, 주관성 등 거의 대부분의 핵심적인 이야기를 요약적으로 설명하고 있다. 아마 시험문제를 낸다면, 70퍼센트의 문항이 아마 2부에서 출제될 것이다.

3부에서 드디어 문화에 대한 본격적인 이야기가 시작된다. 문화를 생물학의 영역으로 포섭한 사회생물학 혁명을 칭찬하면서, 앞으로 감정(항상성)의 개념이 문화에 관한 진화생물학적 설명에 더 많이 적용되기를 바란다고 솔직하게 밝히는 대목에서는 평생 감정을 연구해 온 노학자의 열정이 느껴져서 숙연한 생각이 들기까지 한다. 그는 문화적 현상이 항상성을 유지하는 도구로 기능했다고 하면서 다양한 문화적 현상을 항상성의 차원에서 조명한다. 곧이어 이야기는 현대 문명에 대한 부정적인 전망으로 넘어간다. 현대 의학과 수명 연장, 인공지능 등이 의존하는 이성적 알고리즘 체계의 제한적 가능성을 지적하면서, 로봇 기술과 매스미디어, 소셜 네트워크 서비스SNS 중독, 인권침해 등 암울한 현대사회의 단면을 조명하고 여러 이유를 들어 임박한 디스토피아의 가능성을 우려한다. 신경과학의 영역을 꽤 넘어선 이야기 같지만, 관심을 가지고 읽는 것도 나쁘지 않다. 우울한 평이 이어지면서도 끝내 희망의 끈을 놓지는 않으니 말이다.

핵심 주장을 몇 문장으로 요약해 보자. 수십억 년 전 단세포 시절, 항상성 유지를 위해 생긴 마음의 전구체가 나타났다. 신경계가 나타나면서 개체의 내부와 외부에 대한 느낌을 탐지하고, 이에 대한 이미지를 만들었다. 이는 주관성을 가진 의식을 형성했고, 이어서 추론과 상징이 가능해졌으며 언어적 서사 능력이 나타났다. 이는 개체의 유희적 실험과 집단적인 협력을 통해서 신체적 움직임이나 그 물리적 결과라는 형태로 창발했으며 우리는 이를 '문화'라고 부른다. 이 모든 과정은 바로 유전과 진화라는 기전을 통해서 긴 세월 동안 지속할 수 있었다. 아마 앞으로도 그럴 것이다.

책을 읽으면서 가장 어려운 부분은 아마 느낌과 감정, 정서, 기분, 정동을 구분하는 일일 것이다. 사실 영어에서도 Feeling,

Emotion, Mood, Affection을 제대로 구분하기는 쉽지 않다. 정신병리학적으로 느낌feeling은 하나의 경험에 대한 긍정적 혹은 부정적인 반응이며, 뚜렷하지만 순간적인 반응을 말한다. 감정emotion은 원래 기분의 생리학적 부수물, 정신 신체적 부수물을 뜻한다. 기분mood은 지속적이고 전반적인 상태를 말하고, 정동affect은 대상을 향해 분화된 특정한 느낌을 말한다. 그러나 이는 정신병리학에서 말하는 것이고, 일상적으로는 뜻이 겹치는 경우가 많다. 감정과 정서는 흔히 섞어 쓰기도 한다. 영문을 국문으로 옮기면 더 헷갈린다. 게다가 다마지오 스스로 나름의 기준에 따라 단어를 선택하지만, 또 스스로 그 기준을 어기기도 한다.

그러면 어떻게 하란 말인가? 카를 야스퍼스는 느낌feeling이라는 애매모호한 단어가 감정emotion과 감각sensation을 모두 뜻한다고 하였다. 여기서 감정은 자아의 상태를 의미하고, 감각은 지각의 요소를 의미한다. 따라서 본 책에 나오는 느낌feeling은 감각의 요소가 제거된, 일시적인 혹은 지속적이더라도 기분 수준으로 오래가지는 않는 그리고 대상을 전제하지 않는, 핵심적인 심적 상태에 국한한다고 보는 것이 좋겠다. 그때그때 예외적인 경우에는 어쩔 수 없다. 일역에서는 7장 Affect를 그냥 아훼쿠토アフェクト로 옮겨 놓기도 했다. 감정의 분류에 대해 더 자세한 것을 알고 싶다면 앤드루 심스의 『마음의 증상과 징후: 기술 정신병리학 입문*Symptoms in the Mind: An Introduction to Descriptive Psychopathology*』이나 카를 야스퍼스의 『정신병리학 총론*Allgemeine Psychopathologie*』을 추천한다.

본 책은 안토니오 다마지오가 평생 연구해 온 신경계의 형성과 감정, 의식의 출현과 창조성 등을 진화적인 관점에서 재조명했다는 점에서 큰 의의가 있다. 물론 진화에 대해 다소 거칠게 설명하기도 하고, 종종 목적론적인 설명을 하는 듯한 아쉬움이 없는 것은 아니다. 온갖 세상만사에 느낌과 감정을 적용하면서 과도한 기능주의적 설명을 하는 경향도 없지 않다. 특히 스스로 존재를 위해 버텨 내려는 내적 노력으로 바뤼흐 스피노자의 코나투스를 언급하면서, 이 코나투스가 생명의 시작과 끊임없는 진화를 일으킨다는 부분, 그의 말을 빌리자면 '새로운 유전체는 그 자체의 코나투스를 가지고 있어서 그 의도를 전개할 수 있었다'는 부분은 분명 오해의 소지가 있다. 마치 장 바티스트 라마르크가 『동물 철학 *philosophie zoologique*』에서 "생물은 의지를 가지고 자연의 계단을 기어오른다"고 한 부분을 연상시킨다. 코나투스에 대해 보다 자세한 것은 그의 전작을 참고하기 바란다.

다마지오는 인간의 미래에 대해 부정적 시나리오와 긍정적 시나리오를 모두 열어 두고 있다. 현대 문명과 미래에 대한 저자 나름의 설명은 아주 흥미롭지만 다소 비약적인 면도 없지 않다. 하지만 거기서 그치는 것은 아니다. 다양한 주장을 전개하면서 위기를 타개할 방법으로 지식과 교육을 일관되게 언급하고 있다. '인간 본성에 대한 방대한 지식'과 '진보를 향한 확실한 수단으로서 교육'이 '보다 나은 인간의 조건'을 만드는 해결책이라는 것이다. 고개가 절로 끄덕여진다.

그가 『데카르트의 오류』를 펴낸 후 일약 학계의 스타가 된 지 벌써 25년이 흘렀다. 우리 나이로 올해 76세가 된 노학자이다. 널리 인정받는 이론의 제안자로서 보장된 명성에 안주해도 뭐라 할 사람이 없다. 그럼에도 불구하고 자신의 연구를 진화의 틀로 통합하고, 인류 문명에 대해 신경과학적 설명을 시도하려는 노력을 멈추지 않고 있다. 다마지오는 의사이자 연구자이며 교육자이다. 병든 사회에 대한 안타까움, 마음에 대한 반짝거리는 학문적 호기심, 배우고 가르치려는 순수한 열정이 책 곳곳에서 묻어 나온다. 더 나은 인간 존재를 향한 안토니오 다마지오의 그치지 않는 따뜻한 의지야말로 코나투스의 가장 좋은 본보기인지도 모른다.

서울대학교 인류학과 강사
서울대학교 비교문화연구소 연구원
정신과 전문의·신경인류학자 박한선

색인

ㅇ

ㅊ

ㅋ

ㅌ

ㅍ

ㅎ

ABC

123

옮긴이 **임지원**

서울대학교에서 식품영양학을 전공하고 같은 대학원을 졸업했다. 전문 번역가로 활동하며 다양한 인문·과학서를 옮겼다. 옮긴 책으로는 『공기』, 『에덴의 용』, 『진화란 무엇인가』, 『섹스의 진화』, 『스피노자의 뇌』, 『넌제로』, 『슬로우데스』, 『루시퍼 이펙트』, 『급진적 진화』, 『사랑의 발견』, 『세계를 바꾼 지도』, 『꿈』, 『육천 년 빵의 역사』(공역), 『교양으로 읽는 희토류 이야기』 등이 있다.

옮긴이 **고현석**

연세대학교 생화학과를 졸업하고 『서울신문』 과학부, 『경향신문』 생활과학부·국제부·사회부 등에서 기자로 일했다. 과학기술처와 정보통신부를 출입하면서 과학 정책, IT 관련 기사를 전문적으로 다루었으며, 국제 관련 외신 기사를 작성했다. 현재는 과학과 민주주의, 우주물리학, 생명과학, 문화와 역사 등 다양한 분야의 책을 기획하고 우리말로 옮기고 있다. 옮긴 책으로는 『지구 밖 생명을 묻는다』, 『인종주의에 물든 과학』, 『세상의 모든 과학』, 『코스모스 오디세이』, 『토킹 투 노스 코리아』 등이 있다.

Philos 011

느낌의 진화

생명과 문화를 만든 놀라운 순서

1판 1쇄 발행 2019년 5월 20일
1판 9쇄 발행 2024년 1월 8일

지은이 안토니오 다마지오
옮긴이 임지원 · 고현석
감수 · 해제 박한선
펴낸이 김영곤
펴낸곳 (주)북이십일 아르테

편집 김지영 최윤지
교정교열 최은하 **디자인** 형태와내용사이
기획위원 장미희
출판마케팅영업본부 본부장 한충희
마케팅 남정한 한경화 김신우 강효원
영업 최명열 김다운 김도연
해외기획 최연순
제작 이영민 권경민

출판등록 2000년 5월 6일 제406-2003-061호
주소 (10881) 경기도 파주시 회동길 201(문발동)
대표전화 031-955-2100 **팩스** 031-955-2151 **이메일** book21@book21.co.kr

ISBN 978-89-509-8117-4 03400

(주)북이십일 경계를 허무는 콘텐츠 리더

아르테 채널에서 도서 정보와 다양한 영상자료, 이벤트를 만나세요!

인스타그램
instagram.com/21_arte
instagram.com/jiinpill21

페이스북
facebook.com/21arte
facebook.com/jiinpill21

포스트
post.naver.com/staubin
post.naver.com/21c_editors

홈페이지
www.book21.com